国家级技工教育规划教材
全国技工院校医药类专业教材

制药化工过程与设备

郑　珂　张莉娟　主编

中国劳动社会保障出版社

图书在版编目（CIP）数据

制药化工过程与设备/郑珂，张莉娟主编. --北京：中国劳动社会保障出版社，2023
全国技工院校医药类专业教材
ISBN 978-7-5167-5862-5

Ⅰ. ①制…　Ⅱ. ①郑…　②张…　Ⅲ. ①制药工业-化工过程-技工学校-教材　②制药工业-化工设备-技工学校-教材　Ⅳ. ①TQ460.3

中国国家版本馆 CIP 数据核字（2023）第 103653 号

中国劳动社会保障出版社出版发行
（北京市惠新东街 1 号　邮政编码：100029）

*

北京市科星印刷有限责任公司印刷装订　　新华书店经销

787 毫米×1092 毫米　16 开本　18.75 印张　402 千字
2023 年 6 月第 1 版　　2023 年 6 月第 1 次印刷
定价：50.00 元

营销中心电话：400-606-6496
出版社网址：http://www.class.com.cn

《制药化工过程与设备》编审委员会

主　　编　郑　珂　张莉娟

副 主 编　李嘉文　韩瑶聃

编　　者　（以姓氏笔画为序）

王一川　（河南医药健康技师学院）

王志霞　（河南医药健康技师学院）

李彩娟　（河南医药健康技师学院）

李嘉文　（河南医药健康技师学院）

吴梦雅　（河南医药健康技师学院）

张莉娟　（河南医药健康技师学院）

陈　旭　（河南医药健康技师学院）

郑　珂　（河南医药健康技师学院）

曹梦如　（湖南食品药品职业学院）

韩瑶聃　（江苏省常州技师学院）

谭绪霞　（河南医药健康技师学院）

主　　审　邹　君　（河南医药健康技师学院）

总前言

为了深入贯彻党的二十大精神和习近平总书记关于大力发展技工教育的重要指示精神，落实中共中央办公厅、国务院办公厅印发的《关于推动现代职业教育高质量发展的意见》，推进技工教育高质量发展，全面推进技工院校工学一体化人才培养模式改革，适应技工院校教学模式改革创新，同时为更好地适应技工院校医药类专业的教学要求，全面提升教学质量，我们组织有关学校的一线教师和行业、企业专家，在充分调研企业生产和学校教学情况、广泛听取教师意见的基础上，吸收和借鉴各地技工院校教学改革的成功经验，组织编写了本套全国技工院校医药类专业教材。

总体来看，本套教材具有以下特色：

第一，坚持知识性、准确性、适用性、先进性，体现专业特点。教材编写过程中，努力做到以市场需求为导向，根据医药行业发展现状和趋势，合理选择教材内容，做到“适用、管用、够用”。同时，在严格执行国家有关技术标准的基础上，尽可能多地在教材中介绍医药行业的新知识、新技术、新工艺和新设备，突出教材的先进性。

第二，突出职业教育特色，重视实践能力的培养。以职业能力为本位，根据医药专业毕业生所从事职业的实际需要，适当调整专业知识的深度和难度，合理确定学生应具备的知识结构和能力结构。同时，进一步加强实践性教学的内容，以满足企业对技能型人才的要求。

第三，创新教材编写模式，激发学生学习兴趣。按照教学规律和学生的认知规律，合理安排教材内容，并注重利用图表、实物照片辅助讲解知识点和技能点，为学生营造生动、直观的学习环境。部分教材采用工作手册式、新型活页式，全流程体现产教融合、校企合作，实现理论知识与企业岗位标准、技能要求的高度融合。部分教材在印刷工艺上采用了四色印刷，增强了教材的表现力。

本套教材配有习题册和多媒体电子课件等教学资源，方便教师上课使用，可以通过技工教育网（http://jg. class. com. cn）下载。另外，在部分教材中针对教学重点和难点制作了演示视频、音频等多媒体素材，学生可扫描二维码在线观看或收听相应内容。

本套教材的编写工作得到了河南、浙江、山东、江苏、江西、四川、广西、广东等省（自治区）人力资源社会保障厅及有关学校的大力支持，教材编审人员做了大量的工作，在此我们表示诚挚的谢意。同时，恳切希望广大读者对教材提出宝贵的意见和建议。

本书前言

本教材根据制药生产高技能人才的培养目标编写而成，具有较强的实用性，是化学制药、药物制剂、生物制药、制药工程等制药相关专业的通用教材。本教材同时涵盖了初中起点制药专业基础课程内容，教材中相关技术内容及符号等都采用最新国家标准。

本教材以制药化工生产过程中的物理加工过程为背景，研究若干“制药化工单元操作”（流体流动与输送、传热、蒸发、结晶、吸收、蒸馏、干燥等）的基本原理、单元操作的典型设备构造、设备操作方法与维护等。在编写教材前，我们广泛征求了制药生产企业以及各技工院校一线任职教师的意见。大家一致认为，制药设备在制药生产中占据着非常重要的地位，制药设备更新较快，编写一本既与制药生产相适应又适合医药类技工院校使用的教材迫在眉睫。本教材是制药类专业的通用教材，内容与工作岗位紧密结合，突出知识和技能的实际应用。本教材尽量简化理论知识的阐释，加强理论联系实际，突出知识的实际应用，以例释理，以理论知识“必需、够用、实用”为原则，淡化理论推导，符合学生特点。编写本教材的指导思想是为提高学生分析和解决问题的能力，同时也为学生增强继续学习和适应职业变化的能力打下坚实的基础。在教材编写过程中力求深入浅出、浅显易懂，适当拓宽课程内容，引入新知识。

本教材主要内容包括流体测量设备、流体输送机械、换热设备、物料预处理设备、生物反应器、非均相分离设备、萃取设备、蒸发与结晶设备、蒸馏设备、通用干燥设备、空气净化调节设备、制水设备等。

在编写过程中编者虽然做出了很大努力，但由于水平和时间有限，错误和不妥之处在所难免，恳请广大读者批评指正，以利于本教材的完善和改进。

编者

2023 年 6 月

目 录

绪　论

一、本课程的性质与任务

药品的种类很多，工艺也各有其独特的生产过程，但原料处理、中间生产及产品的提纯等环节不外乎由各种化学反应、物理变化的过程组成，而这些物理的过程大都具有一定的共性，如涉及流体的输送、均相及非均相物系的分离、传热、蒸发、结晶、萃取、精馏、干燥等过程，在制药化工生产过程中，又将这些物理的加工过程称为“单元操作”。而这些单元操作又需要在各种设备中完成，如传热需要在传热设备中进行、流体输送需要在输送设备中进行，由此可见制药过程与设备是制药生产的核心，先进的生产工艺是保证制药生产的产量和质量的关键，而制药设备的先进性、自动化进程，代表着制药企业的装备水平，是药品生产的物质基础。

本课程的性质是研究在制药化工生产工艺中具有共性的各物理过程（单元操作）的基本原理、典型设备的结构和工作原理及在实际生产过程的应用。《制药化工过程与设备》是一门由理论基础向工程实践转化的一门过渡课程，是化学制药、药物制剂、生物制药、中药制药等药学类专业的重要专业基础课程，实用性较强。本课程主要以制药化工生产过程中的物理加工过程为背景，研究若干“制药化工单元操作”（流体流动与输送、物料预处理、非均相分离、传质与传热、蒸发、结晶、萃取、蒸馏与精馏、干燥等）的基本原理、单元操作的典型设备构造、设备操作方法与维护等。

本课程的任务是使学生掌握《制药化工过程与设备》课程的基本原理，并将基本理论应用到具体实践中去，熟悉强化过程的方向和途径。通过本课程的基本理论学习和实践技能的训练，使学生掌握制药化工生产过程的基本原理及各工艺的操作技术，培养学生理论联系实际的能力，提高学生分析和解决问题的能力。学好本课程对药品生产操作具有重要的指导作用，同时也为学生了解单元操作的发展趋势，增强继续学习和适应职业变化的能力打下坚实的基础，为将来研究开发高效率、低能耗、有利于环保的工艺和设备做准备。

二、本课程的几个基本概念

在讨论各种单元操作时，为了弄清过程始末和过程之中各物料的数量、组成之间的关系，以及搞清过程中输入和输出的能量，必须进行物料衡算和能量衡算。物料衡算和能量衡算是本课程常用的基本研究方法。为了计算所需设备的工艺尺寸，必须根据平衡关系了解过程进行的方向和极限，同时，根据速率关系分析过程进行的快慢，这些基本关系是分析过程在技术上是否可行、经济上是否合理的基本依据。

1. 物料衡算

按照质量守恒定律对系统或设备中物料的变化情况进行的运算，称为物料衡算。在任何一个系统或设备中，输入的物料量必须等于输出的物料量和累积量，即

$$G_{入} = G_{出} + G_{积}$$

式中 $G_{入}$——输入的物料量；

$G_{出}$——输出的物料量；

$G_{积}$——累积量。

如果在过程中累积量等于零，则过程为稳定操作。反之，则为不稳定操作。

物料衡算可用于整个生产过程，也可用于过程中的任何一个步骤或者某个设备。既可对全部物料进行衡算，也可对某一个组分进行衡算。在进行衡算时，须确定计算对象所包括的范围和衡算基准。

2. 能量衡算

按照能量守恒定律对系统或设备中能量的转换关系进行的运算，称为能量衡算。在任何一个系统或设备中，输入的能量必须等于输出的能量（包括损失能量）。进行能量衡算时，必须把各种有关的能量（热能、机械能、电能、化学能、辐射能等）都考虑在内，在制药生产过程中，通常涉及的能量衡算是热量衡算，即

$$Q_{入} = Q_{出} + Q_{损}$$

式中 $Q_{入}$——输入的热量；

$Q_{出}$——输出的热量；

$Q_{损}$——损失的热量。

同物料衡算一样，热量衡算既适用于整套装置或全部流程，也适用于设备的某一部分或某一过程，衡算范围应视具体情况而定。

3. 平衡关系

若组成不同的两相互相接触，则各组分将在两相间进行传递，直到每一组分在两相间相互传递速率相等，两相的组成才不再发生变化，此时称为动平衡。例如，将一撮食盐放入一杯水中，盐会逐渐溶解，若温度维持不变，且有过量食盐存在，溶液中食盐的浓度即达到一个定值（饱和溶液），此即平衡状态。这种平衡状态是自然界广泛存在的现象，只有与物系有关的条件（如温度）改变时，再建立新的平衡。

平衡关系是分析各种制药化工过程进行程度的量化指标，也为实际过程的进行指明了标准，如精馏过程理论计算中理论板的引入，如果气液两相已达平衡，说明气液分离已达极限。在选择实际板时，总是希望实际板接近理论板，这就为设计选择实际板指明了方向，这样可以根据物系的状态判断过程已经进行到什么程度，是否达到了平衡状态，对实际生产过

程的操作、产品质量的指标控制等提供了判断的依据。

任何过程进行的方向和所能达到的限度由物系的平衡关系所决定，任何平衡状态都是在一定条件下过程矛盾因素相对统一。只要采取适当的措施，改变影响平衡关系的条件，就可以使过程朝着所希望的方向进行。

4. 过程速率

平衡关系只能说明过程的方向和极限，而不能确定过程进行的快慢。一个过程以多快的速率由不平衡向平衡移动，是极为重要的问题。过程速率越快，其设备生产能力越大。一个制药化工生产过程进行的快慢是受很多因素影响的，但归结起来由两大因素决定，即过程进行的推动力和阻力，可以表示为

$$\text{过程速率} = \frac{\text{过程推动力}}{\text{过程阻力}}$$

从上式可以看出，过程速率的大小与过程的推动力成正比，与过程的阻力成反比，这也是自然界中普遍存在的规律。制药化工单元操作过程大体分为三类，即流体动力过程、传热过程和传质过程。动力过程的推动力是能量差，阻力是摩擦力，传热过程的推动力是温度差，阻力是热阻，传质过程的推动力是浓度差。过程的阻力很复杂，受很多因素影响。在实际生产中，要明确过程进行的目的，是为了提高过程速率还是为了降低过程速率，这样才能控制影响过程速率的主要因素。如在传热过程中，以加热为目的的传热过程，就要增大传热温度差，而以保温为目的的传热过程，则需要从增大传热阻力入手。当过程的推动力为零时，则过程速率为零。即任何过程达到平衡状态时，其过程速率为零。所以物系偏离平衡状态越远，过程的推动力就越大，过程进行的速率就越快。

一个生产过程若要维持正常进行，设定的操作指标必须是在不平衡的状态下才能进行，这对每个单元操作及整个生产过程都非常重要，并且要明确提高单元操作过程速率需提高过程推动力，降低过程阻力，而要降低过程速率则需降低过程推动力，提高过程阻力。

第一章

流体测量设备

在制药化工的生产过程中，往往要面对各种形态的物体，流体是其中非常重要的一个类型，对于流体的测量是实现准确生产、加工的关键所在。通过这些测量参数对生产过程进行监视与控制，对反应过程进行干预与调节，是保证生产过程安全健康运行、提高产品质量、提高经济效益、实现科学管理的基础。流体测量是一门复杂多样的技术，不仅对测量精度的要求越来越高，而且测量的对象也不断向多元化、复杂化发展，如气体、液体、混相流体，这种复杂性和多样性不断促进人们对于流量测量技术的研究。

§1－1　流体的基本理论

学习目标

知识目标

1. 掌握流体的基本特征与性质，认识流体；
2. 了解流体流动的不同状态，并学会简单的计算。

技能目标

1. 能够识别流体的管道类型，掌握不同流动的特点；
2. 熟练应用所学的理论知识，解决实际生产操作问题。

流体是能流动的物质，是与固体相对应的一种物体形态，由大量的不断做热运动而且无固定平衡位置的分子构成，是一种受任何微小剪切力的作用都会连续变形的物体形态。流体是液体和气体的总称。流体具有易流动性、可压缩性、黏性等特点。流体大致可分为以下两类。

液体：可以流动或扩散，有一定体积，如生活中常见的水。

气体：可以扩散，其体积不受限制，没有固定的体积，如生活中常见的空气。

一、流体的特征与性质

1. 流体的质量与密度

流体和其他物质一样，具有质量。单位体积的流体所具有的质量称为流体的密度，用ρ来表示。对于在流体中任意点处的密度均相同的均匀流体，密度为任取一块流体，质量m与体积V的比值，表示为$\rho=\frac{m}{V}$。对于非均匀流体，因为各点处的密度不同，则可以按下式计算流体的某一点处的密度：

$$\lim_{dV\to 0} = \frac{\mathrm{d}m}{\mathrm{d}V} \tag{1-1}$$

式中　$\mathrm{d}m$——所取某微元件的质量，kg；

$\mathrm{d}V$——质量为$\mathrm{d}m$的微元件的体积，m^3。

流体的比容指的是单位质量的流体所占有的体积，用υ表示。显然，它与密度互为倒数。

2. 压缩性和膨胀性

流体的压缩性是指在温度不变的情况下，流体体积随压强增加而缩小的性质。通常用体积压缩系数B_p来表示。B_p是指在温度不变时，压力每增加一个单位，单位体积流体的体积变化量。

流体的膨胀性是指在压强不变的情况下，流体体积随着温度升高而增大的性质。通常用温度膨胀系数B_t来表示。B_t是指当压力保持不变温度升高1 K时单位体积流体的体积增加量。

在热力学中是用气体状态方程式来描述它们之间的关系。

$$p\upsilon = n\mathrm{R}T \tag{1-2}$$

式中　p——绝对压力，N/m^3；

υ——比容，m^3/kg；

n——气体的物质的量；

T——绝对温度，K；

R——气体常数，其值大约为8.3 J/(mol·K)。

就大多数情况下而言，液体的压缩系数B_p和膨胀系数B_t都很小，在实际应用中一般不对它们的压缩性或膨胀性进行考虑。但当液体处于高温高压的环境中时（如高温高压反应釜），则必须对液体的压缩性和膨胀性进行考虑。而气体相较于液体而言，压力和温度的改变对气体密度或体积的变化影响很大，一般都需要对压缩性和膨胀性进行考虑。

3. 黏滞性

流体在管道内流动时，于管道内取一界面中各质点的流速是不相同的，如图1-1所示。靠近管壁的流速为零，越靠近管中心流速越大，由于各层流的流速不等，各层流之间会产生相对运动，在相邻的流层之间产生的阻碍相对运动的内摩擦阻力，称为黏滞力。流体具有黏滞力的性质称为黏滞性。

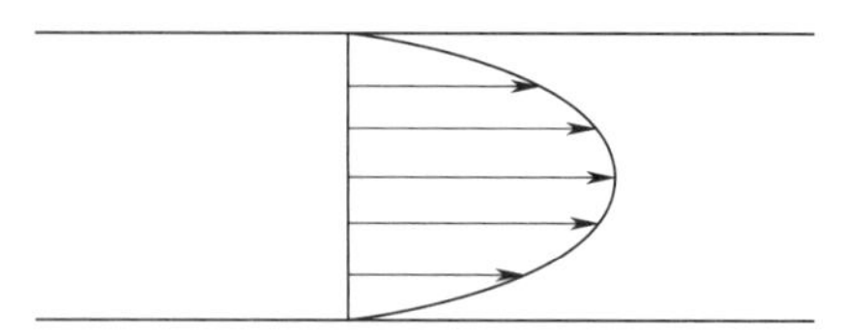

图 1-1　流体因黏滞性而具有流速分层的现象

物理学上用黏滞系数 P（单位为泊）来表示流体黏滞性的大小。水是“稀薄”的，具有较低的黏滞力，而蜂蜜是“浓稠”的，具有较高的黏滞力，简单地说，黏滞力越低（黏滞系数低）的流体，流动性越佳。流体黏滞性的大小，往往与压强和温度有关，在高压的作用下气体与液体的黏滞性均随压力的升高而增大，而当温度升高时，液体的黏滞性则有所降低。

课堂活动

请从微观粒子运动的角度分析，为什么在高压的作用下气体与液体的黏滞性均随压力的升高而增大，而当温度升高时，液体的黏滞性则有所降低，并阐明原因。

二、流体的流动与状态

流体流经的管道是决定流体的流动状态的重要因素之一。不同流动状态下，流体所具有的物理指标和力学性质也会大有不同，学会对流体的不同流动状态进行分析与运用，是制药化工生产的重要前提。

1. 流量与流速

流量，指单位时间（对应的国际单位制基本单位为秒）内流过特定截面的流体的量；流体的量为体积或质量。

若以体积代表流体的量，其流量称为“体积流量”，一般用 V_s 表示。在国际单位制中，体积流量的标准单位为立方米每秒（m^3/s）。

若以质量代表流体的量，其流量称为“质量流量”，一般用 W_s 表示。在国际单位制中，质量流量的标准单位为千克每秒（kg/s）。

两者之间的关系为

$$W_s = V_s \rho \tag{1-3}$$

流速，指流体在单位时间内所经过的距离，一般用 u 表示，在国际单位制中，流速的标准单位为米每秒（m/s）。根据前文所说的流体的黏滞性影响，在管道中流体各点的流速不相同，为了计算简便，通常选取管道内的平均流速进行计算。

根据体积计算原理，可以得出：

$$u = \frac{V_s}{A} \tag{1-4}$$

式中　A——管道的横截面面积，m^2；

V_s——管道的体积流量，m^3/s。

又因为
$$W_s = V_s \rho$$

因而
$$u = \frac{V_s}{A} = \frac{W_s}{A\rho} \tag{1-5}$$

例 1－1　已知某制药流体输送管路中，药液的输送流量 W_s 为 1 kg/s，密度 ρ 为 1 kg/m^3，管路截面积为 7.85×10^{-2} m^2，请求出管路的体积流量及流速。

解： 根据 $W_s = V_s \rho$，则 $V_s = \frac{W_s}{\rho}$

$$V_s = \frac{1\ kg/s}{1\ kg/m^3} = 1\ m^3/s$$

又因为 $u = \frac{V_s}{A} = \frac{1\ m^3/s}{7.85 \times 10^{-2} m^2} = 12.74\ m/s$

所以，管路的体积流量 V_s 为 1 m^3/s，流速 u 为 12.74 m/s。

2. 定态流动与非定态流动

由于工业生产中，流体大多是沿着密闭的管路流动，流体在管路系统中流动时，如果管路系统中任何空间位置处流体的物理参数（如流速、压强等）都不随时间改变而变化，这种流动称为定态流动；反之，如果各空间位置处流体流动的物理参数随时间改变而变化，则称为非定态流动，如图 1－2 所示。

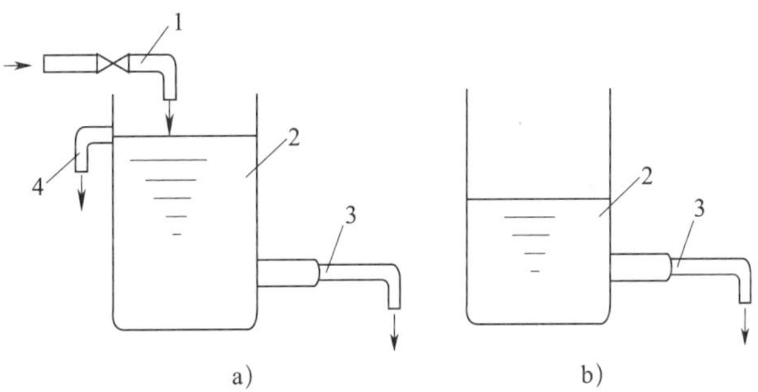

图 1－2　定态流动与非定态流动

a）定态流动　b）非定态流动

1—进水管　2—水箱　3—排水管　4—溢流管

对于定态流动来讲，于管路内任取一点，假设不考虑系统运行中的物料损失，根据质量守恒法则，单位时间内流过的质量是相等的，如图 1－3 所示。

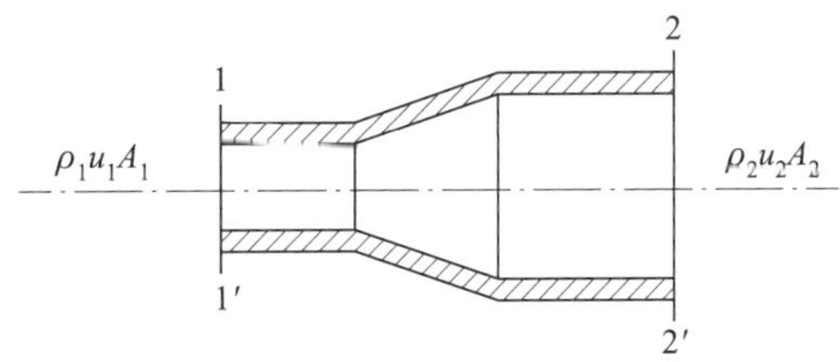

图 1－3　定态流动时的物料衡算示意图

即满足方程式：

$$\rho_1 u_1 A_1 = \rho_2 u_2 A_2 = \cdots = \rho_n u_n A_n \tag{1-6}$$

该方程又称流体连续性方程式，而对于不可压缩的流体，ρ 为确定常数，则方程式可简化为：

$$u_1 A_1 = u_2 A_2 = \cdots = u_n A_n \tag{1-7}$$

可进一步简化为

$$\frac{u_1}{u_2} = \frac{A_2}{A_1} \tag{1-8}$$

可得出结论，对于定态流动，流速与导管截面积成反比。

3. 流动的类型

1883 年，雷诺通过实验发现流体中存在着层流和湍流两种流态，揭示了重要的流体流动机理。即根据流速的大小，流体有两种不同的形态。当流体流速较小时，流体质点只沿流动方向做一维的运动，与其周围的流体间无宏观的混合，即分层流动，这种流动形态称为层流或滞流。流体流速增大到某个值后，流体质点除流动方向上的流动外，还向其他方向做随机的运动，即存在流体质点的不规则脉动，这种流体形态称为湍流。过渡流为层流与湍流间的中间形态。雷诺实验原理示意图如图 1-4 所示。

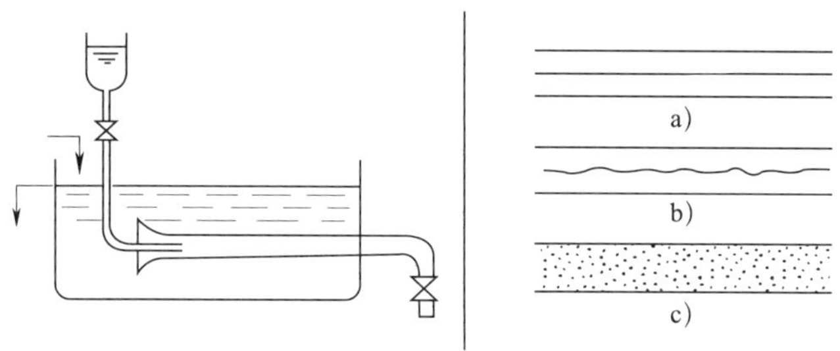

图 1-4　雷诺实验原理示意图

a）层流　b）过渡流　c）湍流

在流体力学中，雷诺数（Re）是流体的惯性力与黏性力的比值。雷诺数较小时（$Re<2\ 000$），黏滞力对流场的影响大于惯性力，流场中流速的扰动会因黏滞力而衰减，流体流动稳定，称为层流。

若雷诺数较大时（$Re>4\ 000$），惯性力对流场的影响大于黏滞力，流体流动较不稳定，流速的微小变化容易发展、增强，形成紊乱、不规则的紊流流场，称为湍流。

当雷诺数介于中间时（$2\ 000<Re<4\ 000$），流体为过渡状态，称为过渡流。

雷诺数一般表示如下：

$$Re = \frac{\rho v L}{\mu} = \frac{vL}{\upsilon} \tag{1-9}$$

式中　v——特征速度，m/s；

L——特征长度，m；

μ——流体动力黏度，Pa·s 或 N·s/m^2；

υ——流体运动黏度，m^2/s；

ρ——流体密度，kg/m^3。

日积月累

1. 雷诺数是一种可用来表征流体流动情况的无量纲数。

2. 利用雷诺数可区分流体的流动是层流或湍流，也可用来确定物体在流体中流动所受到的阻力。

§1-2　流体压强的测量与应用

学习目标

知识目标

1. 掌握压强、绝对压强、表压强和真空度的基本定义及计算关系；
2. 了解常见流体压差和液位测量仪表的基本原理和工艺流程。

技能目标

1. 能够运用流体压差和液位测量仪表进行简单的测量实验；
2. 熟练应用所学的理论知识，解决实际生产操作问题。

压强是生产过程中的重要参数之一，流体的输送、物质物理性质的变化均与压强有关。在压强测量中常有绝对压强、表压强、负压或真空度之分，常见的压强测量仪表主要包括真空计、压强表、U 形管及电子式的压力传感器与压力变送器。

一、表压强与真空度的测量

1. 压强

流体单位面积上所受的垂直作用力称为压强，其单位是 N/m^2。

$$P = \frac{F}{A} \tag{1-10}$$

式中　P——流体的静压强，N/m^2，常将 N/m^2 称为 Pa；

A——流体受力面积，m^2；

F——作用在面积 A 上的压力，N。

2. 标准大气压

地球的周围被厚厚的空气包围着，这些空气称为大气层。空气可以像水那样自由地流动，同时也受重力作用。空气的内部向各个方向都有压强，这个压强称为大气压。在纬度 45°的海平面上，当温度为 0 ℃时，760 mm 高水银柱产生的压强称为标准大气压，其值为 101.325 kPa，记作 atm。

一个标准大气压与其他常见压力单位的换算关系如下：

$$1\ \text{atm} = 1.033\ \text{kgf/cm}^2 = 10.33\ \text{mH}_2\text{O} = 1.0133\ \text{bar} = 1.0133 \times 10^5\ \text{Pa}$$

$$1\ \text{atm} = 760\ \text{mmHg} = 1.0133 \times 10^5\ \text{N/m}^2$$

3. 绝对压强、表压强和真空度

绝对压强简称真实压，以绝对零压作起点所计算的压强称为绝对压强，通常所指的大气压强为 101.325 kPa，就是大气的绝对压强。其反映出设备内压强的实际数值，一般用 $P_{绝}$ 表示。

表压强简称表压，是指以当时当地大气压为起点计算的压强，一般用 $P_{表}$ 表示。当所测量的系统的压强等于当时当地的大气压时，压强表的指针指零，即表压为零。

根据以上关系，可以得出关系式：

$$P_{绝} = P_{表} + P_{大气} \tag{1-11}$$

当被测量系统的绝对压强小于当时当地的大气压时，当时当地的大气压与系统绝对压强之差称为真空度，一般用 $P_{真}$ 表示。此时所用的测压仪表称为真空表。

根据以上关系，可以得出关系式：

$$P_{真} = P_{大气} - P_{绝} \tag{1-12}$$

绝对压强、表压强和真空度三者的关系如图 1－5 所示。

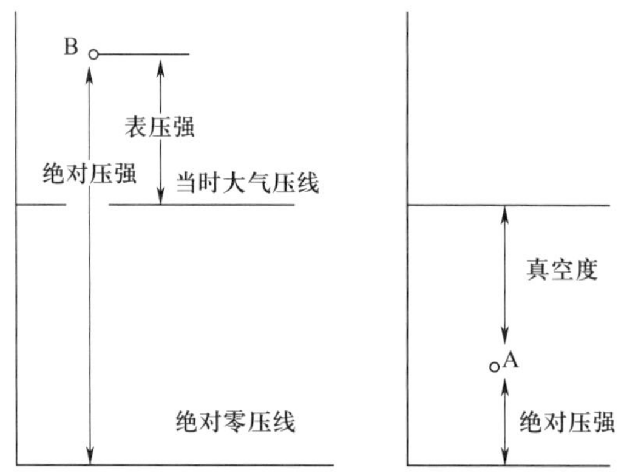

图 1－5　绝对压强、表压强和真空度三者的关系

例 1－2　现有某点测得真空度为 6.5×10^4 Pa，当地大气压为 0.1 MPa，则该点的绝对压强为多少？

解：　因为 $P_{真} = P_{大气} - P_{绝}$

所以，$65\,000 = 100\,000 - P_{绝}$

$P_{绝} = 35\,000$ Pa

二、流体压差和液位的测量

1. 流体静力学基本方程式

在地球上的物体，均会受到地心吸引力的作用，假设在一个敞口容器内装有密度为 ρ 的静止流体，取其中任意一个垂直流体的液柱，上下底面积均为 A，垂直作用在上下两个端面的压强分别为 p_1 和 p_2，如图 1－6 所示。

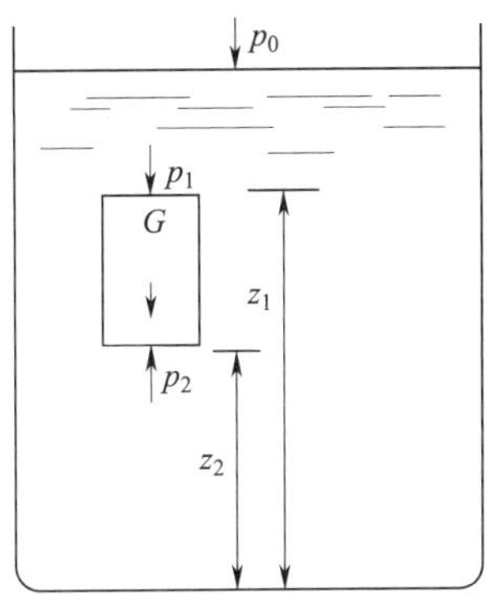

图 1－6　地心引力示意图

该液柱在垂直方向上受到的作用力一共有：

（1）作用在液柱上端面上的总压力 $P_1 = p_1A$。

（2）作用在液柱下端面上的总压力 $P_2 = p_2A$。

（3）作用于整个液柱的重力 $G = \rho Ag(z_1 - z_2)$。

由于液柱处于静止状态，在垂直方向上的三个作用力的合力为零，即：

$$p_1A + \rho gA(z_1 - z_2) - p_2A = 0$$

令：

$$h = z_1 - z_2$$

整理得：

$$p_2 = p_1 + \rho gh$$

若将液柱上端取在液面，并设液面上方的压强为 p_0，则：

$$p = p_0 + \rho gh \tag{1-13}$$

上式称为流体静力学基本方程式，它表明了静止流体内部压力变化的规律，即静止流体内部某一点的压强等于作用在其上方的压强加上液柱的重力压强。

基于以上结论，可以整理总结出以下几个结论。

（1）在静止的液体中，液体任一点的压力与液体密度和其深度有关。

（2）在静止的、连续的同一液体内，处于同一水平面上各点的压力均相等。

（3）当液体上方的压力有变化时，液体内部各点的压力也发生同样大小的变化。

（4）$p_2 = p_1 + \rho gh$ 或 $h = \dfrac{p_2 - p_1}{\rho g}$，压强差的大小也可利用一定高度的液体柱来表示。

（5）方程式是以不可压缩流体推导出来的，对于可压缩的气体，只适用于压强变化不大的情况。

例 1－3　现有一密闭状态下的水箱，如图 1－7 所示，液面上压强 $p_0 = 85\ \text{kN/m}^2$，求水面下 $h = 1\ \text{m}$ 点 C 的绝对压强、相对压强和真空度。已知当地大气压 $p_{大} = 98\ \text{kN/m}^2$，$\rho = 1\,000\ \text{kg/m}^3$。

解：由流体静力学基本方程式 $p = p_0 + \rho gh$ 可得：

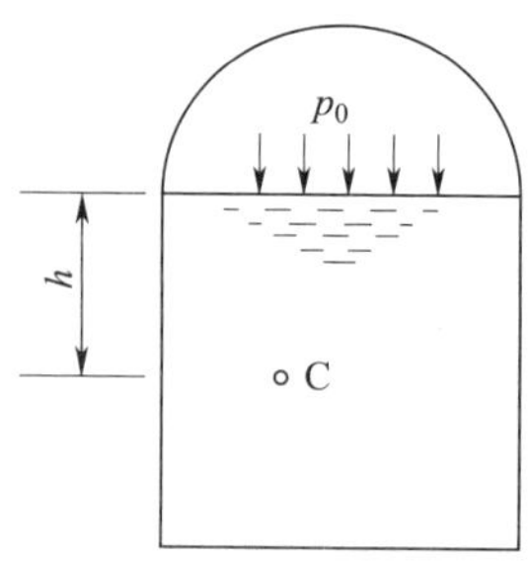

图 1－7　密闭状态下的水箱示意图

C 点绝对压强为 $p = p_0 + \rho gh$

$$= 85\ \mathrm{kN/m^2} + 1\ 000\ \mathrm{kg/m^3} \times 9.8\ \mathrm{m/s^2} \times 1\ \mathrm{m} = 94.8\ \mathrm{kN/m^2}$$

又因为$p_{相} = p - p_{大}$，则 C 的相对压强为

$$p_{相} = p - p_{大} = 94.8\ \mathrm{kN/m^2} - 98\ \mathrm{kN/m^2} = -3.2\ \mathrm{kN/m^2}$$

相对压强为负值，说明 C 点存在真空。

相对压强的绝对值等于真空度，即 $p_k = 3.2\ \mathrm{kN/m^2}$。

2. 流体压强差和液位测量仪表

根据流体静力学基本方程式的原理，可以设计出 U 形管压力计和玻璃管液位计，用来测量两截面间的压强差和不同截面上的压强，以及用于测量容器内的液面位置。

（1）U 形管压力计

U 形管压力计是实验室常用的压力计，如图 1－8 所示。其测压范围为 0～101.3 kPa。其主要的工作原理为利用液柱对液柱底面产生的静压力与被测压力相平衡的原理，通过液柱高度来反映被测压力的大小，具有结构简单、使用方便、有相当高的准确性等优点，但同时也有量程受液柱高度的限制、体积大、玻璃管容易损坏及读数不方便等不足。

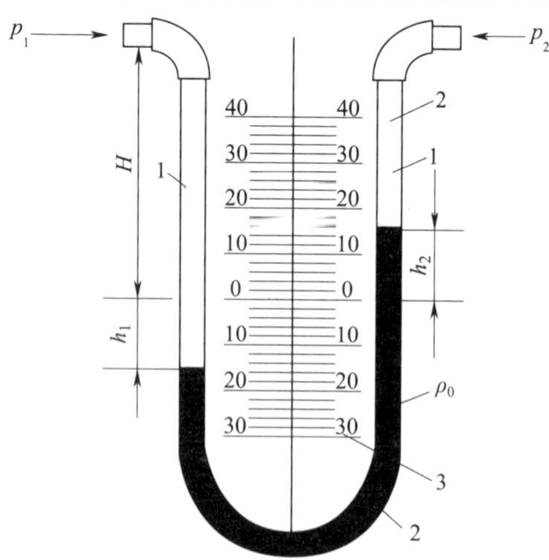

图 1－8　U 形管压力计

1—U 形玻璃管　2—工作液　3—刻度尺

一般情况下，U 形管压力计内装与被测流体不能互溶且密度小于被测流体的液体，将 U 形管压力计两端开口与被测管道界面相连接，根据高度差读数，即可反映两界面压差的大小。

假设 U 形管压力计中装有密度为 ρ_0 的指示液，被测液体的密度为 ρ_1，根据流体静力学方程可得：

$$\Delta p = p_1 - p_2 = (\rho_1 - \rho_2)Rg$$

对于气体来讲：

$$\Delta p = \rho_0 Rg$$

根据以上两式，可计算得出压强差（Δp）和液位差（R）。

（2）玻璃管液位计

玻璃管液位计是一种常见的液位测量工具，它由一根透明的玻璃管和一个指示器组成。通常情况下，玻璃管液位计用于测量液体在容器中的水平高度。玻璃管液位计的结构特点是玻璃管的透明性，这样可以直接观察液体的高度，并通过指示器来确定液位。玻璃管液位计的指示器通常是一个刻度盘，用于显示液位的数值。

玻璃管液位计的原理是通过液体的重力来测量液位。当液体在容器中升高时，液位计内部玻璃管的液面高度也会升高，从而改变液位计内部的空气压力。指示器根据空气压力的变化来测量液位，并在刻度盘上显示出来，如图 1-9 所示。

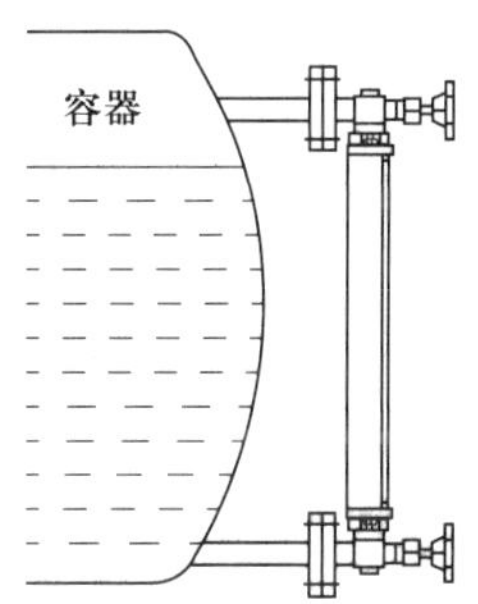

图 1-9　玻璃管液位计测量原理图

玻璃管液位计作为一种直读式液位测量仪表，适用于工业生产过程中一般储液设备中的液体位置的现场检测，其结构简单、测量准确，是传统的现场液位测量工具，一般用于直接检测。

日积月累

1. 由于液体具有流动性，液体内部的压强表现出另一特点：液体不但对容器底有压强而且对容器侧壁也有压强，侧壁某一点受到的压强与同深度的液体的压强是相等的，同样利用公式可以计算出该处受到的压强大小。

2. 由流体静力学基本方程式看出：液体的压强只与液体的密度和深度有关，而与液体的质量、体积、容器的底面积、容器形状无关。

§1-3　流体管路及其应用

学习目标

知识目标

1. 了解基本的管路系统；
2. 掌握伯努利方程式的含义及计算方法；
3. 了解管路流动中的不同阻力并掌握计算方法。

技能目标

1. 能够识别不同的管件与阀门，并指出运用场景；
2. 能够运用所学的基本理论知识判断和选择计算方法，完成流动中各项数据的计算。

一、管路系统

管路系统又称管道系统、管路，是为不同目的地输送流体的系统。管路系统会使用管道、阀门、卡具、储罐及其他装置来输送流体。一般来讲，管路系统可以大致分为管道、管件和阀。

1. 管道

制药车间所安装的管道主要用来输送蒸汽、冷却水、纯水、有机溶剂、药液等，根据《药品生产质量管理规范》要求，一般采用316L或316Ti不锈钢管道，规格型号都统一按照国家标准生产，以便在不同设备的接口处统一，方便安装、维修、更换等后续工作。对于常见的管路标号，一般用管路外径×壁厚的形式表达，如 ϕ68 mm×4 mm表示钢管外径是68 mm，壁厚是4 mm。

2. 管件

管路系统中会使用管道配件，简称管件，起到连接、控制、变向、分流、密封、支撑等作用。制药车间的管路系统中所使用的管件按照用途主要分为以下几种类别，见表1-1。常见的管件如图1-10所示。

表1-1　常见的管件按用途分类

用途	管件
管道互相连接	法兰、活接、管箍、夹箍、卡套、喉箍等
改变管子方向	弯头、弯管
改变管子管径	变径（异径管）、异径弯头、支管台、补强管
增加管路分支	三通、四通

续表

用途	管件
管路密封	垫片、生料带、法兰盲板、管堵、盲板、封头等
管路固定	卡环、拖钩、吊环、支架、托架、管卡等

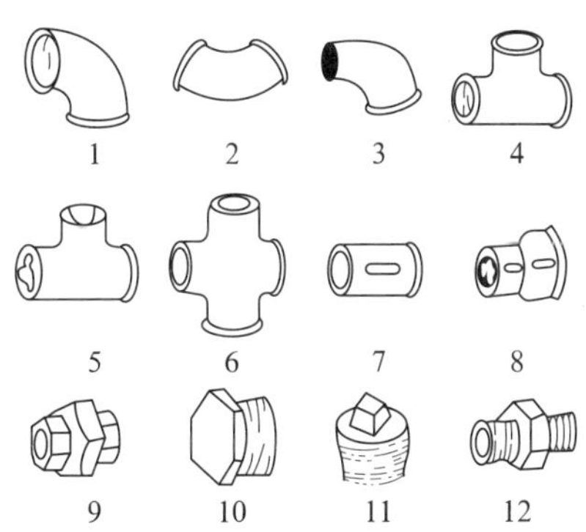

图 1－10　常见的管件

1—90°弯头　2—45°弯头　3—异径弯头　4—等径三通　5—异径三通　6—四通
7—管箍　8—异径管箍　9—活接头　10—补心　11—丝堵　12—外丝接头

3. 阀

阀的作用是控制和调节流体在管路中的流动，如切断或开启管路，改变流体的流量、压力及保证操作安全等。阀的种类很多，主要有以下三种，如图 1－11 所示。

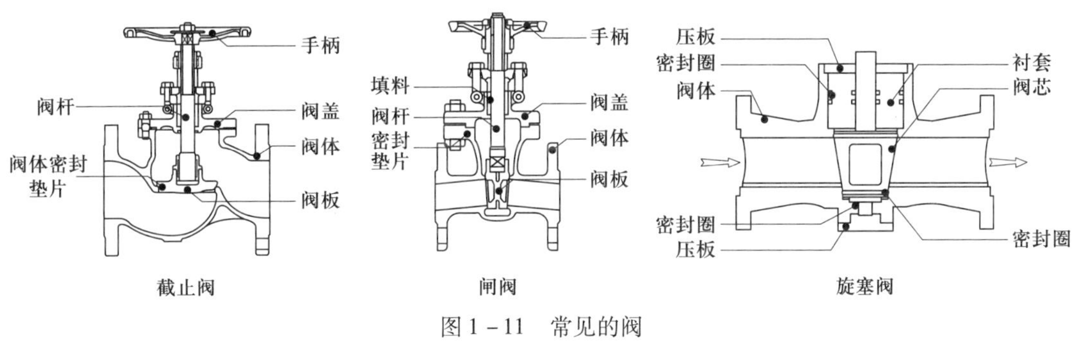

图 1－11　常见的阀

（1）截止阀

截止阀又称为球心阀，它利用手轮转阀杆使阀盘升降，调节阀盘与阀座之间的距离，改变流体通道的大小，调节流体的流量。当阀盘压紧在阀座上时，流体通道即被切断。

截止阀的优点是操作可靠，易密封，易调节流量。缺点是对流体的阻力较大，不适用于输送含固体结晶或悬浮物的管道。截止阀常用于自来水、蒸汽、压缩空气、真空管路，操作压力可达 32.5 MPa，工作温度可达 573 K。

（2）闸阀

闸阀的工作原理就像是在管路中插入一块与管径大小相当的闸板，通过旋转阀杆来控制闸板升降，改变流体通道的大小，切断或开启管路。闸阀的阻力小，但制造较困难，也不能用于输送含固体悬浮物的管道。闸阀多用在大直径的管路中作启闭阀，工作压力小于10 MPa，工作温度低于393 K。

（3）旋塞阀

旋塞阀的阀体为一空心铸体，中间插入一个有孔的锥形栓塞。通过阀杆旋转栓塞，即可启、闭管路和调节流量。三通旋塞还可以改变流体的流动方向。旋塞阀的优点是结构简单，启闭迅速，流体阻力小，可用于输送含有固体悬浮物的液体管路。旋塞阀的缺点是不能精确调节流量，密封性差，多用于温度低于393 K的小直径管路中，不能用于蒸汽管路和高温管路，因为在高温下旋塞由于膨胀可能会旋转不动。

除了上述三种常见阀外，还有单向阀（止逆阀）、针形阀、安全阀等多种阀。

4. 管路布置与安装原则

在管路布置与安装时，主要应考虑安装、检修、操作方便和操作安全，同时必须尽可能减少基建投资和操作费用，要根据生产的特点、物料的特性、设备的布置及建筑物的结构等方面的因素综合考虑。管路布置与安装的一般原则如下。

（1）在布置管路时，应对所有的管路（生产系统的管路，轴助系统的管路，电缆、照明、仪表管路，通风采暖管路等）进行全盘规划，系统考虑安装布局。

（2）为了节约基建投资，便于安装、检修和操作，除上水总管、燃气总管和下水道以外，管路应尽可能采用明线铺设。

（3）各种管线应成列平行铺设，以便共用管架；要尽量走直线，少拐弯，少交叉，以节约管材，减小阻力，同时要尽量整齐美观。

（4）为了便于操作和安装、检修，并列管路上的管件和阀门应错开安装。

（5）在车间内，管路应尽可能沿厂房墙壁安装。管架可以固定在墙壁上，也可沿天花板或平台安装；在露天装置中，管路可沿柱架或吊架安装。管道之间及管道与墙壁之间的距离，以能容纳活管接头或法兰及便于检修为宜。

（6）为了防止滴漏，对于不需拆修的管路，一般用焊接法连接；需要拆修的管路中，要适当配置一些法兰或活管接头。

（7）输送腐蚀性流体的管路，法兰不得位于人行通道上方，以免滴漏时影响人身安全。

（8）输送易燃、易爆物料的管路必须接地，以防止静电积聚产生事故。

（9）输送水蒸气的管路，每隔一定的距离，应设冷凝水排出器。

（10）上水管、下水道、排污管宜埋地铺设。埋地管路的安装深度，在冬天结冰地区，应在当地冰冻线以下。

二、流体系统的能量及应用

1. 流体系统的能量

在任一流体系统中，总能量包括流体本身所具有的能量及系统与外部交换的能量。

（1）内能

内能是储存在流体内部的能量，是构成流体的所有分子与原子运动及相互作用产生的各种形式能量的总和，与流体的温度相关，一般用 U 表示，单位是 J/kg。

（2）位能

位能是流体在重力或弹性力等势场中，因所在的位置不同而具有的能量不同，一般用 E_k 表示，单位是 J/kg。位能的计算公式为：

$$E_k = mgZ \tag{1-14}$$

式中　m——流体的质量；

g——重力加速度；

Z——流体所处高度。

（3）动能

动能是流体因为不断流动而具有的能量，一般用 E_u 表示，单位是 J/kg。根据牛顿第二运动定律，动能的计算公式为：

$$E_u = \frac{1}{2}mu^2 \tag{1-15}$$

式中　m——流体的质量；

u——流体流速。

（4）静压能

流体因自身所具有的静压力而产生的能量，称为静压能，一般用 E_p 表示，单位是 J/kg，静压能的计算公式为：

$$E_p = m\frac{P}{\rho} \tag{1-16}$$

式中　m——流体的质量；

P——流体压力；

ρ——流体密度。

（5）系统与外部交换的能量

在流体输送的系统中，一般会安装流体输送设备或加热、冷却设备，这些设备在工作时也会向流体输送或者带走能量。

2. 理想流体的伯努利方程

当一个流体系统运行时，如果不考虑系统与外部交换的能量，各种形式的能量可以相互转化，并遵守能量守恒原则，这样的一个流体系统称为理想流体，如图 1-12 所示。

根据理想流体的性质可以列出如下方程：

$$mgZ_1 + \frac{1}{2}mu_1^2 + m\frac{P_1}{\rho} = mgZ_2 + \frac{1}{2}mu_2^2 + m\frac{P_2}{\rho} \tag{1-17}$$

将上述公式除以质量 m 后，可得：

$$gZ_1 + \frac{1}{2}u_1^2 + \frac{P_1}{\rho} = gZ_2 + \frac{1}{2}u_2^2 + \frac{P_2}{\rho} \tag{1-18}$$

以上方程式称为理想流体的伯努利方程，又称伯努利定律，是流体力学中的一个定律。它为我们揭示了不可压缩理想流体在与外部无能量交换的定流动系统中机械能守恒且可以转

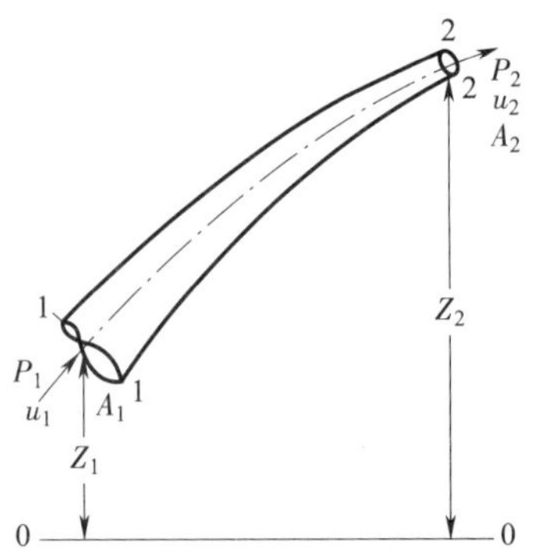

图 1－12　理想流体稳定流动时的能量计算

换。即每 1 kg 质量的流体在各截面上所具有的总的机械能相等，但每一种形式的机械能在不同截面上的值不一定相等，可以转换成另一种形式的机械能。同时，伯努利方程式中的各项皆为机械能，但用不同基准表示其单位不同，其形式也不同。以单位质量流体为衡算基准，表示 1 kg 质量的流体具有的能量，单位为 J/kg。以单位重量流体为衡算基准，表示 1 N 重量的流体具有的能量，单位为 m，其物理意义是表示 1 N 重量的流体所具有的机械能可将自身从基准面升举的高度。又因为 m 为长度单位，故通常称为压头，位能 Z 称为位压头，动能$\frac{u_2^2}{2g}$称为动压头，静压$\frac{P_2}{\rho g}$能称为静压头。

3. 实际流体的伯努利方程

实际流体因有黏性，在流动过程中必然有摩擦阻力，因而要损失一部分能量。假如从截面 1—1′到截面 2—2′之间每 1 kg 质量的实际流体损失 $\sum h_f$ (J) 的能量，且在两截面之间装有流体输送机械——泵，它对 1 kg 质量的流体所作的功为 W_e(J)，如图 1－13 所示。

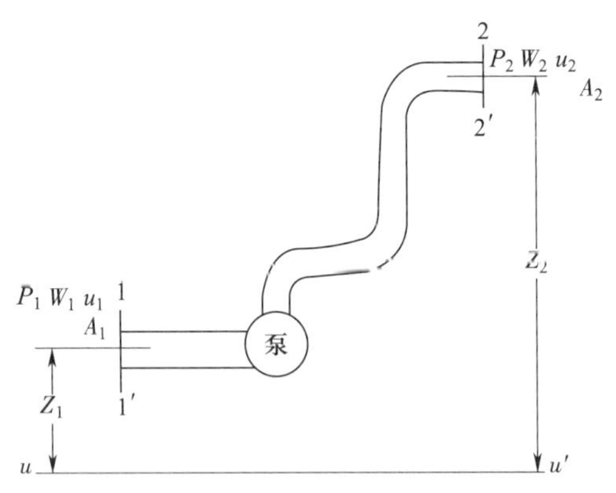

图 1－13　实际流体流动时的能量计算

则总能量算式为：

$$W_e + gZ_1 + \frac{u_1^2}{2} + \frac{P_1}{\rho} = gZ_2 + \frac{u_2^2}{2} + \frac{P_2}{\rho} + \sum h_f \tag{1-19}$$

上式是伯努利方程式在实际应用中的延伸，习惯上也称为伯努利方程式。式中各项的单位都是 J/kg，若将上式等号两边同除以 g，得到：

$$H_e + Z_1 + \frac{u_1^2}{2g} + \frac{P_1}{\rho g} = Z_2 + \frac{u_2^2}{2g} + \frac{P_2}{\rho g} + H_f \tag{1-20}$$

式中各项的单位都是 m。其中 H_e 是外界（流体输送装置）对 1 N 重量的流体所做的功，称为有效压头；H_f 是从截面 1—1′到截面 2—2′的过程中每 1 N 重量的流体所损失的能量，称为压头损失。

伯努利方程式是流体动力学中最重要的方程式，它表明流体流动时，各种形式的机械能可以互相转换。如果没有外加功和损失能量，则式 1-19 就变成式 1-17；如果没有外加功，但有能量损失，则图 1-12 中截面 1—1′的总能量大于截面 2—2′的总能量，表明流体自流时只能从高能位自动流向低能位。要使流体从低能位向高能位流动，必须外加能量，或者提高输入截面处某一形式的机械能，使输入的总能量大于输出的总能量。所以两截面间的总能量差就是流体流动的推动力。

如果流体是静止的，即 $u_1 = u_2 = 0$，并且 $W_e = 0$，$\sum h_f = 0$，则式 1-20 就变成流体静力学的基本方程式，表明静止流体中任一点的机械能之和是一常数。伯努利方程式不仅说明流动流体的规律，也说明静止流体的规律。静止是流动的一个特殊形式。

4. 伯努利方程的应用

（1）计算流体的流速与流量

在生产过程中，利用设备位置的高度差产生流体所需的流速或流量的例子很多，如水塔、高位槽等。在高度差一定的情况下，可以计算流体的流速和流量。反之，在保证一定流量的基础上，也可求得设备的高度差。

（2）确定送料的压缩气体的压力

生产中常要对液体作近距离输送，特别是对一些腐蚀性强的液体，往往采用压缩空气或惰性气体来压送，这时就可以利用伯努利方程来估算压缩气体所需要的压力。

（3）确定所需外加能量

生产中经常用泵来输送液体，泵所提供的外加能量 W_e 是选择泵的主要参数之一。可以根据生产中的实际数值，计算出此参数的大小。

（4）确定喷射器的真空度

制药生产中，常用水（或蒸汽）喷射器来输送流体，或用文丘里管来进行气体吸收、气液混合等。它们的工作原理也符合伯努利方程式，即动能与静压能的转化关系。

例 1-4　如图 1-14 所示，水槽液面至水出口管垂直距离保持在 5 m，水管全长 200 m，全管段的管径为 106 mm，若在流动过程中压头损失为 4 m 水柱，试求导管中每小时的流量（m^3/h）。

解：取水槽的液面为截面 1—1′，管路出口为截面 2—2′，并以出口管道中心线为基准水平面。在两截面间列伯努利方程式，即：

$$W_e + gZ_1 + \frac{u_1^2}{2} + \frac{P_1}{\rho} = gZ_2 + \frac{u_2^2}{2} + \frac{P_2}{\rho} + \sum h_f$$

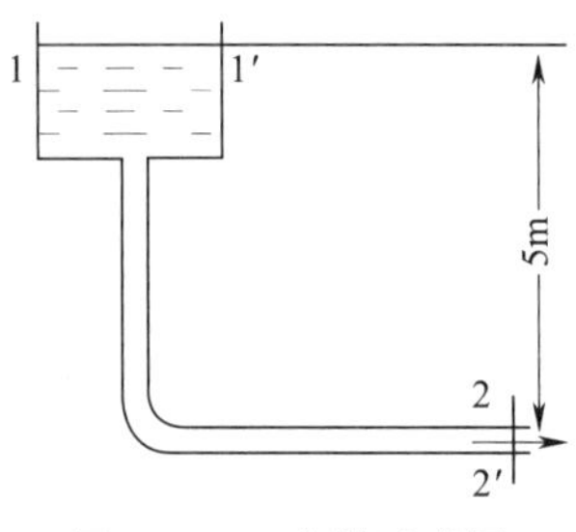

图 1－14　水槽示意图

根据题意有：

$Z_1=5$ m，$Z_2=0$；$P_1 \approx P_2=0$（表压）；$u_1=0$；$\sum h_f = gH_f = 9.8 \times 4$ J/kg；$W_e=0$

将数值代入方程中计算，解得：

$$9.8 \times 5\ \text{J/kg} = \frac{1}{2}u_2^2 + 9.8 \times 4\ \text{J/kg}$$

$$u_2 = 4.43\ \text{m/s}$$

因此，导管中每小时的流量为：

$$q_v = \frac{\pi}{4}d^2 u_2 = 3\,600 \times 0.785 \times (0.106)^2 \times 4.43\ \text{m}^3/\text{h}$$

$$= 140.7\ \text{m}^3/\text{h}$$

5. 简单的管路阻力计算

流体阻力是指当流体（如水、气体等）流过固体物体时产生的阻碍作用。它主要是由流体与固体表面接触时产生的摩擦力造成的。流体阻力的大小取决于流体的黏度和流速，以及物体的形状和表面粗糙度。流体在管路中的流动阻力分为直管阻力和局部阻力两种。直管阻力是流体流经一定管径的直管时，由于流体的内摩擦而产生的阻力，一般用 h_{fz} 表示。局部阻力是流体流经管路中的管件、阀门及截面的突然扩大和突然缩小等局部障碍时所引起的阻力。总阻力等于直管阻力和局部阻力之和，一般用 h_{fj} 表示。

流体流经直管时，可利用如下公式计算流体阻力：

$$h_{fz} = \lambda \frac{l}{d} \frac{u^2}{2} \tag{1-21}$$

式中　λ——摩擦阻力系数；

l——直管的长度；

d——直管的直径；

u——流体在直管内的流速。

计算局部阻力时，可采用阻力系数法进行计算，是将液体克服局部阻力所产生的能量损失折合为表示其动能若干倍的方法。其计算表达式可写为：

$$h_{fj} = \xi \frac{l_e}{d} \frac{u^2}{2} \tag{1-22}$$

其中 ξ 为局部阻力系数，一般可由实验测得；l_e 为管件的当量长度。

§1－4　流量测量设备

学习目标

知识目标

1. 掌握差压式、容积式、速度式及质量流量测量仪器的工作原理；
2. 了解不同流体测量装置间的区别及主要用途。

技能目标

1. 能够运用所学的基本理论知识判断和选择合适的流量测量装置；
2. 熟练应用所学的理论知识，解决实际生产操作问题。

在制药化工生产中，如果想要控制系统中流体的流量，就需要先对流体进行测量，然后根据所测量的流体对流量执行相关的操作，然后选择对应的流量测量系列中的设备，本节将选取具有典型代表的流量测量仪器，进行示例讲解。

一、差压式流量计

差压式（也称节流式）流量计是基于流体流动的节流原理，利用流体流经节流装置时产生的压力差而实现流量测量的。所谓节流装置就是在管道中放置能使流体产生局部收缩的元件，应用比较多的是孔板，其次是喷嘴、文丘里管和文丘里喷嘴。流体在有节流装置的管道中流动时，在节流装置前后的管壁处，流体的静压力产生差异的现象称为节流现象。常见的差压式流量计包括孔板流量计、经典文丘里管流量计、环形孔板流量计及 V 锥流量计等，如图 1－15 所示。

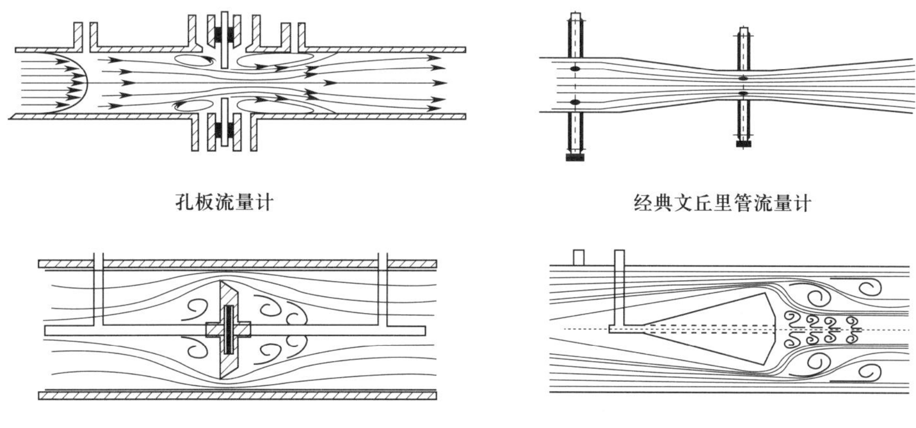

图 1－15　几种常见的差压式流量计

差压式流量计可用于测量大多数液体、气体和蒸汽的流速。流体在管道中流动，经节流装置时，由于流通面积突然减少，流体必然产生局部收缩，流速增加，根据能量守恒原理，动压和静压能在一定条件下互相转换，流速增加的结果必然导致静压能的下降，因而在节流装置的上、下游之间产生了静压差，这个静压差的大小和流过此管道的流体的流量有关系。通过差压变送器测量出节流装置前后的压差就可以得知被测流量的大小。

基于以上结构特点，差压式流量计具备结构简单，安装方便，工作可靠，成本低廉；适用范围广，可以测量气体、蒸汽、液体介质，而且能适应多种工况；标准化程度高等优点。同时，差压式流量计也有着测量精度不高，量程比小，安装使用条件比较苛刻，压损大（指孔板、喷嘴等）等缺点。

二、容积式流量计

容积式流量计又称排量流量计，是直接根据排出流体体积进行流量累计的仪表，在流量仪表中是精度最高的一类。它利用机械测量元件把流体连续不断地分割成单个已知的体积部分，根据计量室逐次、重复地充满和排放该体积部分流体的次数来测量流量体积总量。在实际应用中，为了适应生产中对流量测量的各种不同介质和不同工作条件的要求，从而产生了各种不同种类的容积式流量计，如果按其测量元件分类，可分为椭圆齿轮流量计、腰轮流量计、双转子流量计、内凸轮叶片流量计、外凸轮叶片流量计、端面叶片流量计等，如图 1－16 所示。

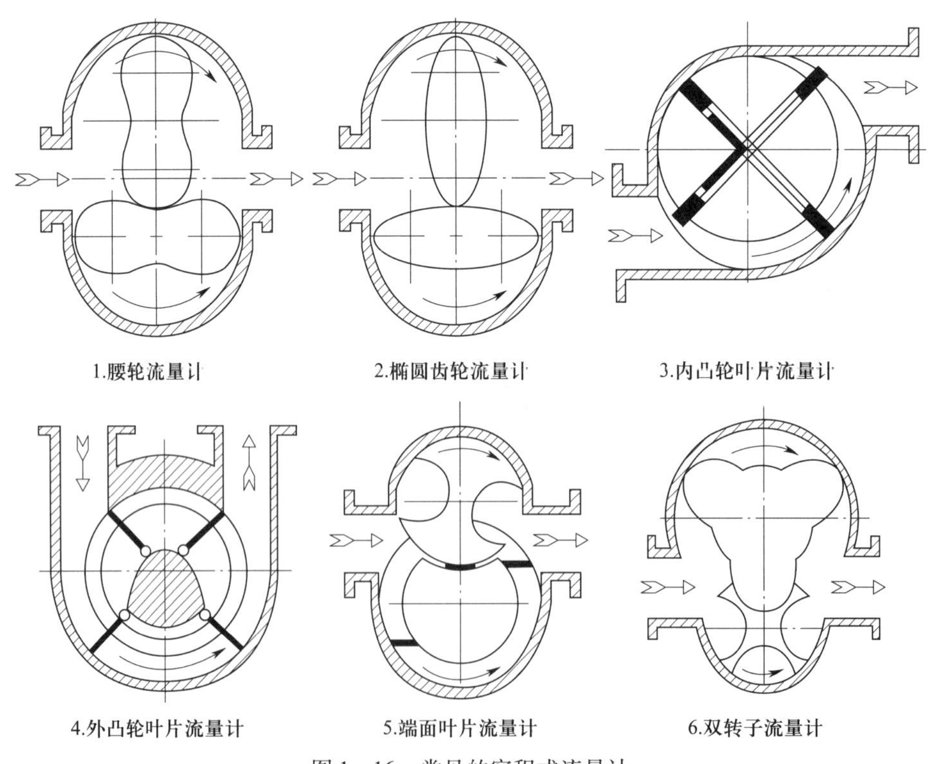

图 1－16　常见的容积式流量计

容积式流量计是采用固定的小容积来反复计量通过流量计的流体体积。所以，在容积式流量计内部必须具有构成一个标准体积的空间，通常称其为容积式流量计的“计量空间”或“计量室”。这个空间由仪表壳的内壁和流量计转动部件一起构成。

容积式流量计的工作原理为：流体通过流量计，就会在流量计进出口之间产生一定的压力差。流量计的转动部件（简称转子）在这个压力差作用下产生旋转，并将流体由入口排向出口。在这个过程中，流体一次次地充满流量计的“计量空间”，然后又不断地被送往出口。在给定流量计的条件下，该计量空间的体积是确定的，只要测得转子的转动次数，就可以得到通过流量计的流体体积的累积值。

基于以上特点，容积式流量计具有以下几个优点：由于流体被分隔成了微小单元，因而计量精度高；安装管道条件对计量精度没有影响；可用于高黏度液体的测量；范围度宽；直读式仪表无须外部能源可直接获得累计总量，清晰明了，操作简便。

容积式流量计也存在几个缺点：结构复杂，体积庞大；被测介质种类、口径、工作状态局限性较大；不适用于高、低温场合；大部分仪表只适用于洁净单相流体；工作时会产生噪声及振动等。

三、速度式流量计

速度式流量计是指进行流量测量时直接得到介质的流速，再通过计算将流速转化为流量的一种流量计。该种流量计在工作时，通过获取管道截面上的平均流速，将管道横截面积与之相乘，即可得到体积流量。

速度式流量计应用场景比较全面，其中比较典型的应用有涡轮式流量计、超声波流量计、电磁流量计、涡街流量计等。

1. 涡轮式流量计

涡轮式流量计利用安装在管道中可以自由转动的叶轮感受流体的速度变化，从而测定管道内的流体流量。目前工业应用上，将涡轮转速转换为电信号以磁电式转换法的应用最广泛，流体通过涡轮流量计时推动涡轮转动，涡轮叶片周期性地扫过磁钢，使磁阻发生周期性的变化，线圈感应产生的交流电信号频率与涡轮转速成正比，即与流速成正比，由此测得流经的流量大小，如图 1－17 所示。

2. 超声波流量计

超声波流量计使用回声原理和不同介质中声速的变化来测量流量。仪表通常包含两个超声波换能器，一个用作发射器，另一个用作接收器。发射器从传感器表面向流体发射声脉冲，并由指定为接收器的换能器接收。然后估计声脉冲从发射器传播到接收器所花费的时间（称为传输时间），并将其用于确定流速和其他参数，如图 1－18 所示。

超声波流量计由超声波换能器、电子线路及流量显示系统组成。两个换能器可以并排安装，也可以彼此成一定角度安装在容器的相对两侧。超声波换能器通常由醋酸铅陶瓷等压电材料制成，通过电致伸缩效应和压电效应发射和接收超声波。换能器在管道上的配置方式如图 1－19 所示。

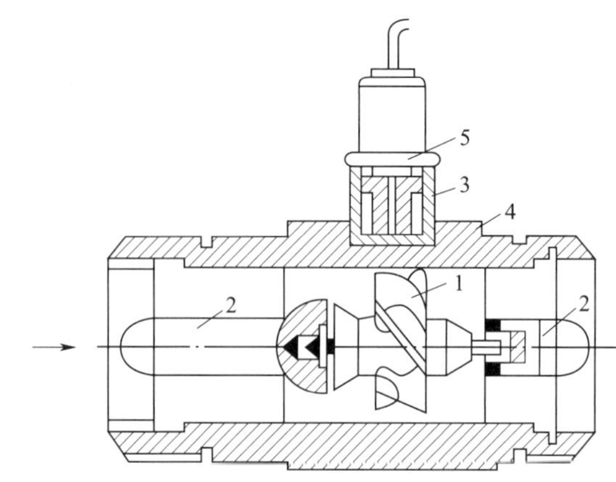

图 1－17　涡轮式流量计示意图

1—涡轮　2—导流器　3—磁电感应转换器　4—外壳　5—前置放大器

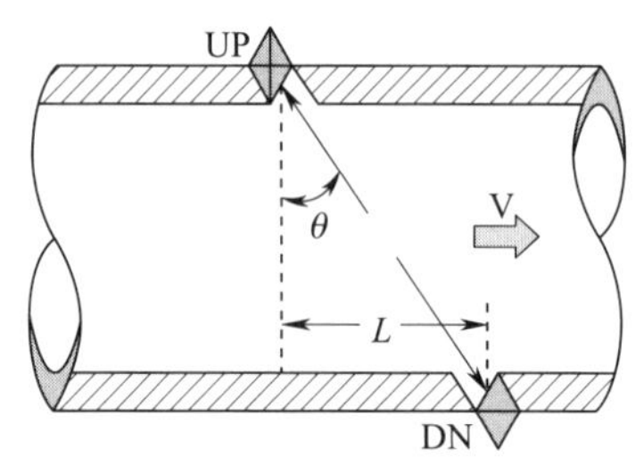

图 1－18　超声波流量计示意图

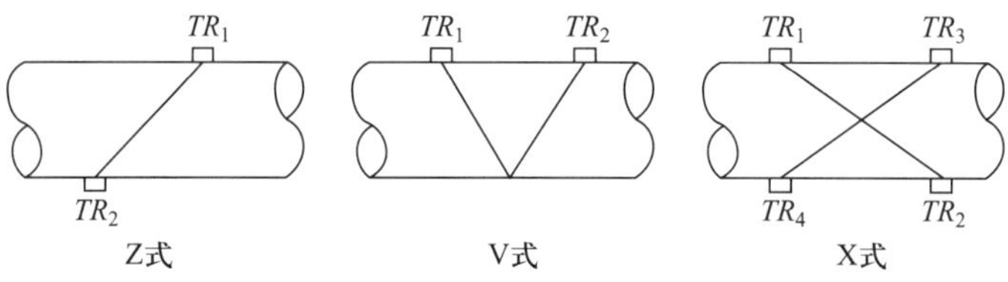

图 1－19　超声波流量计中换能器常见的配置方式

超声波流量计是一种非接触式测量仪表，可用来测量不易接触、不易观察的流体流量和大管径流量。它不会改变流体的流动状态，不会产生压力损失，便于安装，并且可以测量强腐蚀性介质和非导电介质的流量。同时，超声波流量计的测量范围很大，管径范围可达 20～5 000 mm。但是超声波流量计一般只能测量温度低于 200 ℃的流体，并且抗干扰能力差，易受气泡、结垢、泵及其他声源混入的超声杂音干扰，影响测量精度。对安装管路及安装工艺要求严格，否则离散性差，测量精度低。

3. 电磁流量计

电磁流量计是根据法拉第电磁感应定律进行流量测量的流量计。对于具有导电性的液体介质，可以用电磁流量计测量流量。导电流体在磁场中垂直于磁力线方向流过，在流通管道两侧的电极上将产生感应电势，感应电势的大小与流体速度有关，通过测量此电势可求得流体流量。

电磁流量计的变送器结构简单，如图 1－20 所示，没有可动部件，不受被测介质的温度、黏度、密度以及在一定范围内电导率的影响，也没有任何阻碍流体流动的节流部件，所以当流体通过时不会引起任何附加的压力损失，同时它不会引起磨损、堵塞等问题，特别适用于测量带有固体颗粒的矿浆、污水等液固两相流体，以及各种黏性较大的浆液等。同样，由于它结构上无运动部件，可通过附上耐腐蚀绝缘衬里和选择耐腐材料制成电极，起到很好的耐腐蚀性能，使之可用于各种腐蚀性介质的测量。电磁流量计的量程范围极宽，同一台电磁流量计的量程比可达 1∶100。电磁流量计无机械惯性，反应灵敏，可以测量瞬时脉动流量，而且线性好。因此，可将测量信号直接用转换器线性地转换成标准信号输出，可就地指示，也可远距离传送。但对于气体、蒸气、含有大量气体的液体、电导率很低的液体介质及有机溶剂等，电磁流量计无法进行测量。电磁流量计受流速分布影响，在轴对称分布的条件下，流量信号与平均流速成正比，所以，电磁流量计前后必须有一定长度的前后直管段。同时，工作时应注意外界磁场干扰，影响精度。

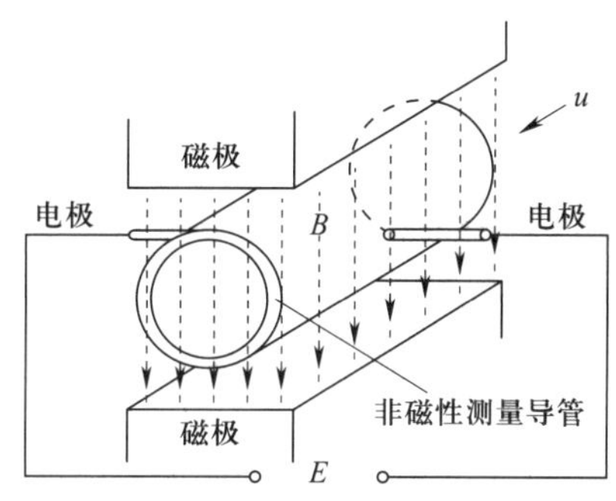

图 1－20　电磁流量计的变送器结构

4. 涡街流量计

涡街流量计属旋涡流量计类型，它是利用在流体中设置三角柱型旋涡发生体，从旋涡发生体两侧交替地产生有规则的旋涡，通过流体振荡的原理进行流量测量。

如图 1－21 所示为三角柱体涡街检测器原理示意图，在三角柱体的迎流面对称地嵌入两个热敏电阻组成桥路的两臂，以恒定电流加热使其温度稍高于流体，在交替产生的旋涡的作用下，两个电阻被周期地冷却，使其阻值改变，阻值的变化由桥路测出，即可测得旋涡产生频率，从而测出流量。

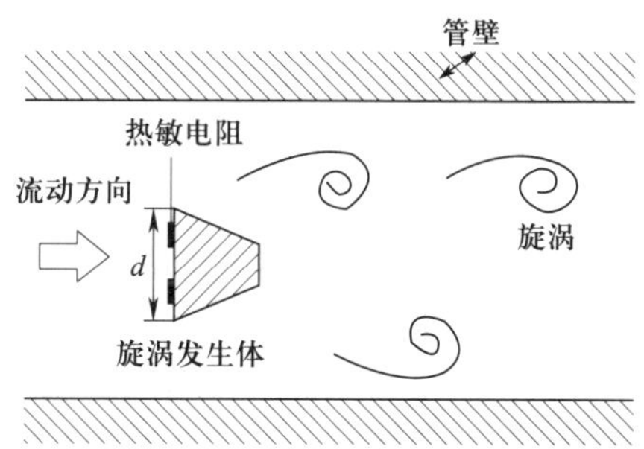

图 1－21　三角柱体涡街检测器原理示意图

涡街流量计测量精度较高；量程比宽，可达30：1；使用寿命长，压力损失小，安装与维护比较方便；测量几乎不受流体参数变化的影响，用水或空气标定后的流量计无须校正即可用于其他介质的测量；易与数字仪表或计算机接口对接，对气体、液体和蒸汽介质均适用。但是测量流体的流速分布情况和脉动情况将影响测量准确度，因此适用于紊流流速分布变化小的情况，并要求流量计前后有足够长的直管段。

【案例分析】

某制药企业计划新建一条原料输送管路，其中输送的流体具有一定的酸性腐蚀性，请根据需求分析在选用流体设备时，应注意哪些因素？

分析

介质的腐蚀性对流量测量仪表是个严重威胁，只有像夹装式超声波流量计等个别种类的流量计受腐蚀影响较小。涡街流量传感器和涡轮流量传感器，与流体接触的部分为耐酸钢，一般酸性液体和气体都能使用。用耐酸钢制成的椭圆齿轮流量计，可以满足一般酸性液体精确计量的需要。

四、质量流量计

根据质量守恒法则，流体的质量是一个不随时间、空间温度、压力的变化而变化的量。质量流量计可分为两类：一类是直接式，即直接输出质量流量；另一类为间接式或推导式，如应用超声流量计和密度计组合，对它们的输出再进行乘法运算以得出质量流量。

直接式质量流量计有多种类型，如热式、差压式、科里奥利等。

1. 热式质量流量计

当流体成分确定时，流体的定压比热为已知常数。因此，若保持加热功率恒定，则测出温差便可求出质量流量；若采用恒定温差法，即保持两点温差不变，则通过测量加热的功率也可以求出质量流量，如图1－22所示。由于恒定温差法较为简单、易实现，所以实际应用较多。这种流量计多用于较大气体流量的测量。

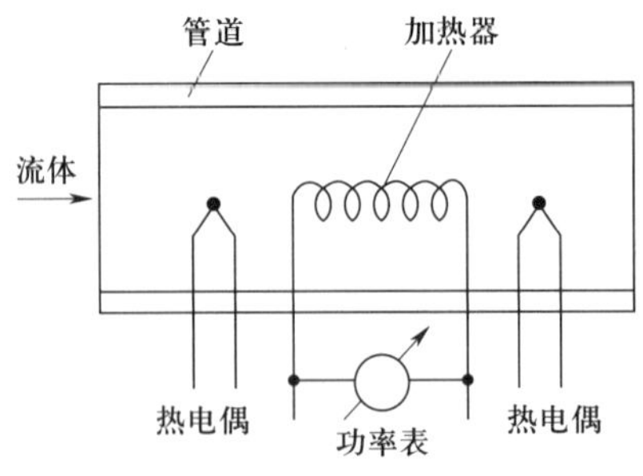

图1－22　热式质量流量计

热式质量流量计具有体积小、数字化程度高、安装方便、测量准确等优点。热式质量流量计也有它的缺点：响应慢；被测量气体组分变化较大的场所，测量值会有较大变化而产生误差；对于热式质量流量计，被测气体若在管壁沉积垢层会影响测量值，必须定期清洗；对细管型仪表更有易堵塞的缺点，一般情况下不能使用；对脉动流在使用上也受到限制。

2. 差压式质量流量计

差压式质量流量计是以马格努斯效应为基础的流量计，实际应用中利用孔板和定量泵组合实现质量流量测量，有双孔板和四孔板分别与定量泵组合两种结构，如图 1－23、图 1－24 所示。

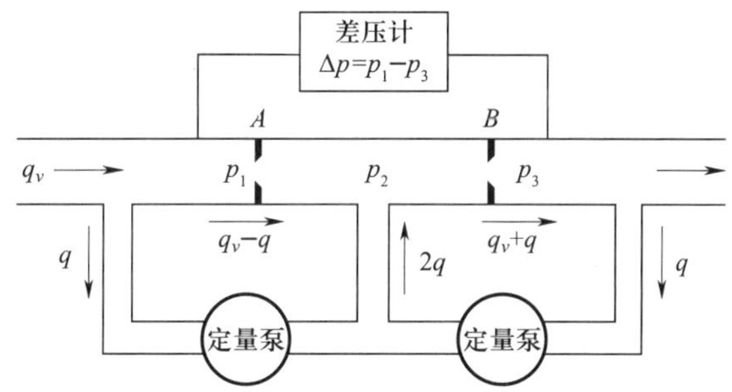

图 1－23　双孔板差压式质量流量计

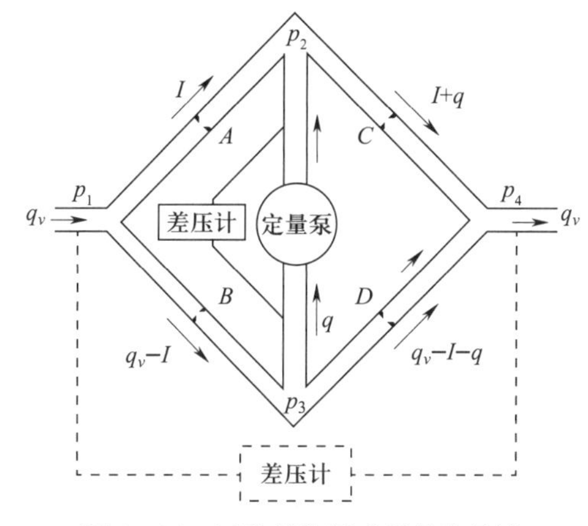

图 1－24　四孔板差压式质量流量计

差压式质量流量计具有结构简单、易于制作、性能稳定可靠、使用期限长、价格低廉等优点，应用范围极为广泛，全部单相流体，包括液、气、蒸汽皆可测量，部分混相流，如气固、气液、液固等亦可应用。差压式质量流量计有测量的重复性、精准度不高，测量范围度窄，现场安装条件要求较高，引压管路易产生泄漏、堵塞、冻结及信号失真等故障，压损比较大等缺点。

3. 科里奥利质量流量计

科里奥利质量流量计是运用流体质量流量对振动管振荡的调制作用，即科里奥利效应为原理，以质量流量测量为目的的质量流量计，一般由传感器和变送器组成，如图 1－25 所示。在制药化工行业中，常用于液态药品生产计量等方面。

科里奥利质量流量计质量测量的原理是牛顿第二定律 $F = ma$，当流体在振动管中流动

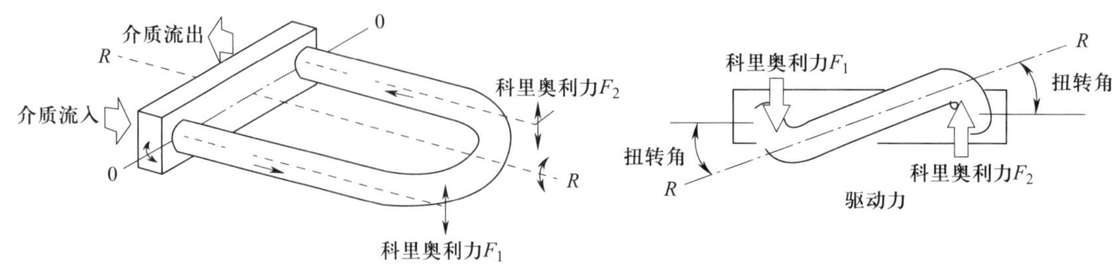

图 1-25　科里奥利质量流量计结构图

时，将产生与质量流量成正比的科里奥利力，当没有流体流过时，振动管不产生扭曲，振动管两侧电磁信号检测器检测到的信号是同相位的；当有流体经过时，振动管在力矩作用下产生扭曲，两检测器间将存在相位差，变送器测量左右检测信号之间的滞后时间，这个时间差乘上流量标定系数就可确定质量流量。

科里奥利质量流量计具有使用寿命长，精度高，维护率低，可同时测得流量、密度、温度等多个现场变量，具有很高的智能程度等优点。同时，具有价格较高，维护费用较高，生产难度较大，某些情况下可能造成气路堵塞等缺点。

目标检测

一、选择题

1. 单项选择题

（1）流体流动时，流体管内各空间点的参数不随时间的变化而变化，仅随空间位置而变，这种流动称为（　　）。

A. 定态流动　　B. 非定态流动

C. 均匀流　　D. 非均匀流

（2）层流与湍流的本质区别是（　　）。

A. 流速不同　　B. 流通截面积不同

C. 雷诺数不同　　D. 层流无径向流动，湍流有径向流动

（3）下列对差压式流量计的描述错误的是（　　）。

A. 结构简单　　B. 精度较高

C. 安装方便　　D. 工作可靠

（4）气体在直径不变的圆形管道内做等温定态流动，在管道各截面上（　　）。

A. 气体流动的流速相等　　B. 气体流动的质量流量相等

C. 气体流动的体积流量相等　　D. 气体流动的速度逐渐变小

（5）某设备上真空表读数为 0.01 MPa，当地大气压强为 0.1 MPa，则设备内绝对压强

为（　　）。

A. 101.33 kPa　　B. 10 kPa

C. 0.91 kPa　　D. 90 kPa

2. 多项选择题

（1）质量流量计有多种类型，以下属于直接式质量流量计的有（　　）。

A. 速度式流量计　　B. 热式质量流量计

C. 容积式流量计　　D. 差压式质量流量计

E. 科里奥利质量流量计

（2）以下管件不属于管路固定功能的是（　　）。

A. 吊环　　B. 生料带

C. 卡环　　D. 垫片

E. 支架

（3）现测得几种流体流动时的雷诺数，其中属于层流的是（　　）。

A. $Re=600$　　B. $Re=5\ 200$

C. $Re=1\ 400$　　D. $Re=3\ 800$

E. 以上都不属于

二、简答题

1. 请写出流体静力学基本方程式，并指出其阐明的基本结论。
2. 请分析流体在管路流动时，所受到阻力的成因。

第二章

流体输送机械

在制药化工生产中，常常使用流体输送机械为流体提供机械能，把液体从低能位向高能位输送。通常，用于输送液体的机械称为泵，用于输送气体的机械则按压强的高低分别称为通风机、鼓风机、压缩机及真空泵。

流体运输机械根据工作原理不同，可分为离心式、容积式和流体作用式三种类型。离心式机械是利用高速旋转的叶轮将能量传给流体，增加流体的机械能，如离心泵、离心式通风机等；容积式机械是利用泵内工作容积周期性变化，将流体吸入和排出，如往复泵、齿轮泵等；而流体作用式机械则是利用流体流动时机械能的转化以达到输送流体的目的，如喷射真空泵。本章结合制药化工生产的应用，分离心泵、其他类型的泵以及气体输送设备三个部分讨论。

§2－1 离心泵

学习目标

知识目标

1. 掌握离心泵的工作原理与基本结构；
2. 熟悉离心泵的性能参数和特性曲线；
3. 了解影响离心泵特性曲线的主要因素和流量调节方法，了解汽蚀现象。

技能目标

1. 掌握离心泵类型，能够选择合适的离心泵；
2. 熟悉离心泵的使用操作；
3. 熟悉离心泵允许安装高度的计算方法。

一、离心泵的工作原理与基本结构

1. 离心泵的工作原理

如图 2－1 所示，离心泵装置中叶轮 3 由若干个向后弯曲的叶片组成，安装在类似蜗牛壳形的泵壳 2 内，并紧固在泵轴 5 上，泵轴由电动机直接带动，泵壳中央的吸入口与吸入管路 4 相连，泵壳侧旁的排出口与排出管路 1 相连。离心泵输送液体的过程可分为排液和吸液两个过程。

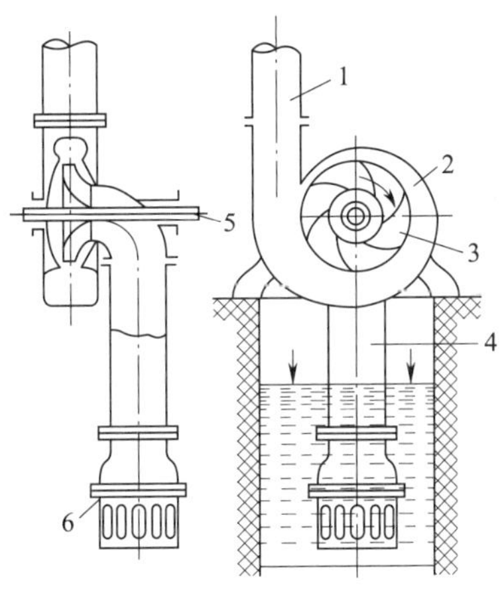

图 2－1　离心泵工作原理示意图
1—排出管路　2—泵壳　3—叶轮
4—吸入管路　5—泵轴　6—底阀

(1) 排液过程

离心泵启动前，须用被输送液体灌满吸入管路及泵内，并排尽气体，这种操作称为灌泵。电机启动后，泵轴带动叶轮高速旋转，使叶片间的液体旋转，产生离心力。在离心力的作用下，液体由叶轮中心被甩向外周，这样液体便得到了机械能。当液体到达叶轮边缘时，动能和静压能均增大，液体离开叶轮外缘后将进入逐渐扩大的蜗牛壳形通道，此时流速减小，部分动能转换为静压能，最终液体将以一定的流速和较高的压力沿切向进入排出管道，被输送至所需要的场所。该装置的排液过程主要依靠离心力来完成，所以称为离心泵。

(2) 吸液过程

液体从叶轮中心流向外缘时，在叶轮中心会形成低压，在储槽液面和泵的吸入口之间产生压力差，并在压力差的作用下，将液体吸入叶轮。因此，只要叶轮不停地转动，液体便会连续不断地吸入和排出，完成输送液体的任务。

(3) 气缚现象

离心泵启动时，泵壳内存有空气，而空气的密度远小于液体的密度，故叶轮旋转产生的离心力很小，叶轮中心处所形成的低压不足以将储槽内液体吸入泵内，此时启动离心泵也不能输送液体，这种现象称为气缚现象。因此，离心泵在启动前必须进行灌泵。安装时，若将离心泵的吸入口置于液体储槽的液位下方，液体靠位差将自动流入泵内，可避免每次启动前都需要灌泵的操作。

底阀是一种单向阀（止逆阀），其作用是防止启动前灌入的液体从泵内排出。底阀下一般装有滤网，滤网可阻挡液体中的固体杂质吸入而堵塞管道和泵壳。

2. 离心泵的基本结构

离心泵的基本结构包括叶轮、泵壳和轴封装置。

（1）叶轮

叶轮是离心泵的核心结构，叶轮通过高速旋转将机械能传递给液体，提高液体的静压能和动能，特别是静压能。

叶轮通常由4～12片叶片构成，叶片的弯曲方向与叶轮的旋转方向相反，所以也称为后弯叶片。使用后弯叶片可以减少能量损失，提高离心泵效率。叶轮按结构可分为开式、半闭式和闭式三种类型，如图2－2所示。开式叶轮的叶片两侧均无盖板，具有结构简单、使用方便的优点，适用于输送浆液或含较多固体的混悬液体，缺点是效率低。闭式叶轮的叶片两侧均有盖板，因而效率较高，适用于输送不含固体颗粒的液体，缺点是结构比较复杂。半开式叶轮的一侧有盖板（后盖板），其性能介于开式和闭式之间。

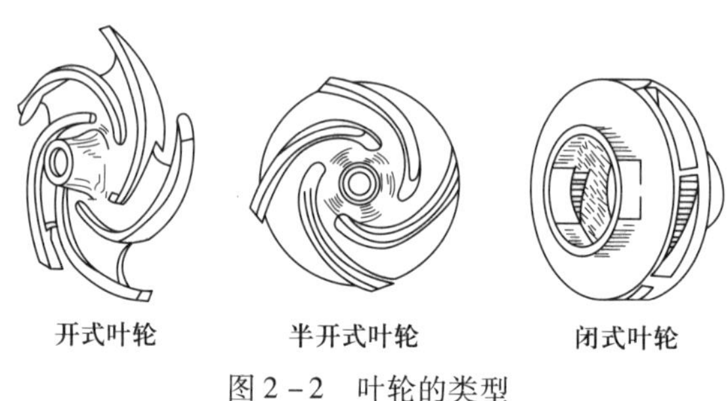

图2－2　叶轮的类型

叶轮按吸液方式可分为单吸和双吸两种类型，如图2－3所示。单吸叶轮仅从一侧吸入液体，其优点是结构简单，缺点是吸液流量太小。双吸叶轮可以从两侧吸入液体，其优点是吸液流量大，可消除轴向推力，缺点是结构比较复杂。

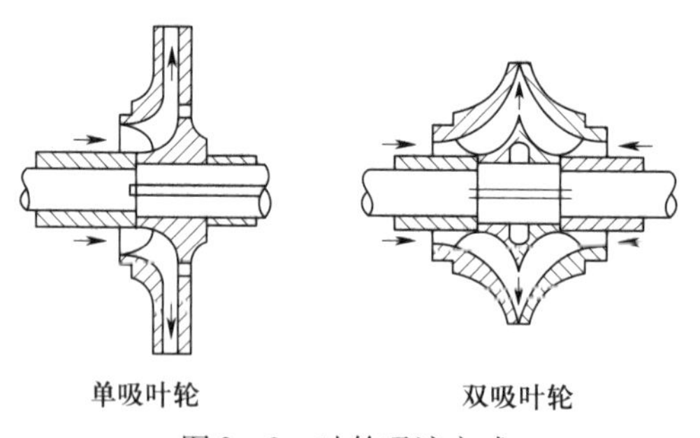

图2－3　叶轮吸液方式

（2）泵壳

泵壳通常为蜗壳形，与叶轮之间形成一个截面逐渐扩大的通道，如图2－4所示。叶轮甩出的高速液体沿蜗壳形通道流动时，流速逐渐降低，因而可减少能量损失，且使部分动能转换成静压能。可见，泵壳的作用是汇集和导出液体，同时转换能量。

在叶轮与泵壳之间装一个导轮，它是一个固定不动且带有叶片的圆盘。液体由叶轮甩出后沿导轮与叶片间的通道逐渐发生能量转换，因而可减少能量损失。

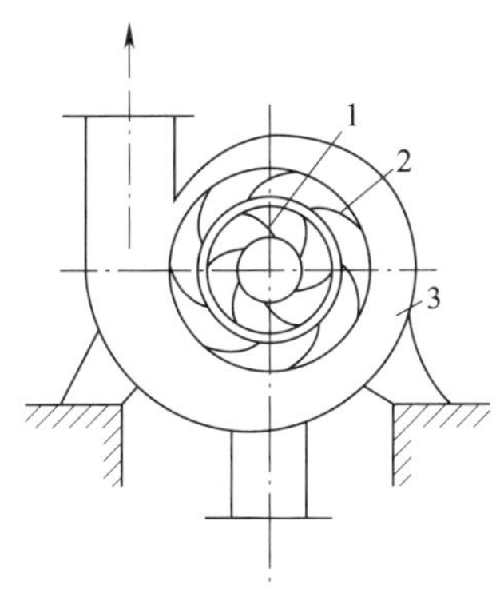

图 2 - 4　离心泵结构示意图

1—叶轮　2—导轮　3—泵壳

（3）轴封装置

泵轴与泵壳之间的密封称为轴封，它既可以防止高压液体外漏，又可以防止外界空气反向进入泵的低压区。常用的轴封装置有填料密封和机械密封两种。对易燃、易爆、有毒的介质，密封要求较高，通常采用机械密封。由于泵的故障 70% 是由轴承和密封引起的，故应对轴封装置给予重视。

二、离心泵的性能参数与特性曲线

1. 离心泵的性能参数

要正确选择和使用离心泵，就要了解离心泵的工作性能，离心泵的主要性能参数有流量、扬程、轴功率、效率等。

（1）流量

离心泵的流量表示泵输送液体的能力，是指离心泵单位时间内能够排入管路系统内的液体体积，以 Q 表示，单位为 m^3/s、m^3/h 或 L/s、L/h。离心泵的流量与泵的结构、尺寸（叶轮直径和叶片宽度）及转速等因素有关。此外离心泵的实际流量还与液体黏度、管路特征有关。

（2）扬程

离心泵的扬程，又称为压头，是指离心泵能够向单位重量的液体提供的有效机械能，以 H 表示，单位为 J/N 或 m 液柱。离心泵的扬程与泵的结构（叶轮直径、叶片弯曲度等）、转速和流量都有关系。对于特定的离心泵，当转速一定时，扬程和流量之间存在着一定关系，但由于液体在泵内流动复杂，无法直接进行理论计算。

（3）轴功率

离心泵的轴功率是指电机传给离心泵泵轴的功率，以 N 表示，单位为 W 或 kW。液体实际从离心泵获得的功率称为有效功率，以 N_e 表示，二者的关系为：

$$N_e = W_s W_e = H_e g Q \rho = H g Q \rho \qquad (2-1)$$

式中　N_e——泵的有效功率；

H——泵的扬程；

Q——流量；

ρ——液体密度。

轴功率是选择电机功率的主要依据。由于离心泵运行时会有功率损失，因此选择电机的功率应比轴功率的计算值大一些。

（4）效率

由于泵内有各种能量损失，泵轴从电机获得的功率并没有全部传给液体，体现在以下三个方面。

1）容积损失。叶轮出口处液体由于机械泄漏流回叶轮入口造成泵实际排液量减少。容积损失与泵的结构、液体在泵进出口间的压差及流量有关。

2）水力损失。由于实际流体在泵内流动时有摩擦损失，液体与叶片及液体与壳体的冲击也会造成能量损失，从而使泵实际压头减少。水力损失与泵的结构、流体的性质有关。

3）机械损失。泵在运转时，机械部件接触处如泵轴与轴承之间、泵轴与填料密封中的填料或机械密封中的密封环之间等，会因为机械摩擦而造成能量损失。

以上三种损失，用离心泵的效率 η 表示。离心泵的效率与泵的类型、大小、制造精度及输送液体性质有关。一般小型泵的效率为 50% ~70%，大型泵可达 90% 左右。效率 η 表示为：

$$\eta = \frac{N_e}{N} \times 100\% \tag{2-2}$$

由式 2 –1 和式 2 –2 可得：

$$N = \frac{N_e}{\eta} = \frac{HgQ\rho}{1\,000\eta} = \frac{HQ\rho}{102\eta} \tag{2-3}$$

由式 2 –3 可计算出离心泵的轴功率（kW）。

2. 离心泵的特性曲线

离心泵的扬程 H、轴功率 N、效率 η 都与流量 Q 有关，这些关系通常由实验测定。泵的特性曲线与转速、泵的型号有关。离心泵出厂前，在规定条件下（需要标注测定条件）测得的扬程、轴功率与流量之间的关系曲线称为离心泵的特性曲线，该曲线一般由制造商提供，并附于泵的使用说明书中，供用户选泵或操作时参考，图 2 –5 是 IS100 –80 –125 型离心水泵的特性曲线。

（1）$H-Q$ 曲线

$H-Q$ 曲线表示离心泵的扬程与流量之间的关系。一般情况下，离心泵的扬程随流量的增加而下降，但在流量极小时可能有例外。如图 2 –5 所示，当 $Q=0$ 时，$H \neq 0$，这就表明当出口阀关闭，液体在泵内循环，液体依然在消耗机械能，但都是无用功。

（2）$N-Q$ 曲线

$N-Q$ 曲线表示离心泵的轴功率与流量之间的关系。离心泵的轴功率随流量的增加而增大。

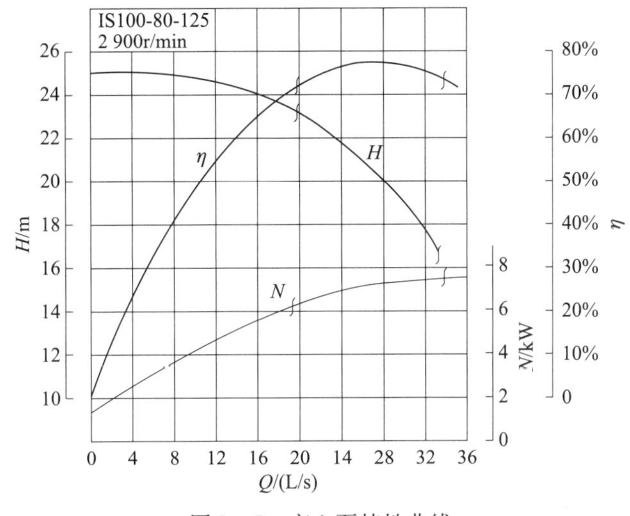

图 2-5　离心泵特性曲线

显然，$Q=0$ 时，N 的值最小。由于电机启动时的电流是正常运转时的 4~5 倍以上，因此，离心泵启动前，应先关闭出口阀，使得 $Q=0$，这样可使电机启动时电流减小至最小，以免电机因启动电流过大而烧坏，待电机运转正常时，再缓缓打开出口阀，调节所需要的流量。

（3）$\eta-Q$ 曲线

$\eta-Q$ 曲线表示离心泵的效率与流量之间的关系。由图 2-5 可知，当 $Q=0$ 时，$\eta=0$。随着 Q 的增加，η 逐渐上升，并达到一个最大值。当 Q 继续增加时，η 又逐渐下降。由此可见，离心泵在一定的转速下运行时有一最高效率点，称为泵的设计点。在选择离心泵时，希望泵可以在最高效率点工作，但是实际生产中很难做到。

3. 影响离心泵特性曲线的主要因素

制造商所提供离心泵的特性曲线通常是常压、转速一定，流体为 20 ℃的清水测定的，但在实际的生产中，即使采用同一离心泵输送不同的液体，也会因为液体物理性质的不同，导致泵的性能发生改变。此外，泵的转速和叶轮直径都可以改变泵的性能，因此在实际生产中，常需对泵的特性曲线进行换算。

（1）液体物理性质的影响

1）密度的影响。理论研究表明，离心泵的流量、扬程、效率均与液体的密度无关，所以离心泵特性曲线中的 $H-Q$ 以及 $\eta-Q$ 曲线保持不变。但泵的轴功率与液体的密度有关，因此，当被输送液体的密度与常温下清水的密度不同时，制造商提供的 $N-Q$ 曲线将不再适用，此时应用式 2-3 重新计算。

2）黏度的影响。当被输送液体的黏度大于常温下清水的黏度时，泵的流量、扬程及效率都减小，而轴功率增大，即泵的特性曲线都将发生改变。一般情况下，当被输送液体的黏度大于一定值时就需要对特性曲线进行换算，具体换算方法可参阅泵的使用说明书。

（2）转速影响

离心泵的特性曲线都是在一定的转速下测定的。对于特定的离心泵和同一种液体，当转

速由 n_1 变为 n_2 时，且变化率 <20% 时，泵的效率可视为不变，而流量、扬程、轴功率与转速之间的关系称为比例定律。

$$\frac{Q_2}{Q_1}=\frac{n_2}{n_1},\ \frac{H_2}{H_1}=\left(\frac{n_2}{n_1}\right)^2,\ \frac{N_2}{N_1}=\left(\frac{n_2}{n_1}\right)^3 \tag{2-4}$$

式中 Q_1、H_1、N_1——转速为 n_1 时泵的性能参数；

Q_2、H_2、N_2——转速为 n_2 时泵的性能参数。

（3）叶轮直径的影响

对于同一型号的泵，换用直径较小的叶轮，而其他尺寸保持不变，这种现象称为叶轮切割。对于特定的离心泵和同一种液体，当转速不变，而使叶轮直径由 D_1 减小至 D_2 时，且变化率 <20% 时，泵的效率可视为不变，而流量、扬程、轴功率与叶轮直径之间的近似关系称为切割定律。

$$\frac{Q_2}{Q_1}=\frac{D_2}{D_1},\quad \frac{H_2}{H_1}=\left(\frac{D_2}{D_1}\right)^2,\quad \frac{N_2}{N_1}=\left(\frac{D_2}{D_1}\right)^3 \tag{2-5}$$

式中 Q_1、H_1、N_1——叶轮直径为 D_1 时泵的性能参数；

Q_2、H_2、N_2——叶轮直径为 D_2 时泵的性能参数。

4. 流量调节

离心泵在特定的管路中运行时，实际工作流量和扬程不仅与泵的特性有关，还与管路特性有关。将管路所需的压头 H_e 和流量 Q_e 的关系标绘在直角坐标系中，即得管路特性曲线（曲线 A）。管路特性曲线与管路布局和操作条件相关，与泵的性能无关。离心泵是在特定的管路系统中以一定的转速运行，若将离心泵特性曲线（曲线 n）与管路特性曲线标绘于同一坐标系中，则两曲线的交点 b 称为泵在该管路系统中的工作点，如图 2－6 所示，泵的工作点 b 所对应的流量和压头既能满足管路系统的要求，又是泵能提供的。

实际生产中，生产任务往往会发生改变，使泵的工作流量与生产要求不适应，提供的流量不符合生产要求，此时需要对泵的流量进行调节，也就是设法改变其工作点。因此，改变管路特性曲线或泵的特性曲线，均能达到调节流量的目的。

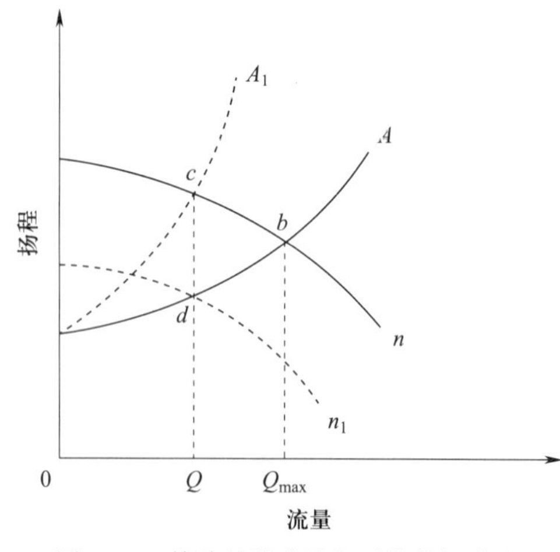

图 2－6　管路特性曲线与泵的特性曲线

（1）改变管路特性曲线

离心泵的出口管路上常装有流量调节阀，改变该阀门的开度即可改变管路特性曲线，从而达到调节流量的目的。如图2－6所示，若在原阀门开度下离心泵的工作点为 b，现将阀门关小，管路中局部阻力增大，管路特性曲线变陡（图中曲线 A_1），泵的工作点由 b 点变为 c 点，流量由 Q_{max} 减小为 Q。反之，开大出口阀门，管路中局部阻力减小，管路特性曲线平坦，流量增大。

通过改变出口阀门的开度来调节流量，非常方便且流量可连续变化，因此在生产中经常采用。缺点是当流量减小时，一部分能量将额外消耗在所增加的局部阻力上，从而导致管路系统的能量损失增大。

（2）改变泵的特性曲线

对于特定的离心泵，改变转速或叶轮直径均可改变泵的特性曲线，由于切削叶轮为一次性调节，因而通常采用改变泵的转速来实现流量调节。在图2－6中，泵原来的转速为 n，将转速降至 n_1，则泵的特性曲线下移，泵的工作点由 b 点变为 d 点，流量由 Q_{max} 减小为 Q。反之，增大转速，泵的特性曲线上移，流量增大。切削离心泵叶轮直径带来的工作点变化与转速的影响相同。

从降低动力消耗的角度来看，通过改变转速的方法来调节流量较为合理，但是改变转速需要安装变速装置，因此，实际生产中也很少使用。

三、离心泵的安装高度

1. 离心泵的汽蚀现象

当液体自叶轮中心甩向外周时，在叶轮中心附近产生了低压区，从而与储槽液面上方的压力之间形成了压力差（$p_0 - p_1$），正是在这个压力差的推动下，离心泵将液体吸入叶轮中心。如图2－7所示，储槽液面上方的压强 p_0 一般是大气压，叶轮中心附近低压区的压强越低，则压力差就越大，液体吸上高度就越高。但这种低压是有限度的，当叶片入口附近的最

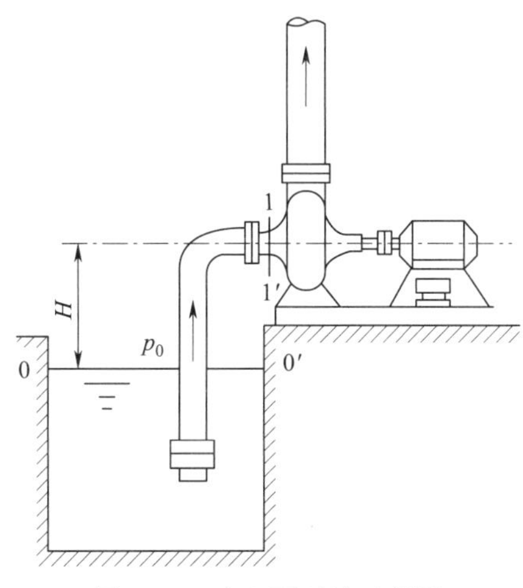

图2－7　离心泵吸液示意图

低压强小于或等于输送温度下液体的饱和蒸气压时，液体将在该处汽化并产生气泡，它随同液体从低压区流向高压区，气泡在高压作用下迅速凝结或破裂，此时周围的液体以极高的速度冲向原气泡所占据的空间，在冲击点处产生几千万帕的压强，冲击频率高达每秒数千次。若气泡在金属表面附近凝结或破裂，则液体质点就会像无数小弹头一样，连续击打在金属表面上，使泵体产生振动和噪声。在强压和冲击下，金属表面会逐渐破坏，这种现象称为汽蚀现象。如果离心泵长期处在这种汽蚀状态下，发生汽蚀的地方很快被破坏，大大缩短泵的使用寿命。

2. 汽蚀余量

由于实际操作中，不易测出最低压力的位置，通常以泵入口处截面 1—1′考虑。为防止汽蚀现象发生，离心泵入口处液体的静压头与动压头之和必须大于操作温度下液体的饱和蒸气压头，其超出部分称为离心泵的汽蚀余量。为避免汽蚀现象的发生，离心泵入口处压力不能过低，而应有最低允许值，此时所对应的汽蚀余量称为允许汽蚀余量，以下式表示：

$$\Delta h = \frac{p_1}{\rho g} + \frac{\mu_1^2}{2g} - \frac{p_v}{\rho g} \tag{2-6}$$

式中 Δh——离心泵的允许汽蚀余量；

p_v——操作温度下液体的饱和蒸气压。

Δh 一般由泵制造商通过汽蚀实验测定，并作为离心泵的性能参数列于泵的使用说明中。泵在正常操作时，实际汽蚀余量必须大于允许汽蚀余量。

3. 泵的允许安装高度

离心泵的允许安装高度是指储槽液面与泵的吸入口之间所允许的垂直距离，以 H_g 表示。在图 2-8 中，通过在 0—0′与截面 1—1′间列伯努利方程，可得允许安装高度为：

$$Z_0 + \frac{p_0}{\rho g} + \frac{\mu_0^2}{2g} = Z_1 + \frac{p_1}{\rho g} + \frac{\mu_1^2}{2g} + H_{f,0-1} \tag{2-7}$$

式中 $H_{f,0-1}$——液体在吸入管路中损失的压头。

将 $\mu_0=0$ 及 $H_g=Z_1-Z_0$ 代入式 2-7 中，并结合式 2-6 即得：

$$H_g = \frac{p_0}{\rho g} - \frac{p_v}{\rho g} - \Delta h - H_{f,0-1} \tag{2-8}$$

根据离心泵中提供的允许汽蚀余量 Δh，即可确定离心泵的允许安装高度，实际安装时，为安全起见，应再降低 0.5 ~1 m。也可以根据现场实际安装高度与允许安装高度比较，判断安装是否合适：若实际安装高度低于允许安装高度，则说明安装合适，不会发生汽蚀现象，否则，需调整安装高度。

需要注意的是 Δh 与流量有关，且随流量的增加而增大，因此，在计算泵的允许安装高度时，应以使用中可能出现的最大流量为依据。由式 2-8 可见，要提高泵的允许安装高度，要尽可能减小吸入管路的阻力。如泵在安装时，应选用较大的吸入管径，缩短吸入管路的长度，减少吸入管路的弯头、阀门等管件。

【案例分析】

用离心泵运输液体至反应塔，储罐内液体的液位保持不变，其上方液面压强为 1.2×10^5 Pa。泵位于储罐液面以下 2 m 处，吸入管路的压头损失为 1.2 m。该液体密度为 815 kg/m^3，饱和蒸气压为 1.01×10^5 Pa。已知泵的允许汽蚀余量为 2.5 m，问该泵能否正常工作？

分析

解：核算泵的安装高度是否合适，用式 2－8。

$$H_g = \frac{p_0}{\rho g} - \frac{p_v}{\rho g} - \Delta h - H_{f,0-1}$$

代入已知数据得

$$H_g = \frac{(1.2-1.01)\times10^5}{815\times9.81} - 2.5 - 1.2 = -1.32\ \text{m}$$

泵的实际安装高度为 －2 m，小于允许安装高度 －1.32 m，说明安装位置合适，泵不会发生汽蚀现象，可以正常工作。

四、离心泵的类型和选用

1. 离心泵的类型

离心泵的种类很多，按输送液体的性质及使用条件不同，可分为清水泵、耐腐蚀泵、油泵、液下泵、屏蔽泵、杂质泵等。以下介绍几种主要类型的离心泵。

（1）清水泵（IS 型、D 型、Sh 型）

清水泵应用最广泛，适用于输送各种工业用水以及物理、化学性质类似于水的其他液体。

最普通的清水泵是单级单吸式，系列代号为 IS，其结构如图 2－8 所示。全系列流量范围为 4.5～360 m^3/h，扬程范围为 8～98 m。以型号 IS100－80－125 为例说明泵型号中各项意义：IS—国际标准单级单吸清水离心泵；100—吸入管内径，mm；80—排出管内径，mm；125—叶轮直径，mm。

若要求的压头较高时，可采用多级离心泵，系列代号为 D，其结构特点是在一根轴上串联多个叶轮，如图 2－9a 所示。叶轮的级数通常为 2～9 级，最多可达 14 级。全系列流量范围为 10.8～850 m^3/h，扬程范围为 14～351 m。

若要求的流量较大且压头不高时，可采用双吸式泵，系列代号为 Sh，其结构特点是叶轮有两个吸入口，如图 2－9b 所示。全系列流量范围为 120～12 500 m^3/h，扬程范围为 9～140 m。

（2）耐腐蚀泵（F 型）

输送酸、碱等腐蚀性液体时，必须用耐腐蚀泵。泵中与腐蚀性液体接触的部件，都用各种耐腐蚀材料制造，如高硅铸铁、镍铬合金钢、聚三氟氯乙烯塑料等，系列代号为 F。全系列流量范围为 2～400 m^3/h，扬程范围为 15～105 m。我国最常使用的是 F 型单级单吸耐腐

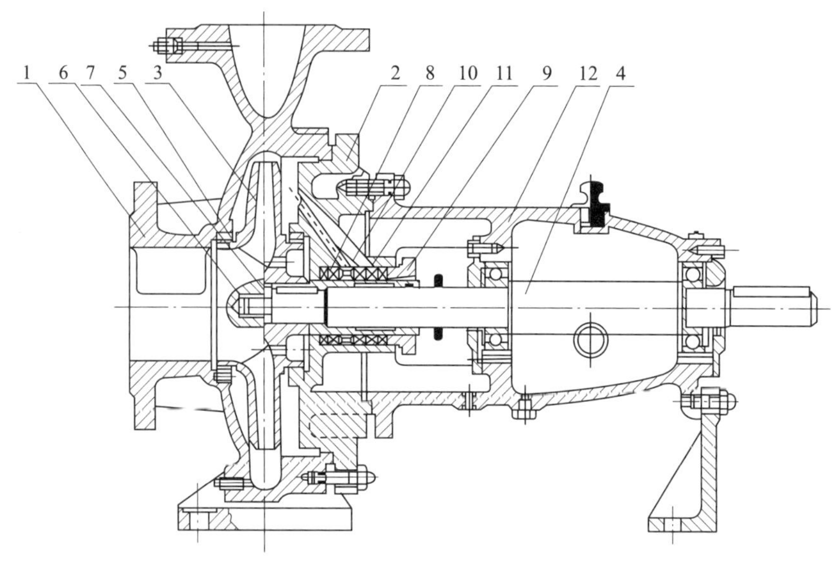

图 2-8 单级单吸式清水泵结构

1—泵体 2—泵盖 3—叶轮 4—泵轴 5—密封环 6—叶轮螺母 7—止动垫圈
8—轴套 9—填料压盖 10—填料环 11—填料 12—悬架轴承部件

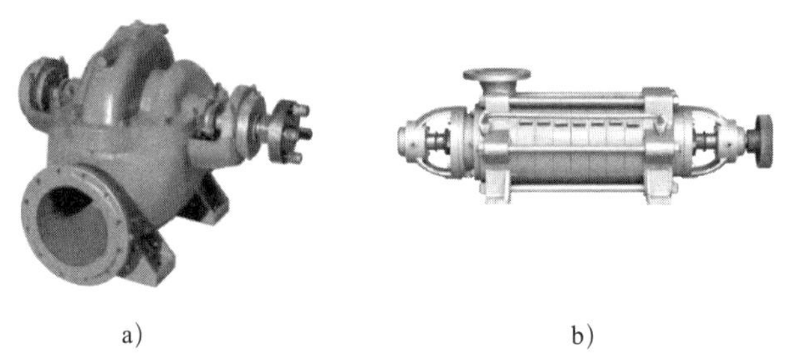

a) b)

图 2-9 各级离心泵

a) D 型离心泵 b) Sh 型离心泵

蚀泵，近年来也开发出多种新型耐腐蚀泵，如 IH 型耐腐蚀泵，其效率高于 F 型。

(3) 油泵（Y 型、YS 型）

输送石油产品的泵称为油泵。因为油品易燃易爆，所以要求油泵具有良好的密封性能。当输送 200 ℃以上的热油时，还需有冷却装置，一般在热油泵的轴封装置和轴承处均装有冷却水夹套，运转时通冷水冷却。油泵分单吸和双吸两种，系列号分别为 Y、YS。全系列流量范围为 6.25 ~ 500 m^3/h，扬程范围为 60 ~ 603 m。

(4) 液下泵（FY 型）

液下泵通常安装在液体储槽内，因此对轴封要求不高，可用于输送化工过程中各种腐蚀性液体。

(5) 屏蔽泵（PB 型）

屏蔽泵又称无密封泵，是将叶轮与电机连为一体，密封在同一壳体内，不需要轴封装置，可用于输送易燃易爆或有毒的液体。

（6）杂质泵（P 型）

运输悬浮液或稠浆液的泵称为杂质泵。系列代号为 P，有污水泵 PW 型、砂泵 PS 型、泥浆泵 PN 型等型号。

2. 离心泵的选用

离心泵的选用是以能满足液体输送的工艺要求为前提，基本步骤如下。

（1）确定输送液体的性质

输送水时选择清水泵，并确定型号；输送腐蚀性液体选择耐腐蚀泵，输送泥沙浆液选择杂质泵。

（2）确定输送系统的流量和压头

一般液体的输送量由生产任务决定。如果流量在一定范围内变化，应根据最大流量选泵，并根据情况列伯努利方程，计算最大流量下的管路所需的压头。

（3）选择离心泵的型号

根据已确定的流量和压头从泵样本中选出合适的型号。若没有完全合适的型号，则应选择压头和流量都稍大的型号；若同时有几个型号的泵均能满足要求，则应选择其中效率最高的泵。

（4）核算泵的轴功率

若输送液体的密度大于水的密度，则要核算泵的轴功率，以选择合适的电机。

【案例分析】

若某输水管路系统所要求的流量为 50 m^3/h，压头为 26 m，试选择适宜的离心泵，并确定该泵在实际运行时所需的轴功率及因用阀门调节流量而多消耗的轴功率。已知水的密度为 1 000 kg/m^3。

分析

解：（1）确定泵的类型

由于被输送液体为清水，故选用清水泵。由 IS 型、D 型及 Sh 型水泵的流量范围和扬程范围可知，IS 型和 D 型水泵都可满足所要求的流量和压头，但 D 型水泵的结构比较复杂，价格也较高，所以选用 IS 型水泵。

（2）确定泵的型号

根据 $Q_e = 50\ m^3/h$，$H_e = 26\ m$，查阅清水泵的规格可知，可以选择 IS80 − 65 − 160 型水泵。该泵在最高效率点时的主要性能参数为：$Q = 50\ m^3/h$，$H = 32\ m$，$N = 5.97\ kW$，$\eta = 73\%$，$\Delta h = 2.5\ m$。

（3）泵在运行过程中的实际轴功率

当泵在 $Q = 50\ m^3/h$ 运行时，所需轴功率为 5.97 kW。

（4）多消耗的功率

当 $Q_e = 50\ m^3/h$ 时管路压头 $H_e = 26\ m$，为达到要求的出水量，泵通过调节出口阀来调节流量，增加管路压头损失，使得管路系统所需压头也为 32 m。

因此多消耗的压头为

$$\Delta H = 32 - 26 = 6 \text{ m}$$

多消耗的功率为

$$\Delta N = \frac{\Delta HQ\rho}{102\eta} = \frac{6 \times 50 \times 1\ 000}{3\ 600 \times 102 \times 0.73} = 1.12 \text{ kW}$$

日积月累

1. 离心泵的基本结构包括叶轮、泵壳和轴封装置。离心泵使用前需要灌泵，否则会出现气缚现象。

2. 离心泵的主要性能参数有流量、扬程、轴功率、效率和汽蚀余量等。

3. 离心泵调节流量可以改变管路特性曲线或泵的特性曲线。

4. 用公式 $H_g = \frac{p_0}{\rho g} - \frac{p_v}{\rho g} - \Delta h - H_{f,0-1}$ 计算离心泵的安装高度。

§2－2　其他类型的泵

学习目标

知识目标

1. 掌握往复泵、柱塞式计量泵、旋转泵、旋涡泵、蠕动泵、隔膜泵的工作原理与基本结构；

2. 了解不同类型泵的适用范围。

技能目标

1. 熟悉往复泵、柱塞式计量泵、旋转泵、旋涡泵、蠕动泵、隔膜泵的使用；

2. 熟练应用所学的理论知识，解决实际生产操作问题。

一、往复泵

1. 往复泵的基本结构及工作原理

如图2－10所示的是往复泵结构图，其主要部件为泵缸、活塞、活塞杆、吸入阀和排出阀。吸入阀和排出阀均为单向阀。活塞由曲柄连杆机构带动做往复运动。当活塞自左向右移动时，泵缸内容积增大而形成低压，吸入阀受泵外液体压力作用而被推开，将液体吸入泵缸，排出阀则受排出管内液体压力而关闭；当活塞自右向左移动时，因活塞的挤压使泵缸内的液体压力升高，吸入阀受压而关闭，排出阀受压而开启，从而将液体排出泵外，此后活塞又向右移动，重复新的循环，活塞在泵缸左右两端的运动距离称为冲程。

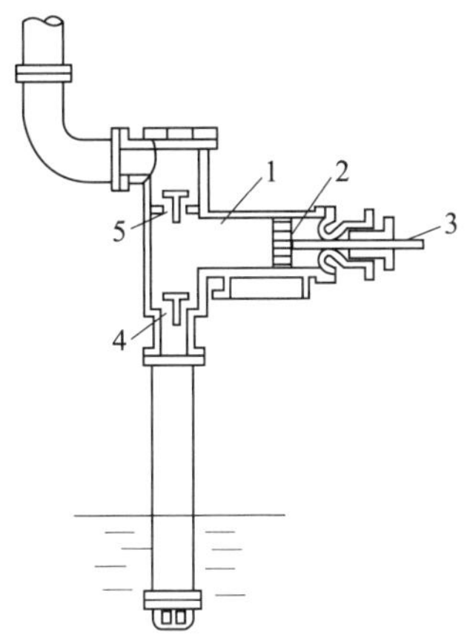

图 2－10　往复泵结构图

1—泵缸　2—活塞　3—活塞杆　4—吸入阀　5—排出阀

往复泵正是依靠活塞的往复运动，以达到输送液体的目的。由此可见，往复泵给液体提供能量是靠活塞直接对液体做功，使液体的静压力提高。活塞往复一次只吸液一次和排液一次的泵称为单动泵。由于单动泵的吸入阀与排出阀装在泵缸的同一端，故吸液和排液不能同时进行；又由于活塞的往复运动是不等速的，其瞬时流量不均匀。为了改善单动泵流量的不均匀性，可采用双动泵或三联泵。如图 2－11 所示为双动泵的工作原理图，活塞往复一次，吸液、排液各两次。

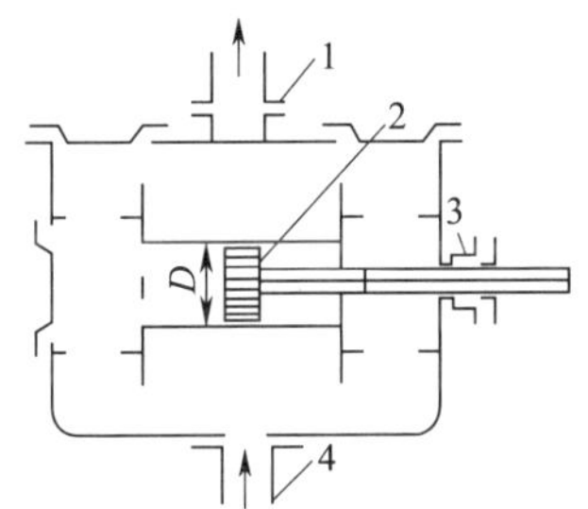

图 2－11　双动泵的工作原理图

1—排液管路　2—活塞　3—活塞杆　4—进液管路

2. 往复泵的流量与压头

（1）流量（输液量）

往复泵的流量取决于活塞扫过的体积和活塞往复的次数，与泵的压头和管路情况无关，单动泵的理论平均流量可表示为：

$$Q_T = ASn = \frac{\pi}{4}D^2Sn \tag{2-9}$$

式中　Q_T——单动泵的理论流量；

A——活塞的截面积；

D——活塞的直径；

S——活塞的冲程；

n——活塞每分钟的往复次数。

由式 2-9 可知，当活塞直径、冲程及往复次数一定时，往复泵的理论流量为一定值。但实际上，由于吸入阀、排出阀启闭有滞后，阀门、活塞、填料等存在泄漏，实际流量比理论流量小。

往复泵的实际流量比理论流量小，可以用下式计算实际流量

$$Q = \eta_v Q_T \tag{2-10}$$

式中 Q——往复泵的实际流量，m^3/min；

η_v——往复泵的容积效率，一般为 0.9～0.97。

对于双动泵，其理论流量并不是单动泵的 2 倍，可根据下式计算

$$Q_T = (2A - a)Sn = \frac{\pi}{4}(2D^2 - d^2)Sn \tag{2-11}$$

式中 d——活塞杆的直径，m。

（2）压头

往复泵的压头与泵的几何尺寸无关，与流量也无关。只要泵的机械强度和原动机的功率允许，管路系统要求多高的压头，往复泵就能提供多高的压头。

3. 往复泵的流量调节

往复泵在单位时间内的排液量是固定的，流量仅与泵特性有关，具有这种特点的泵称为正位移泵或容积式泵。与离心泵不同，往复泵不能简单采用出口阀门调节流量。这是因为往复泵的流量与管路特性无关，一旦出口阀门完全关闭，会造成泵缸内的压力急剧上升，导致泵缸损坏或电机烧毁。

往复泵的流量调节可采用以下方法。

（1）旁路调节

如图 2-12 所示，它是通过改变旁路阀的开度，即通过调节旁路的流量，达到调节主管路系统流量的目的。为保护泵和电机，旁路上还设有安全阀，当泵出口处的压力超过规定值时，安全阀会被高压液体顶开，使泵出口处减压。旁路调节方法简单，但不经济，适用于流量变化幅度小且需经常调节的场合。

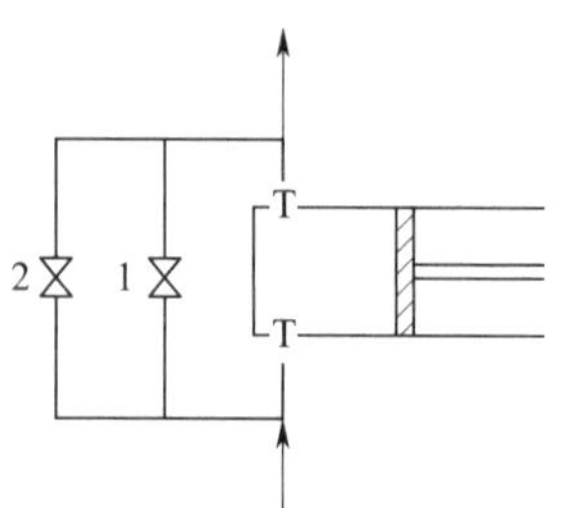

图 2-12 往复泵的流量调节

1—旁路阀 2—安全阀

（2）改变活塞冲程或往复次数

由式 2－9 可知，调节活塞的冲程 S 或往复次数 n，均可达到流量调节目的。

往复泵的效率一般在 70% 以上，适用于输送小流量、高压头、高黏度的液体，但不适于输送腐蚀性液体及有固体颗粒的悬浮液。

二、柱塞式计量泵

柱塞式计量泵是往复泵的一种，其结构如图 2－13 所示，它是通过偏心轮将电机的旋转运动变成柱塞的往复运动。当转速一定时，偏心轮的偏心距可以调整，以改变柱塞的冲程，从而控制和调节流量。柱塞式计量泵适用于要求输送量十分准确的液体或几种液体按比例输送的场合。

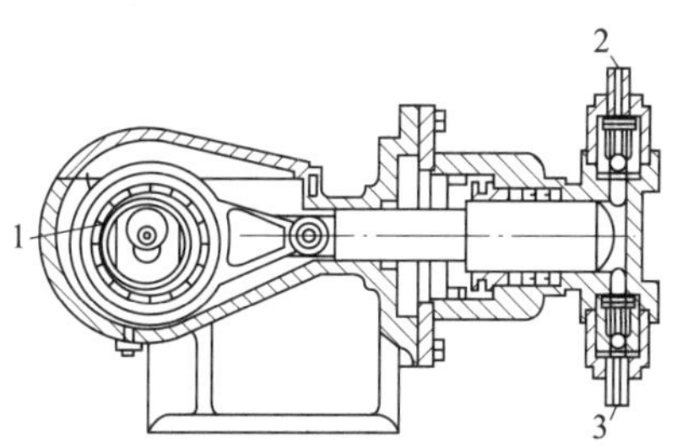

图 2－13　柱塞式计量泵

1—偏心轮　2—排出口　3—吸入口

三、旋转泵

旋转泵属于正位移泵，其工作原理是依靠泵内一个或多个转子的旋转来吸入液体和排出液体，所以又称转子泵。常见的有齿轮泵、螺杆泵等，工作原理相似。

1. 齿轮泵

齿轮泵的结构如图 2－14 所示，泵壳内有两个齿轮，一个是主动轮，由电机带动旋转，另一个为从动轮，与主动轮啮合，并向相反的方向旋转。两齿轮与泵壳之间形成吸入腔和排出腔两个空间，两齿轮互相拨开时，形成低压而吸入液体，吸入的液体分两路进入齿穴和壳体之间，随齿轮旋转而排出到排出腔。排出腔内两齿轮互相合拢，形成高压而排出液体。齿轮泵的流量小但压头高，适于输送黏稠液体甚至膏状物料，但不宜输送含有固体颗粒的悬浮液。

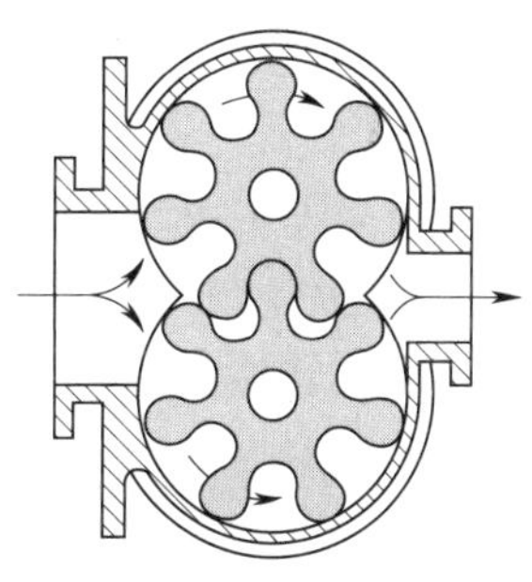

图 2－14　齿轮泵

2. 螺杆泵

螺杆泵由泵壳和一个或多个螺杆构成。如图 2－15 所示为双螺杆泵，其工作原理与齿轮泵相似，依靠两根互相啮合的螺杆来吸入和排出液体。当所需的压头较高时，可采用较长的螺杆。螺杆泵压头高、效率高、无噪声、流量均匀，尤其适用于高黏度液体的输送。

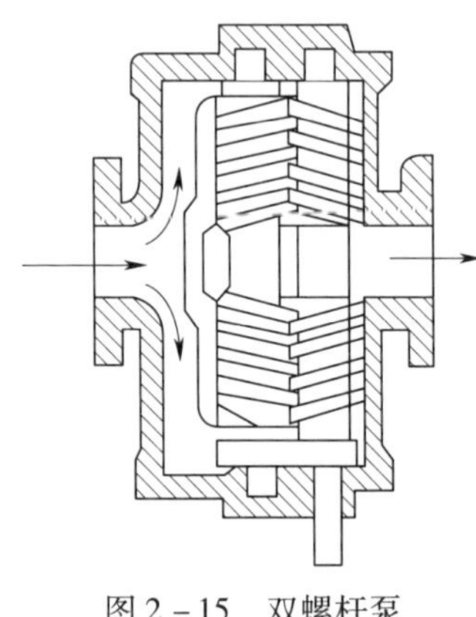

图 2－15　双螺杆泵

旋转泵与往复泵一样，具有正位移特性，因此也可以采用旁路调节或改变旋转泵的转速，以达到调节流量的目的。

四、旋涡泵

旋涡泵是一种特殊类型的离心泵，由泵壳、叶轮、引液道、间壁等组成。叶轮是一个圆盘，其四周有数十个凹槽，呈辐射状排列而构成叶片。工作时，叶片随同叶轮在泵壳内高速旋转，并带动泵内液体一起旋转。泵内液体在随叶轮旋转的同时，又在引液道与叶片间反复运动，因而被叶片拍击数次，可获得较多能量。旋涡泵在使用前与离心泵一样，启动前必须向泵内灌满液体。

旋涡泵的流量调节方法与正位移泵相同。由于流量为零时，泵的轴功率最大，因此启动旋涡泵前应将出口阀全开，以减少电机的启动电流。旋涡泵具有流量小、扬程高、体积小、加工容易等特点，常用于流量小、压头高且黏度不大的液体的输送。

五、蠕动泵

蠕动泵由驱动器、泵头和软管三部分组成。工作时，通过滚轮对泵的弹性输送软管交替进行挤压和释放来输送流体，这类似于用两根手指夹挤软管一样，随着手指的移动，管内形成负压，液体随之流动。蠕动泵无液体空运转情况下不会对泵的任何部件造成损害，能产生98%的真空度。由于没有阀、机械密封和填料密封装置，因而也没有这些产生泄漏和维护的因素，只需要替换软管。蠕动泵能轻松地输送固液或气液混合相流体，可输送各种具有研磨、腐蚀、氧敏感特性的物料，缺点是流量范围比较窄。

六、隔膜泵

隔膜泵是容积泵中较为特殊的一种形式。它是依靠一个隔膜片来回鼓动改变工作室容积从而吸入和排出液体的。隔膜泵按其使用的动力源，可以分为气动、电动、液动三种，即以压缩空气为动力源的气动隔膜泵，以电为动力源的电动隔膜泵，以液体介质（如油等）压力为动力源的电液动隔膜泵。隔膜泵是一种新型输送机械，可以输送各种腐蚀性液体，带颗粒的液体，高黏度、易挥发、易燃、剧毒的液体，在喷漆、陶瓷业中占有绝对主导地位。

课堂活动

根据课堂上学习的各种泵的性能和适用范围，来选择下列情况应使用何种类型的泵来运输流体：

1. 运输 20 ℃水；
2. 运输腐蚀性液体；
3. 运输泥浆液；
4. 运输黏稠液体。

日积月累

1. 泵根据工作原理的不同分为往复泵、柱塞式计量泵、旋转泵、旋涡泵、蠕动泵、隔膜泵。
2. 往复泵是正位移泵或容积式泵，单位时间内排液量一定，启动前需要灌泵。
3. 旋转泵分为齿轮泵和螺杆泵。

§2－3　气体输送设备

学习目标

知识目标

1. 掌握气体输送机械的工作原理与基本结构，掌握气体输送机械的分类；
2. 了解性能参数与特性曲线和适用范围。

技能目标

1. 熟悉气体输送机械的使用操作；
2. 能够合理选择合适的运输机械。

在制药化工生产中，不仅需要液体输送设备，还广泛使用气体输送设备。气体具有可压缩性，在压送过程中，其温度、压强和体积都要发生改变。气体温度、压强和体积变化的大小，对气体输送设备的结构和形状有很大影响。按出口气体的压强和压缩比（出口气体的绝对压强与进口气体的绝对压强之比）的大小，气体输送设备可分为以下四类。

通风机：出口气体的表压不大于 15 kPa，压缩比不大于 1.15；

鼓风机：出口气体的表压为 15 ~ 300 kPa，压缩比为 1.15 ~ 4；

压缩机：出口气体的表压大于 300 kPa，压缩比大于 4；

真空泵：用于减压，在设备内产生真空，出口气体的压强为当时当地的大气压，压缩比由真空度决定。

一、离心式通风机

1. 工作原理与基本结构

离心式通风机的工作原理与离心泵相似。工作时，高速旋转的叶轮将能量传递给气体，使气体的静压能和动能均有所提高。当气体进入蜗壳形通道后，流速逐渐减小，使部分动能转化为静压能。于是，气体便以一定的流速和较高的压强由风机出口进入排出管路。与此同时，在叶轮中心附近形成低压区，将气体源源不断地吸入壳内。根据所产生的风压不同，离心式通风机又可分为低压、中压和高压离心式通风机。中、低压离心式通风机常用于车间通风换气，高压离心式通风机常用于气体的运输。

离心式通风机的机壳也是蜗壳形，但壳内逐渐扩大的气体通道及出口截面有方形（矩形）和圆形两种，一般低、中压通风机多是方形，如图 2 – 16 所示，高压的为圆形。通风机叶轮直径较大，叶片数目多且长度短，其形状有前弯、径向及后弯三种。在不追求高效率，仅要求大风量时，常采用前弯叶片。若要求高效率和大风量，则采用后弯叶片。

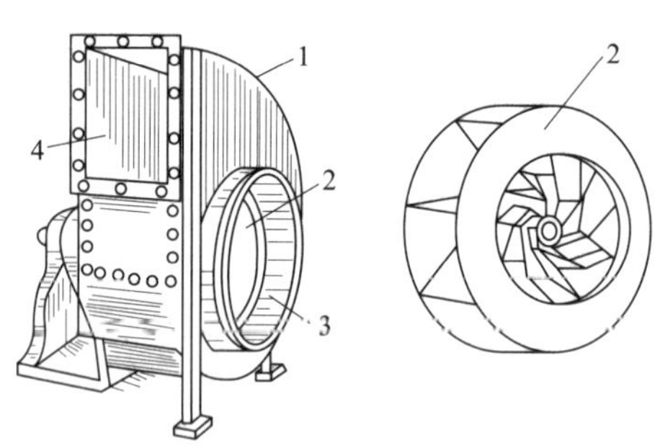

图 2 – 16　离心式通风机

1—机壳　2—叶轮　3—吸入口　4—排出口

2. 性能参数

（1）风量

风量即流量，是指单位时间内由风机出口排出的气体体积，以 Q 表示，单位为 m^3/s、m^3/min 或 m^3/h。

离心式通风机性能表上所列的风量是指空气在 20 ℃和 1.013×10^5 Pa 下的实验值。当实际操作条件与该条件不同时，可用下式进行换算：

$$Q\rho = Q_0\rho_0 \tag{2-12}$$

式中 Q——操作条件下的风量；

ρ——操作条件下空气密度；

Q_0——实验条件下的风量；

ρ_0——实验条件下空气密度。

（2）风压

风压是指单位体积的气体流过风机时所获得的总机械能，以 H_T 表示，单位为 J/m^3 或 Pa。

离心式通风机的风压影响因素有风机的结构、叶轮尺寸、转速和风机入口处气体的密度，理论上很难准确计算出离心式通风机的风压。通常的做法是，以风机进口外侧截面为上游截面 1—1′，出口截面内侧为下游截面 2—2′。在截面 1—1′与截面 2—2′之间，以单位体积流体为基准列伯努利方程式得：

$$H_T = \rho W_e = \rho g(Z_2 - Z_1) + (p_2 - p_1) + \frac{\rho(\mu_2^2 - \mu_1^2)}{2} + \rho\sum h_{f,1-2} \tag{2-13}$$

由于气体密度 ρ 及上、下游截面之间的位差（$Z_2 - Z_1$）的值很小，所以 ρg（$Z_2 - Z_1$）项可以忽略不计；风机的进出口管路很短，所以 $\rho\sum h_{f,1-2}$ 项也可忽略不计；截面 1—1′位于风机进口外侧，故 $\mu_1 = 0$。式 2－13 可以简化成：

$$H_T = (p_2 - p_1) + \frac{\rho\mu_2^2}{2} \tag{2-14}$$

式中，（$p_2 - p_1$）称为静风压；$\frac{\rho\mu_2^2}{2}$为动风压。静风压和动风压之和为全风压。通风机性能表上所列的风压均指全风压。由于通风机性能表上所列的风压是空气在20 ℃和 1.013×10^5 Pa 下的实验值，因此，当实际操作条件与该条件不同时，应按式 2－15 将操作条件下的风压 H_T 换算成实验条件下的风压 H_{T0}，然后按 H_{T0}的值来选择风机。

$$H_{T0} = H_T\frac{\rho_0}{\rho} = H_T\frac{1.2}{\rho} \tag{2-15}$$

式中 H_{T0}——实验条件下的全风压；

H_T——操作条件下的全风压；

ρ_0——实验条件下空气密度；

ρ——操作条件下空气密度。

（3）轴功率与效率

离心式通风机的轴功率可以用式 2－16 来计算，风量 Q 与风压 H_T 需在同一状态下。

$$N = \frac{H_T Q}{1\,000\eta} \tag{2-16}$$

式中 N——轴功率，kW；

H_T——全风压，Pa。

3. 通风机的选用

（1）根据伯努利方程式，计算出输送系统所需的实际风压 H_T，然后用式 2－15 将 H_T 换算成实验条件下的风压 H_{T0}。

（2）根据被输送气体的性质（主要是易燃、易爆、腐蚀以及是否清洁等）和风压范围，确定风机的类型。当被输送气体为清洁空气或是与空气性质相近的气体时，可选用一般类型的离心式通风机。

（3）根据实验条件下的风压 H_{T0} 以及按风机进口状态计的实际风量，根据风机的性能表选取合适型号。

二、鼓风机

1. 离心式鼓风机

离心式鼓风机又称透平鼓风机，其工作原理与离心式通风机相同。但离心式鼓风机的终压较高，所以都是多级的，其结构类似于多级离心泵（D 型水泵）。气体进入风机后，将依次通过各级叶轮和导轮，并获得能量。离心式鼓风机的送风量较大，但所产生的风压不高。由于压缩比不高，所以离心式鼓风机无须设置冷却装置，各级叶轮的尺寸也大致相等。

2. 旋转式鼓风机

旋转式鼓风机的代表就是罗茨鼓风机，其结构和原理与齿轮泵相似，如图 2－17 所示，罗茨鼓风机的机壳内有两个特殊形状（如腰形或三星形等）的转子，转子之间以及转子与机壳之间的缝隙很小，但可确保转子能自由转动。工作时，两转子的旋转方向相反，从而在机壳内形成一个低压区和一个高压区，气体从低压区吸入，从高压区排出。若改变转子的旋转方向，则吸入口和排出口可以互换。罗茨鼓风机的风量与转速成正比，而且几乎不受出口压强变化的影响。因此，风机出口应安装稳压气柜和安全阀，并采用旁路调节装置调节流量，其出口阀不能完全关闭。此外，操作温度不能超过 85 ℃，以免转子因受热膨胀而卡住。罗茨鼓风机常用于气体流量较大而压强不高的场合。

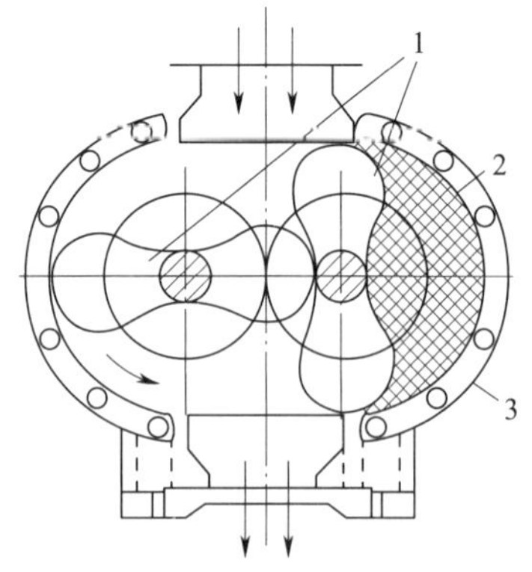

图 2－17　罗茨鼓风机

1—转子　2—转子与机壳之间的缝隙体积　3—机壳

三、压缩机

1. 离心式压缩机

离心式压缩机又称为透平压缩机，其结构和工作原理均与离心式鼓风机相似，但叶轮级数通常可达 10 级以上，转速也较高，故能产生更高的压强。离心式压缩机需设置中间冷却器，以免气体温度过高。离心式压缩机具有体积小、重量轻、流量大、供气均匀、运行平稳、维修方便、无润滑油污染等优点。近年来，除高压强要求外，离心式压缩机的应用已十分广泛。

2. 旋转式压缩机

液环式压缩机是典型的旋转式压缩机，又称为纳氏泵。液环式压缩机的外壳近似椭圆形，其内装有叶轮和适量的液体。工作时，气体从两个吸入口进入壳内，从两个排出口排出。液环式压缩机中的液体不能与被输送气体发生化学反应，如输送空气时，壳内可灌入适量的水；输送氯气时，壳内可灌入适量的硫酸。由于壳内液体可将被输送气体与壳内壁分隔开来，故输送腐蚀性气体时，仅需叶轮材料抗腐蚀即可。

3. 往复式压缩机

往复式压缩机主要是依靠活塞的往复运动来吸入和排出气体的。其主要部件包括气缸、活塞、吸气阀和排气阀等。虽然往复式压缩机的结构和工作原理与往复泵比较相似，但由于气体具有可压缩性，被压缩后压强增大、体积缩小、温度上升，故往复式压缩机的工作过程与往复泵有所不同。

如图 2－18 所示为往复式压缩机工作原理，活塞与汽缸盖之间留有很小的空隙，称为余隙，以免活塞受热膨胀后与气缸相撞。由于余隙的存在，在气体排出之后，气缸内仍残存一部分压力为 p_2 的高压气体，其状态就相当于图 2－19 中的 A 点。当活塞向右运动时，余隙内的高压气体不断膨胀，直至活塞运动到 b 所示位置时，气缸内的压力降至 p_1，气体状态为图 2－19 中 B 点，此阶段为余隙气体的膨胀阶段。活塞再向右运动时，气缸内的压力下降到稍低于 p_1，于是吸入阀门开启，压力为 p_1 的气体被吸入缸内，直到活塞移动到最右端，即 c 所示位置，气体状态为图 2－19 中 C 点，此阶段为吸气阶段。之后，活塞向左运动，缸内气体被压缩而升压，吸入阀门关闭，直至活塞运动到 d 所示位置时，压力增大到稍高于 p_2，气体状态为图 2－19 中 D 点，此阶段为压缩阶段，之后排出活塞开启，活塞恢复到最左端 a 的位置，此阶段为排气阶段。

压缩机的工作过程是由膨胀、吸气、压缩和排气四个阶段组成的。在每一个循环中，活塞在气缸内扫过的体积为（$V_C - V_A$），而实际吸入气体的体积仅为（$V_C - V_B$）。显然，由于余隙的存在，减少了气体的吸入量，使气缸的利用率降低。

往复式压缩机的种类较多，有空气压缩机、氨气压缩机、氢气压缩机、石油气压缩机等，实际选用时，可根据输送气体的性质，选用相应的类型，再根据排气量和压缩比确定合适的型号。

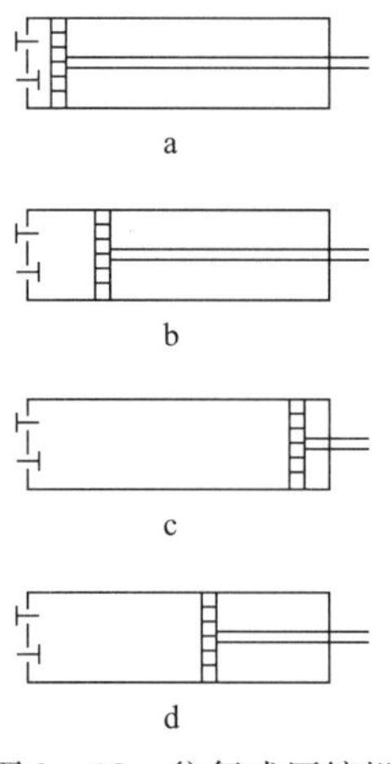

图 2－18　往复式压缩机

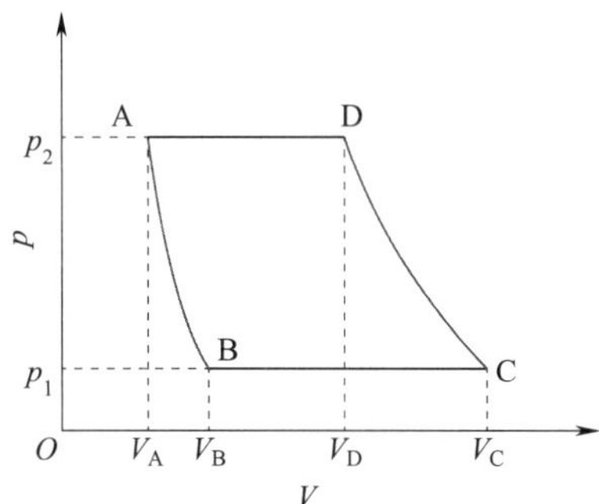

图 2－19　往复式压缩机工作过程

四、真空泵

1. 往复式真空泵

往复式真空泵的结构和工作原理与往复式压缩机基本相同，但真空泵在低压下工作，气缸内外的压差很小，故其吸气阀和排气阀更轻巧、更灵敏。往复式真空泵的排气量不均匀，且结构复杂、维修费用高，近年来已逐渐被其他真空泵所取代。

2. 水环式真空泵

水环式真空泵与纳氏泵的工作原理相同，结构如图 2－20 所示，工作时，先向泵壳内加入泵体容积一半的水。当叶轮带动叶片高速旋转时，液体被甩向壳壁，从而形成旋转水环。水环兼有液封和活塞的双重作用，与叶片之间形成许多大小不同的密闭小室。当叶轮按顺时针方向旋转时，右侧小室的空间逐渐增大，气体被吸入，左侧小室的空间逐渐缩小，气体被排出。

水环式真空泵具有结构简单、维修方便、价格低等特点，但是效率一般只有 30% ~ 50%，适用于夹带液体的气体和腐蚀性、爆炸性气体。但是水环式真空泵的真空度会受液体饱和蒸气压的限制。

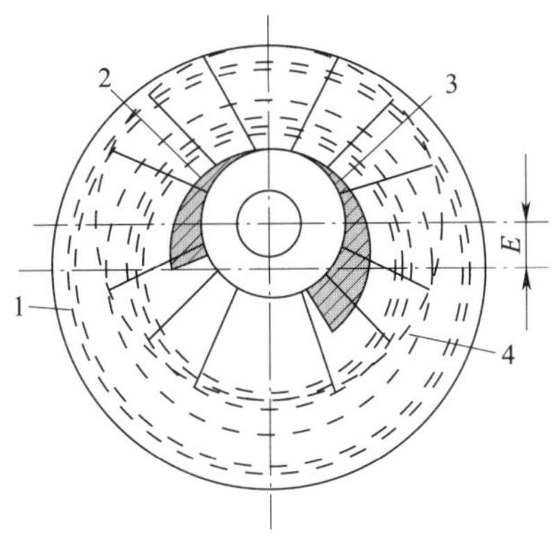

图 2－20　水环式真空泵

1—水环　2—排水口　3—吸入口　4—叶轮

3. 喷射式真空泵

喷射式真空泵属于流体作用式泵，是利用流体流动时动能与静压能之间的相互转换来吸入和排出流体的，它既能输送液体，又能输送气体。在制药化工生产中，此类泵主要用作真空泵。喷射式真空泵的工作流体一般为水蒸气或高压水，如图 2－21 所示是水蒸气喷射泵的工作原理示意图。工作时，高压水蒸气经喷嘴以超声速的速度喷出，在喷射过程中，部分静压能转化为动能，从而在吸入口处形成低压区，低压区吸入流体。被吸入流体随同蒸气一起进入混合室，随后进入扩大管。混合流体流经扩大管时，流速逐渐下降，压强逐渐上升，即部分动能转化为静压能，最后经排出口排出。

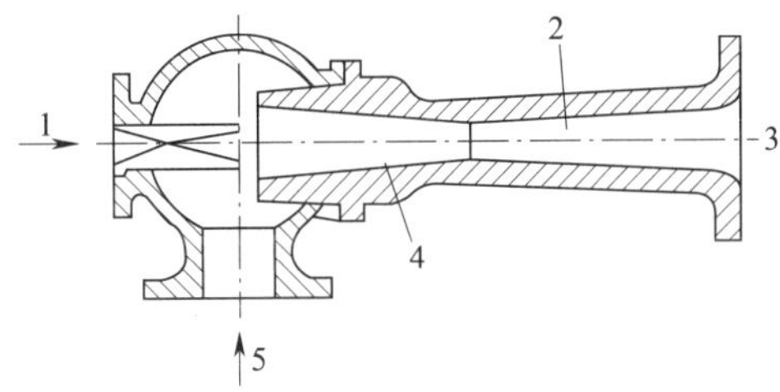

图 2－21　喷射式真空泵

1—工作蒸气入口　2—扩散管　3—排出口　4—混合室　5—气体吸入口

单级水蒸气喷射泵一般只能达到 90% 左右的真空度。为达到更高的真空度，可采用多级水蒸气喷射泵。喷射式真空泵具有结构简单、制造方便、无运动部件、维修简单等优点，适用于含固体颗粒的流体以及高温或腐蚀性流体的输送。缺点是效率较低，一般仅为 25% ~30%。

日积月累

1. 按出口气体的压强和压缩比的大小，气体输送设备可分为四类：通风机、鼓风机、压缩机和真空泵。

2. 离心式通风机的选择需要先计算实际风压，根据输送气体性质确定风机类型，再根据实际风量选择风机型号。

目标检测

一、选择题

1. 单项选择题

（1）离心泵中叶轮的作用（　　）。

A. 转换能量　　B. 给液体传递机械能

C. 防止液体外漏　　D. 汇集和导出液体

（2）离心泵的性能参数与溶液密度有关的是（　　）。

A. 流量　　B. 扬程

C. 轴功率　　D. 效率

（3）离心泵转速增大 1 倍时，其他条件不变，流量增加（　　）。

A. 1 倍　　B. 2 倍

C. 4 倍　　D. 8 倍

（4）关于泵的工作点的描述错误的是（　　）。

A. 工作点在管路特性曲线上

B. 工作点在离心泵的特性曲线上

C. 工作点在管路特性曲线下方

D. 工作点既在管路特性曲线上，又在离心泵的特性曲线上

（5）不属于清水泵的是（　　）。

A. IS 型　　B. D 型

C. S 型　　D. Y 型

（6）用于运输出口气体表压大于 300 Pa 的气体运输机械是（　　）。

A. 真空泵　　B. 通风机

C. 鼓风机　　D. 压缩机

2. 多项选择题

（1）离心泵的主要部件有（　　）。

A. 叶轮　　B. 泵壳

C. 轴封　　D. 滚轮

E. 活塞

（2）离心泵的性能参数是（　　）。

A. 风压　　B. 扬程

C. 轴功率　　D. 流量

E. 效率

(3) 属于往复泵的是（　　）。

A. 隔膜泵　B. 旋涡泵

C. 齿轮泵　D. 计量泵

E. 螺杆泵

(4) 属于气体运输机械的是（　　）。

A. 真空泵　B. 通风机

C. 鼓风机　D. 压缩机

E. 离心机

(5) 下列描述错误的是（　　）。

A. 往复泵是容积式泵　B. 泵在一定转速下存在最高效率点

C. 离心泵的流量调节与泵的性能无关　D. 隔膜泵属于旋涡泵

E. 旋涡泵是容积式泵

(6) 下列描述错误的是（　　）。

A. 蠕动泵能产生 98% 的真空度

B. 涡轮泵的效率有 60%

C. 往复式真空泵压缩比一般低于 10

D. 往复式压缩机工作过程与往复泵相同

E. 纳氏泵输送氯气时，泵壳内灌入适量硫酸

二、简答题

1. 试解释汽蚀现象。
2. 哪些因素可以改变离心泵的性能?
3. 如何调节往复泵的流量?
4. 如何选择气体运输设备?

三、计算题

1. 用离心水泵，将储槽中的水运输至反应塔。已知储槽中水位保持恒定，在最大流量下吸入管路压头损失为 1.5 m，泵的汽蚀余量为 2 m，试计算输送水时泵的安装高度（水的密度 958.4 kg/m^3，饱和蒸气压 1.013×10^5 Pa，储槽上方压强为 1.2×10^5 Pa）。

2. 双动往复泵的流量为 88 m^3/h，活塞直径为 300 mm，活塞杆直径为 50 mm，冲程为 200 mm，容积效率为 0.94，试计算活塞每分钟的往复次数。

第三章

换热设备

在炼油、化工生产中，绝大多数的工艺过程都有加热、冷却和冷凝的过程。如反应过程中有的要放热，有的要吸热，要维持反应的连续进行，就必须排除多余的热量或补充所需的热量；工艺过程中某些废热或余热也需要回收利用，以降低成本。这些过程总称为换热过程。换热过程的进行需要一定的设备来完成，这些使换热过程得以实现的设备就称为换热设备。

使用换热设备是为了达到加热或冷却的目的，如果将那些需要加热的流体与需要冷却的流体，经过换热设备相互换热，既可回收热量，又可降低冷却水的消耗。综上所述，换热设备是炼油、化工生产中不可缺少的重要设备。换热设备在动力、原子能、冶金及食品等其他工业部门也有着广泛的应用。

§3－1　传热基本知识

学习目标

知识目标

1. 掌握传热的定义、基本概念和原理；
2. 了解常见传热方式；
3. 掌握强化传热措施。

技能目标

1. 能够利用传热过程速率概念理解传热基本定律；
2. 掌握传热过程的强化途径，完成给定的传热任务，提高传热过程的经济性。

热是一种特殊形式的能量，任何物体都含有热。物体所含热的多少可以用温度来量度，对于同一物体温度越高说明物体所含的热越多。可以将热看成一种特殊的流体，热的流动即构成了传热，促进热传递的动力是温度差，在无外功输入时热总是从高温物体传递给低温物体，传热具有一定的规律性。

一、传热基本概念

1. 传热

高温物体可以将热释放给低温物体，物体间温差越大，释放热的趋势越大。热被释放的过程称为传热，所释放的数量称为热量。

2. 温度场

由于高温物体是全方向释放热量，因此，由高温物体与环境物质组成的三维系统中各空间点都分布有热，形成各空间点的温度。不过，各空间点的温度不尽相同。物质系统内各空间点上温度的集合称为温度场，如图 3－1 所示。

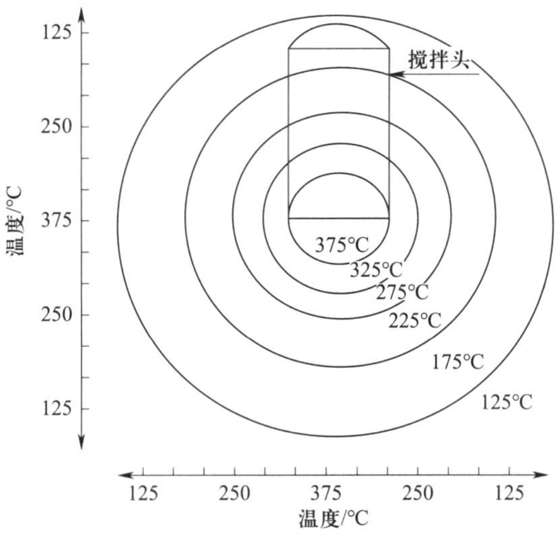

图 3－1　搅拌头摩擦产热的温度场

在温度场中，将同一时刻具有相同温度的各点所组成的空间曲面称为等温面。温度场中有许多等温面，温度不同的等温面不会相交。在同一等温面上没有热量传递；热量只能由温度场中高温等温面向低温等温面传递，且热量的传递方向只能是沿着等温面的法线方向，如图 3－2 所示。

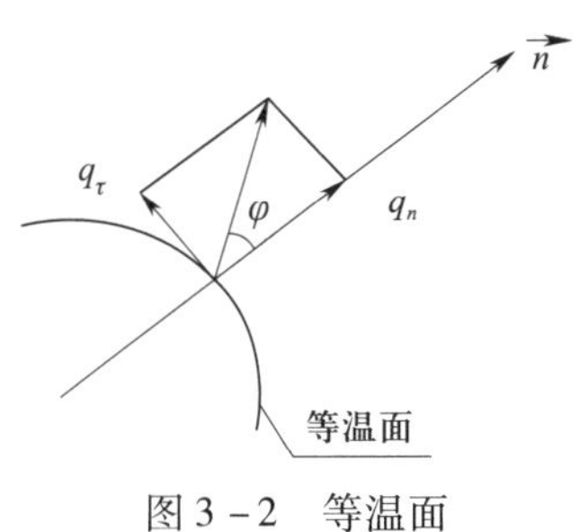

图 3－2　等温面

3. 稳态传热和非稳态传热

温度场是时间和空间坐标的函数。在温度场中，各空间点的温度数值的大小与该点所处的位置有关，离高温物体越近其数值越大，反之则越小。如果高温物体持续等量地放热，各空间点的温度不随时间改变，这种传热过程称为稳态传热，这种温度场称为三维稳态温度场。如果各空间点的温度随时间而改变，这种传热过程是非稳态传热，这种温度场则称为三维非稳态温度场，又称为瞬态温度场。

4. 温度梯度

所谓温度梯度就是两相邻等温面之间的温度差。温度梯度是向量，其方向垂直于等温面，它的正方向是指向温度增加的方向，如图 3－3 所示。

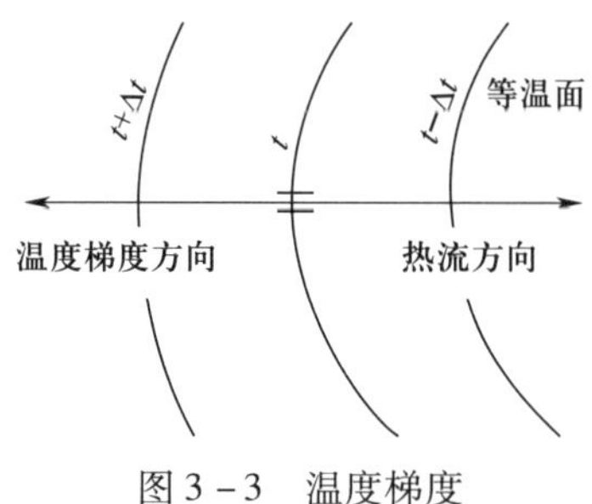

图 3－3　温度梯度

二、常见传热方式

根据传热机理的不同，热传递有三种基本方式：热传导、对流传热和辐射传热。

1. 热传导

热传导的条件是系统两部分之间存在温度差，此时热量将从高温部分向低温部分传递，或从高温物体传向与之接触的低温物体。由于热传导是靠物体内部的分子、原子或电子的运动进行的，所以真空中不能进行热传导。

热传导的基本计算公式是傅立叶定律：

$$Q = -\lambda A \frac{dT}{dx} \tag{3-1}$$

式中　Q——热流率；

dT/dx——温度梯度；

A——导热面积；

λ——材料的导热系数，又称热导率。

在单位时间内热传导方式传递的热量与垂直于热流的截面积成正比，与温度梯度成正比，负号表示导热方向与温度梯度方向相反。热导率是材料固有的物理特性，代表材料的导热能力，导热系数越大，说明材料的导热性能越好。

各种材料的热传导性能不同，传导性能好的，如金属，包括自由电子的移动，所以传热速度快，可以做热交换器材料；传导性能不好的，如石棉，可以做热绝缘材料。

2. 对流传热

对流传热是指由于流体的宏观运动而引起的流体各部分之间发生相对位移，冷、热流体相互掺混导致的热量传递过程。对流传热仅发生在流体中，由于流体中的分子同时也会进行不规则的热运动，因此，对流传热总是伴随着热传导现象。工程上比较常见的情况，流体流过一个物体并与其表面间产生热量传递过程，这种现象称为对流传热过程。

根据产生原因的不同，对流传热分为自然对流和强制对流两种类型。因流体各部位温度不同，产生了密度差异，使流体发生相对运动，从而引起的热量传递过程称为自然对流传递，如暖气片附近的空气受热向上流动。使用泵、风机或者其他外力推动流体而产生的热量传递过程，称为强制对流传热。如冷却水路由水泵驱动流动，而不是密度差。

根据流体流动状态，又可分为层流传热和湍流传热。层流传热是指流体做层状流动时发生的传热。因其质点沿着与管轴平行的方向做平滑直线运动，垂直于管轴方向没有运动，导致管中心处温度与管壁处的温度差较大，传热效率不高。因此，在实际应用中，往往需要对层流传热进行改善，以强化传热效果，提高传热效率。湍流传热是指流体做湍流流动时发生的传热。因其质点做不规则运动，流场中各种量随时间和空间坐标发生紊乱的变化，导致管中心处温度与管壁处的温度差较小，换热效率高。因此，在实际应用中，湍流传热得以广泛应用。

热对流的基本计算公式是牛顿冷却公式：

$$Q = Ah(t_s - t_f) \tag{3-2}$$

式中　Q——热流率；

A——导热面积；

t_s——固体表面温度；

t_f——流体温度；

h——对流换热系数。

h 表示单位温差作用下通过单位面积的热流率，对流换热系数越大，传热越剧烈。对流换热系数与传热过程中的许多因素有关，如物体的物性，换热表面的形状、大小、相对位置，而且与流体的流速有关。不同的流速、黏度和成垢物质会有不同的传热系数。在对流分析中，通常需要使用理论分析或实验方法来推算出物体表面的对流换热系数。

3. 辐射传热

任何物体，只要其绝对温度不为零度（0 K），都会不停地以电磁波的形式向外界辐射能量，同时又不断地吸收来自外界物体的辐射能。当物体向外界辐射的能量与其从外界吸收的辐射能不相等时，该物体就与外界产生热量的传递，这种传热方式称为热辐射。

物体通过电磁波来传递能量的方式称为辐射。物体会因各种原因发出辐射，其中因热而发出的辐射现象称为热辐射。辐射传热与前两种热量传递方式不同的是，前两种都需要有物质存在，而辐射传热可以在真空中传递能量，甚至在真空中的传递最高效。

三、强化传热措施

1. 传热速率

在制药过程中，为了设计或选用符合生产工艺要求的换热器，必须首先求得换热器传热速率 Q，对此可以使用热量衡算方法。

根据热量守恒定律，换热器的传热速率 Q，即单位时间内两流体通过间壁所传递的热量，既等于单位时间内热流体放出的热量，又等于单位时间内冷流体吸收的热量（不考虑传热过程中向环境散失的热量），即：

$$Q = Q_{热} = Q_{冷} \tag{3-3}$$

实际上，在传热过程中存在着散失于周围环境的热量，若需考虑这部分损失热量，上式应为：

$$Q = Q_{热} = Q_{冷} + Q_{损} \tag{3-4}$$

式中 Q——换热器的传热速率，W（J/s）或 kW（kJ/s）；

$Q_{热}$——单位时间内热流体放出的热量，W 或 kW；

$Q_{冷}$——单位时间内冷流体吸收的热量，W 或 kW；

$Q_{损}$——单位时间内的损失热量，W 或 kW。

如果在传热过程中，两流体均无物态变化时，传热速率为：

$$Q = W_1C_1(T_1 - T_2) = W_2C_2(t_2 - t_1) \tag{3-5}$$

式中 W_1、W_2——热、冷流体的质量流量，kg/s；

C_1、C_2——热冷流体的平均比热，J/(kg · K) 或 kJ/(kg · K)；

T_1、T_2——热流体的始末温度，K；

t_1、t_2——冷流体的始末温度，K。

如果在传热过程中，某流体物态发生了变化，如液体沸腾变成了蒸气，或者蒸气凝结为液体，传热速率为：

$$Q = W_1r_1 = W_2r_2 \tag{3-6}$$

式中 r_1、r_2——热、冷流体的汽化潜热（冷凝潜热），J/kg 或 kJ/kg。

例 某列管式换热器中用 110 kPa 的饱和水蒸气来加热苯，使其从 293 K 加热至 343 K，已知苯的流量为 5 m^3/h，若换热器的热损失忽略不计，求该换热器的传热速率和每小时水蒸气的消耗量。

解：根据苯的平均温度（293 + 343)/2 = 318 K，查得苯的物性数据：$C_{苯} = 1.756$ kJ/(kg · K)，$\rho_{苯} = 840$ kg/m^3。

换热器的传热速率为：

$$Q = W_2C_2(t_2 - t_1) = (5 \div 3\,600) \times 840 \times 1.756 \times (343 - 293) = 102.4\ \text{kW}$$

再由公式 $Q = W_1r_1$

从相关资料中可以查得 110 kPa 下饱和水蒸气的汽化潜热 $r_1 = 2\,253$ kJ/kg，代入上式，每小时水蒸气的消耗量为：

$$W_1 = \frac{Q}{r_1} = \frac{102.4}{2\,253} = 0.045\,5\ \text{kg/s} = 163.6\ \text{kg/h}$$

2. 热通量

热通量表示单位时间内通过单位面积的热量，用 q 表示，其单位为 J/(m^2 · s) 或 W/m^2。热通量通式为：

$$q = \frac{Q}{S} \tag{3-7}$$

式中　S——传热面积，m^2。

日积月累

1. 传热速率和热通量是评价换热器性能优劣的重要指标。
2. 传热动力是温度差，温度差越大传热速度越快。
3. 传热速率是单位时间通过传热面的热量。

3. 换热器强化途径

强化传热是指用较小的设备传递较多的热量，也就是说要使热交换器单位传热面积的传热速率越大越好。随着科学发展，对换热设备的要求也越来越高，要求它能适应很高的热通量，或者能适应很低传热温差。因此，提高设备的换热能力，研制新型的高效率热交换器，是工业生产的一个重要课题。

由总传热方程 $Q = kA\Delta t_m$ 可知，增大传热总系数 k、传热面积 A 或传热平均温度差 Δt_m，都能使传热速率 Q 增加。因此，强化传热的措施要从以下三方面来考虑。

（1）增大传热系数 k

换热器传热系数的大小实际上是由传热过程总热阻的大小来决定的，换热器传热过程中的总热阻越大，传热系数值也就越低，换热器传热效果也就越差。

对于在传热过程中无相变的流体，增大流速和改变流动条件都可以增加流体的湍动程度，从而提高对流传热系数。例如，增加列管换热器的管程数和壳体中的挡板数，使用翅片管换热器，以及在板式换热器上压制各种沟槽等；但同时应考虑到对于流动阻力和清洗、检修等方面的影响。污垢热阻是降低传热速率的主要原因，因此在实际工作中要定期清洗换热器内外表面，以提高传热效率，降低成本。

课堂活动

取电热板 1 台、同等底面积的玻璃烧杯和不锈钢盅各 1 只，分别加入 300 mL 自来水并放置在电热板上，在烧杯和不锈钢盅上方挂水银温度计 1 支，水银球浸入自来水中，开启电热板，观察温度计的读数变化情况，说明原因。

（2）增加传热面积 A

传热速率与传热面积成正比，传热面积增加可以使传热强化。需要注意的是，只有热交换器单位体积内传热面积增大，传热才能强化，这只有改进传热面结构才能做到。

例如，采用小直径管，或采用翅片管、螺纹管等代替光滑管，可以提高单位体积热交换器的传热面积。我国浮头式热交换器系列由 $\phi25$ 管改为 $\phi19$ 管后，在壳径 D 为 500～900 mm 时，传热面积可增加 42%，单位传热面积的金属消耗量可降低 20%～30%。

（3）增大传热温度差 Δt_m

增大传热温度差是强化传热的方法之一。传热温度差主要是由物料和载热体的温度决定的，物料的温度由生产工艺决定，不能随意变动，载热体的温度则与选择的载热体有关。载热体的种类很多，温度范围各不相同，但在选择时要考虑技术上可行和经济上合理。

例如，水蒸气是工业上常用的加热剂，有许多优点，但水蒸气作为加热剂使用其温度通常不超过 180 ℃。蒸汽温度到 200 ℃时，温度每上升 2.5 ℃就会提高一个大气压，到 250 ℃时，温度每上升 1.3 ℃时就会提高一个大气压。使用高压蒸汽会使设备庞大，技术要求高，经济效益低，安全性下降。因此，当加热温度超过 200 ℃时，就要考虑采用其他加热剂，如矿物油、联苯混合物，甚至采用熔盐、液态金属等。由于载热体的选择受到一些条件的限制，因此，温度变化的范围是有限的。如果物料和载热体均为变温情况，则可采用逆流操作，这时，可获得较大的传热温度差。总之，强化传热的途径是多方面的，在具体实施过程中，要结合生产实际情况，采取经济合理的措施。此外，在某些特殊的场合，则是与强化传热相反，要求削弱传热，又称为保温或热绝缘。

例如，水蒸气输送管需在管外壁包保温层，开水瓶需采用多种保温绝热措施等。在一般的情况下，大部分削弱传热的措施是增大热阻，采用传热系数很小的材料做保温层，如石棉、软木、聚氨酯材料等。

日积月累

1. 增大传热总系数、传热面积或传热平均温度差，都能使传热速率增加。
2. 传热速率与传热面积成正比，传热面积增加可以使传热强化。
3. 换热器传热过程中的总热阻越大，传热系数值也就越低，换热器传热效果也就越差。

§3－2　常见的换热设备

学习目标

知识目标

1. 了解各种换热设备的类型、结构、特点；
2. 了解各种换热设备的适用范围。

技能目标

1. 能够运用换热设备的工作原理，选择合适的换热器；
2. 熟练应用所学的理论知识，解决实际生产操作问题。

换热器的应用十分广泛，它是化工、炼油、动力、原子能、轻工、食品制药和机械制造等行业广泛使用的一种通用设备。换热器既可以是一种单独的设备，如加热器、冷却器和凝气器等，也可以是某一工艺设备的组成部分，如氨合成塔内的热交换器。通常在化工厂的建设中，换热器占总投资的30% ~40% 。

在加热过程中，有直接加热和间接加热两种方式。自身产生热量的物质称为一次热源，如煤炭、天然气、石油和电加热器等，利用一次热源可直接加热，如加热锅炉生产水蒸气。从一次热源吸收热量，再将热量释放并加热物料的物质，称为二次热源，如提取罐夹套中的加热水蒸气。二次热源即热载体。常用的热载体有水蒸气、矿物油、有机液体等，最常使用的热载体是水蒸气。水蒸气具有无污染、温度控制比较方便、成本低等多种优点。

用于制药生产的换热器有间壁式、混合式和蓄热式三大类。其中间壁式换热器用得最广泛。如果按换热器几何形状划分，则有管式换热器、板式换热器和特殊形式换热器。

一、管式换热器

用金属管道制成的换热器称为管式换热器，它结构坚固、可靠、适应性强、易于制造、能承受较高操作压力和温度。在高温、高压和大型换热器中，管式换热器占绝对优势，是目前使用最广泛的一类换热器。

1. 蛇管式换热器

（1）沉浸式蛇管换热器

沉浸式蛇管换热器是用金属管道弯制而成的，根据使用目的不同，可将金属管弯制成多种形状，如图3 -4 所示是最常用的沉浸式蛇管换热器。用于制作蛇管的金属材料有铜及铜合金、铝合金。

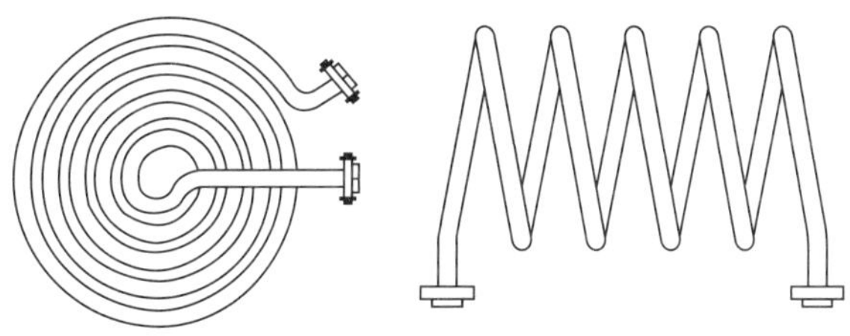

图3 -4　蛇管式换热器

在使用时常将蛇管沉浸在容器中，冷、热流体分别在管内外壁面流动，并发生热交换。由于蛇管式换热器的总传热系数小，因此常与搅拌器配合使用，使管外流体处于湍流状态，以提高传热效率，常用于高压流体冷却以及反应器的传热元件。

沉浸式蛇管换热器的优点是结构简单，便于制造和维修，造价低，耐高压；缺点是湍流程度低，管内易结垢，易堵塞，不便于清洗。

（2）喷淋式换热器

喷淋式换热器又称阶式换热器，这种换热器大多用于冷却管内的热流体。喷淋式换热器将蛇管成排地固定在钢架上，被冷却的流体在管内流动，冷却水由管上方的喷淋装置均匀淋下，并沿管壁呈膜状向下流动，如图3 -5 所示。

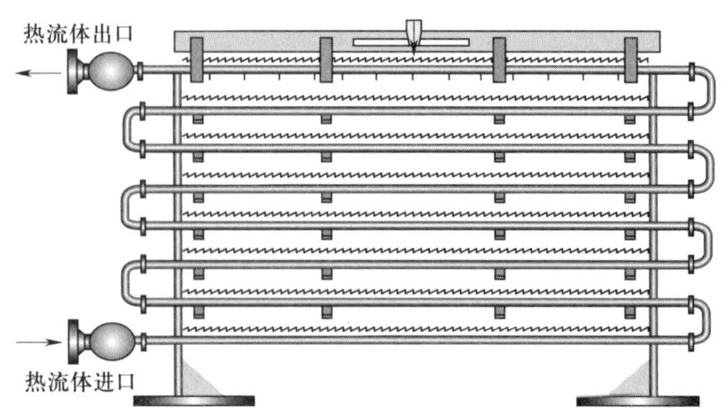

图 3-5　喷淋式换热器

喷淋式换热器在两排蛇管之间装有导流板，使冷却水重新分布。由于冷却水部分汽化，提高了冷却效果。喷淋式换热器的优点是结构简单、造价低、能耐高压、检修和清洗方便，缺点是冷却水的喷淋不易均匀。

2. 列管式换热器

列管式换热器又称管壳式换热器，是一种典型的间壁式换热器。列管式换热器是化工及酒精生产上应用最广的一种换热器。它主要由壳体、管板、换热管、封头、折流挡板等组成。在进行换热时，一种流体由封头的连接管处进入，在管内流动，从封头另一端的出口管流出，这称为管程；另一种流体由壳体的接管进入，从壳体上的另一接管处流出，这称为壳程。

列管式换热器的材料应根据操作压强、温度及流体的腐蚀性等来选用。在高温下，一般材料的机械性能及耐腐蚀性能会下降。同时，具有耐热性、高强度及耐腐蚀性的材料是很少的，目前常用的金属材料有碳钢、不锈钢、低合金钢、铜和铝等，非金属材料有石墨、聚四氟乙烯和玻璃等。

（1）固定管板式换热器

固定管板式换热器由圆筒形壳体、封头、管板、管程隔板、管束、折流挡板等部件构成，如图 3-6 所示。

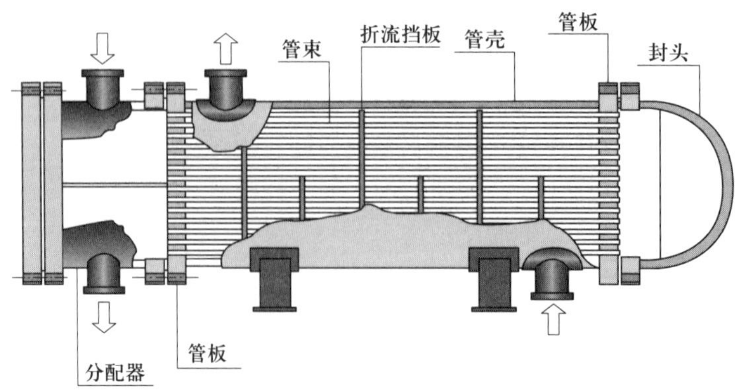

图 3-6　固定管板式换热器

管板上钻有若干小孔，将金属管道焊接在两管板之间，每根管道分别与两管板上的小孔相焊接，一段管道即构成壳程流体的进出口。在壳体的一端焊接封头，与管板构成管程流体大通道。在壳体另一端用金属板将管板分隔成两半，焊接上封头后形成两个小空间，在每一个小空间上开口并焊接一段管道，即构成管程流体的进出口。管板上的隔板称为管程隔板。

为了提高换热效率，常在壳程空间安装一些挡板，以加强壳程流体的湍流程度。同时管子和管板与外壳的连接都是刚性的，而管内管外是两种不同温度的流体，因此，当管壁与壳壁温差较大时，由于两者的热膨胀不同，产生了很大的温差应力，以至管子扭弯或使管子从管板上松脱，甚至毁坏换热器。为了克服温差应力，必须有温差补偿装置，在管壁与壳壁温度相差 50 ℃以上时，为安全起见，换热器应有温差补偿装置。但补偿装置只能用在壳壁与管壁温差低于 70 ℃和壳程流体压强不高的情况。一般壳程压强超过 0.6 MPa 时由于补偿圈过厚，难以伸缩，失去温差补偿的作用，就应考虑其他结构。在换热过程中，壳程流体产生的蒸气可通过放气嘴排出。

固定管板式换热器结构简单、造价低廉、应用较广，但清洗和维修较困难，适用于壳程中输送较为清洁且不易结垢或腐蚀性小的流体。

（2）浮头式换热器

浮头式换热器由圆筒形壳体、管板、管程隔板、壳程隔板、浮头、管道等部件构成，如图 3－7 所示。

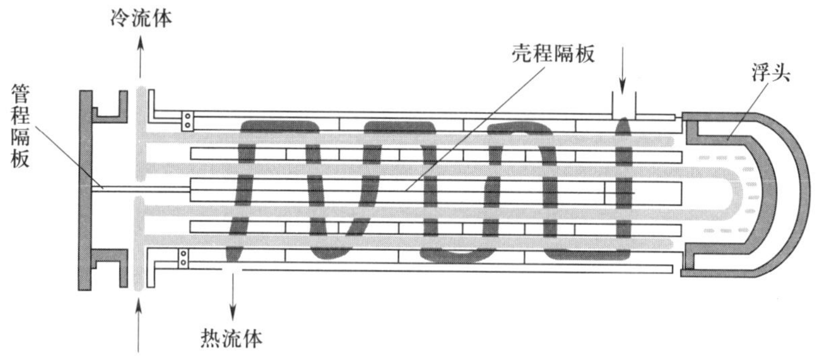

图 3－7　浮头式换热器

金属管道两端分别焊接在两管板上，并与管板上的小孔相通。将金属管道连同管板一同装入圆筒形壳体中，并将一端的管板密封固定在壳体上，再用管程隔板将管板分隔成两半，覆盖上封头，从两小室中各引出一管道，形成管程流体进料口和出料口。另一个管板不与壳体连接，用封头密封在圆筒形壳体中，形成可自由活动的一端，该端称为浮头。在管子受热时，浮头可以沿轴向自由移动，从而消除热胀冷缩产生的应力。

浮头式换热器固定端采用了管程隔板，使管程流体按折流方式流动，采用壳程隔板将两管板之间的空间分隔成两个区域，使壳程流体在换热器中产生折流而延长了流程，促使换热充分。由于固定端是通过法兰与壳体连接，所以整个管束可以从壳体中抽出，拆卸方便，有利于清洗和维修。

浮头式换热器的优点是管束可以拉出，便于清洗；管束的膨胀不改变壳体约束，因而当两种换热器介质的温差大时，不会因管束与壳体的热膨胀量的不同而产生温差应力。其缺点为结构复杂，造价高。适用于管壳温差较大、介质不清洁或腐蚀严重、需经常清洗或更换管束的场合，但不适用于易挥发、易燃、易爆、有毒及贵重的介质，使用温度也受填料的物性限制。

（3）U形管换热器

U形管换热器由圆筒形壳体、封头、U形管束、壳程隔板、管程隔板组成，如图3－8所示。

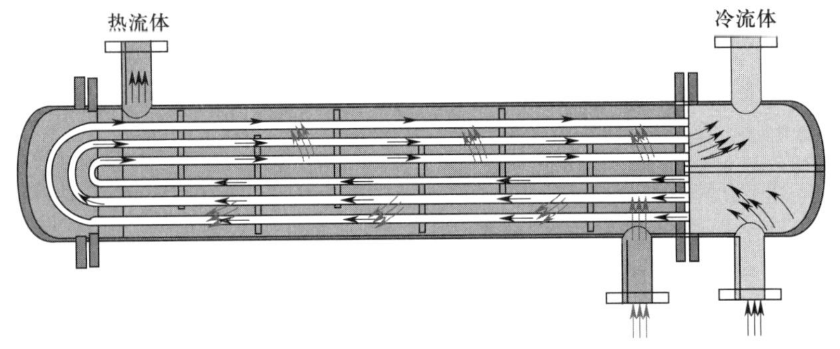

图3－8　U形管换热器

将金属管弯制成U形管，再将若干根U形管捆扎成管束，用加强筋固定。将U形管束开口端焊接在管板上，要求每根管道与管板上的小孔相通。在管板和U形管束之间安装挡板，目的在于促使壳程流体产生折流，增大其流程。将U形管束装进圆筒形壳体中，并将管板焊接在圆筒形壳体的开口上，在另一端焊接好封头即构成换热器的管程和壳程。将管程隔板焊接在管板上，盖上封头后即形成两个小室，在每个小室上焊接一段管道即构成管程的进口和出口。在管板一端的圆筒形壳体上对开一小孔并用管道引出，构成壳程流体的进出口。

管程至少为两程，管束可以抽出清洗，管子可以自由膨胀。由于U形管束在受热或冷却时可自由伸缩，因此缓冲了热效应产生的应力。

U形管换热器具有结构简单，重量轻，可承受高温、高压等优点。其缺点是管子内壁清洗困难，管子更换困难，管板上排列的管子少，只适用于洁净流体的换热。

（4）涡流热膜换热器

涡流热膜换热器采用最新的涡流热膜传热技术，通过改变流体运动状态来增加传热效果，当介质经过涡流管表面时，强力冲刷管子表面，从而提高换热效率。同时，这种结构实现了耐腐蚀、耐高温、耐高压、防结垢功能。

其他类型换热器的流体通道为固定方向流形式，在换热管表面形成绕流，对流换热系数降低。涡流热膜换热器的最大特点在于经济性和安全性的统一。由于考虑了换热管之间、换热管和壳体之间流动关系，不再使用折流板强行阻挡的方式逼出湍流，而是靠换热管之间自然诱导形成交替旋涡流，并在保证换热管不互相摩擦的前提下保持应有的颤动力度。换热管的刚性和柔性配置良好，不会彼此碰撞，既克服了浮动盘管换热器之间相互碰撞造成损伤的问题，又避免了普通管壳式换热器易结垢的问题。

（5）填料函式换热器

填料函式换热器管束一端可以自由膨胀，结构比浮头式简单，造价也比浮头式换热器低，但壳程内介质有外漏的可能，壳程中不应处理易挥发、易燃、易爆和有毒的介质。

3. 套管式换热器

套管式换热器是管式换热器的一种。套管式换热器是用两种尺寸不同的标准管连接而成同心圆套管，外面的称为壳程，内部的称为管程。两种不同介质可在壳程和管程内逆向流动（或同向）以达到换热的效果，如图 3－9 所示。

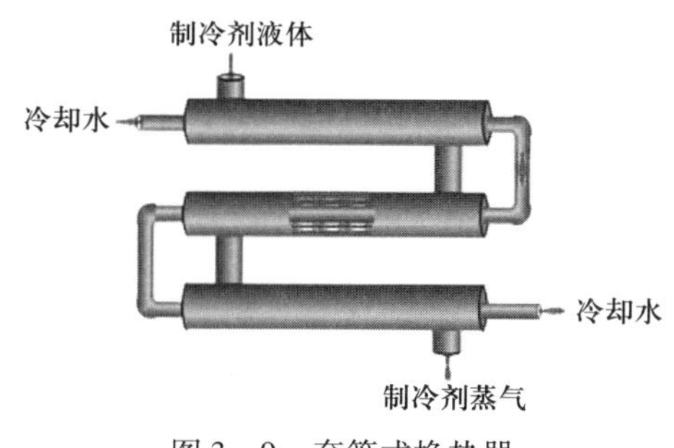

图 3－9　套管式换热器

套管式换热器的优点是结构简单，工作适应范围大，传热面积增减方便，两侧流体均可提高流速，使传热面的两侧都可以有较高的传热系数。缺点是检修、清洗和拆卸都较麻烦，在可拆连接处容易造成泄漏，适用于传热面积要求不大的场合。

综上所述，所有列管式换热器都具有结构紧凑、单位体积传热面积大、传热效率高等优点，因而广泛用于高温高压和大规模换热过程中。

二、板式换热器

板式换热器是由一系列具有一定波纹形状的金属片叠装而成的一种高效换热器。各种板片之间形成薄矩形通道，通过板片进行热量交换。板式换热器是液-液、液-气进行热交换的理想设备。板式换热器有夹套式、平板式、螺旋板式和板翅式等几种类型。

1. 夹套式换热器

夹套式换热器由容器、夹套、流体分布器、气液分离器等部件组成，如图 3－10 所示。

于容器外壁适当距离处覆盖一层金属外壳即可形成密闭的空间，该空间是加热介质或冷却介质的通道，又称为夹套。在夹套的顶部设计有流体进口，在夹套底部设计有流体出口。在进口处安装了流体分布器，以便于将各种流体交替地输送到夹套中。在夹套的底部安装有气液分离器，是将蒸气和液体分离的设备，可防止未释放完热量的加热气体溢出。气液分离器还具有安全阀的作用，当夹套内气压过高时，气体可通过气液分离器排出而降低压力。

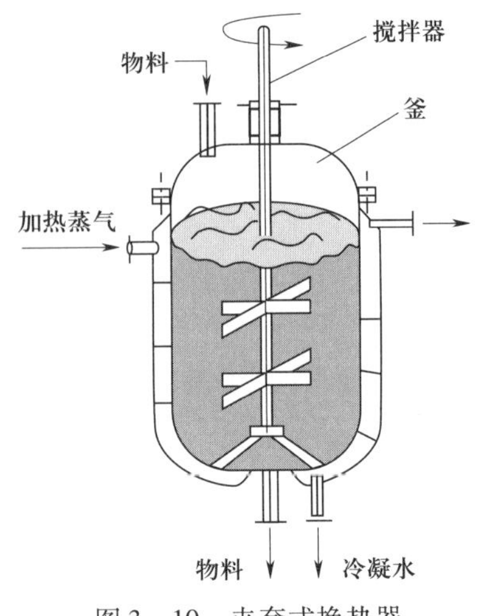

图 3－10　夹套式换热器

夹套式换热器传热面积固定，传热系数小。由于夹套内的污垢不易清洗，因此要求加热介质是不易结垢的气体或液体。为了提高传热速率，可在容器内安装搅拌器，促使容器内流体进行强制对流传热。为了弥补传热面积的不足，可在容器内加设蛇管等。

夹套式换热器广泛应用于反应釜、提取罐、发酵罐、蒸馏器等设备中。

2. 螺旋板式换热器

螺旋板式换热器由金属薄板、金属盖板、隔板、圆桶形容器等部件构成，如图 3－11 所示。

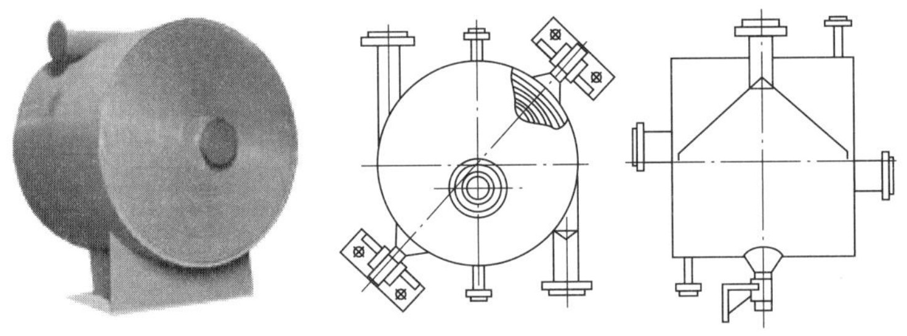
图 3－11　螺旋板式换热器

螺旋板式换热器由两张金属板卷制而成，形成了两个均匀的螺旋通道，螺旋板的两端焊有盖板。冷、热流体分别在两流道内流动。两种传热介质可进行全逆流流动，大大增强了换热效果，即使是两种小温差介质，也能达到理想的换热效果。

螺旋板式换热器是一种新型换热器，传热效率好，运行稳定性高，可多台共同工作，不易堵塞，换热效果好，可充分利用低温热源进行换热。缺点是不耐高温高压，清洗和检修困难。

螺旋板式换热器适用于混悬液和黏稠流体的热交换过程，应用于化学、石油、溶剂、医药、食品、轻工、纺织、冶金、轧钢、焦化等行业。

3. 平板式换热器

平板式换热器主要由换热板片、密封胶垫、夹紧板、导杆、夹紧螺栓组成，如图 3－12 所示。

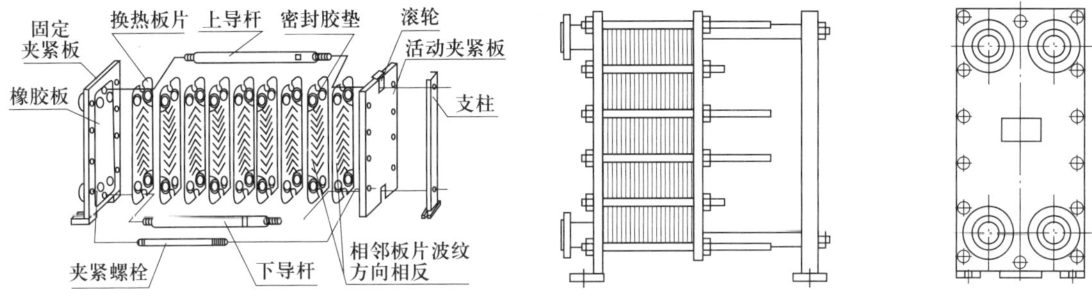

图 3－12 平板式换热器

换热板片由不锈钢板压制成型，它上面开有 4 个流道孔，中部压成人字形波纹，四周压有密封槽。密封槽内粘有密封胶垫。换热板片通过两导杆定位对齐，两夹紧板通过夹紧螺栓将各板片压紧，从而形成换热器内腔换热流道。相邻换热板片的人字形波纹方向安装时相反，接触点彼此相互支撑。人字形波纹和这些支撑点使流体介质在其内部流动时充分形成湍流，这是板式换热器具有很高换热效率的主要原因。另外换热板片厚度较薄，导热热阻较小，板片两侧的流体介质流动分布较为均衡，也使得传热较为充分。

由于金属薄板上有大量的凹凸波纹，不仅加强了金属薄板的机械强度，而且提高了流体的湍流程度，增加了传热面积，强化了传热效果，因此，板式换热器被广泛应用于快速升温或快速降温的换热过程中，如制冷、暖通、空调、油冷却等行业；热处理厂及铜焊厂；汽车零部件厂、机械五金与注塑机制造业、家电冷气厂；船舶行业等。

4. 板翅式换热器

板翅式换热器由金属薄板、金属翅片、密封条、集流箱等部件构成。金属薄板和金属翅片由高导热系数的金属材料制作而成。将金属薄板折叠成波纹状即制成了金属翅片，根据波纹几何形状，金属翅片可分为光直形、锯齿形和多孔形，如图 3－13 所示。

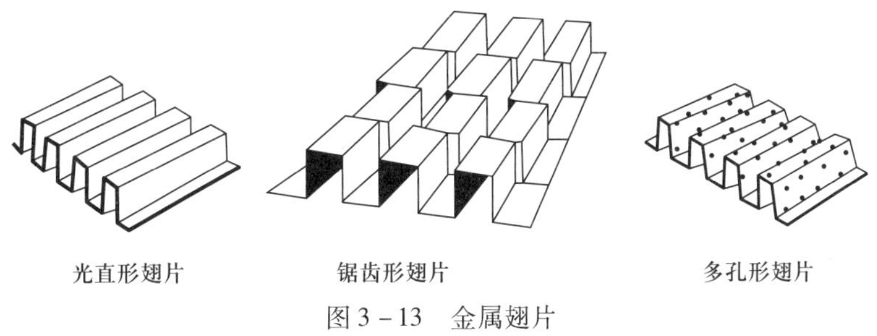

图 3－13 金属翅片

将金属薄板覆盖在金属翅片的上下两面，再用密封条将两侧边缝密封，即构成一个板翅式换热器单元体。在板翅式换热器单元体按并流、逆流、错流等方式排列，并用钎焊固定，即构成芯部板束。将带有流体进出口的集流箱焊接到板束上，就制成了板翅式换热器。

板翅式换热器结构紧凑，质量小，单位体积传热面积大，总传热系数高，传热效果好。缺点是流道小，易堵塞，清洗及维修困难。板翅式换热器适用于低温或超低温条件下的换热过程。

日积月累

常用的换热器有管式换热器、板式换热器。管式换热器有蛇管式、列管式和套管式，板式换热器有夹套式、平板式、螺旋板式和板翅式。

三、换热器清洁与维护

在化工生产过程中，由于多种原因，换热设备和管道中会产生大量的污垢，如沉积物、腐蚀产物、结焦、聚合物、油垢、水垢、真菌、藻类及黏液等。产生的污垢会使设备和管道运行失效，装置系统的产量下降，能耗和物耗增加等。污垢腐蚀特别严重时，会造成工艺中断，装置系统被迫停产，直接造成各种经济损失，甚至可能引发较大的生产事故。例如，在冷却水的热交换过程中，由于制冷剂流体吸收了工作流体的热量，温度上升。此时，原本溶解在水中含钙、镁等的盐类受热后析出并黏结于金属表面而形成较为坚硬的水垢，不仅影响换热效率，还会增加能耗，甚至会因冷却水流量不足、压力降低而导致停机，所以换热器清洗及日常维护工作是非常重要的。

1. 换热器清洗

在换热器中完全避免污垢的产生几乎是不可能的。因此，换热器的清洗已成为工业生产中不可缺少的环节。

（1）换热器结垢原因

换热器结垢的原因包括流体流速、传热壁面的温度、流体性质和换热设备参数等。

1）流体流速。流体的流速可通过对传热传质的影响和机械作用力使结垢受到影响，该影响过程非常复杂。在换热器中，流速对污垢的影响应该同时考虑其对污垢沉积和污垢剥蚀的影响，对于所有各类污垢，由于流速增大引起剥蚀率的增大较污垢沉积的速率更为显著，所以污垢增长率随着流速的增大而减小。但是在实际运行中，流速的增加将增大能耗，所以，流速并不是越高越好，应就能耗和污垢两个方面来综合考虑。

2）传热壁面的温度。流体温度及其传热系数决定该界面温度。化学反应速度取决于温度，生物污垢也取决于温度，流体温度的增加一般会导致化学反应速度和生物污垢速度的增大，从而对污垢的沉积量产生影响，导致污垢增长率升高。

3）流体性质。流体的性质包括流体本身的性质和不溶于流体或被流体夹带的各种物质的性质。在冷却水系统中，水质特性对污垢沉积起关键作用，例如，含有盐和其他物质可能因温度或浓度的变化而结晶等，含有不溶解气体会影响金属表面的腐蚀，若含有微生物和养分也会对生物污垢有影响。

4）换热设备参数。一是换热面材料，通常结垢情况与材料有很大关系。研究发现，铜合金材料对生物污垢起抑制作用。而对于其他常用的碳钢、不锈钢而言，只是通过腐蚀产物的沉积而影响结垢，而如果采用耐蚀性能良好的石墨或陶瓷等非金属材料，则不易发生结垢。二是换热面状态，换热面材料的表面质量会影响污垢的形成和沉积，表面粗糙度越大，越有利于污垢的形成和沉积。三是换热器结构，一般板式换热器和螺旋板换热器的抗垢性能要优于管壳式换热器。

（2）换热器清洗方法

换热器一般采用的清洗方法有机械清洗、化学清洗、超声波清洗、电化学清洗等。

1）机械清洗。机械清洗方法是靠流体的流动或机械作用提供一种大于污垢黏附力的力而使污垢从换热面上脱落。机械清洗的方法有两类：一类是强力清洗法，如高压水射流清洗、蒸汽喷射清洗、喷砂清洗、刮刀或钻头除垢等，其中高压水射流清洗多用于清除炭化垢或硬垢，对于仅仅依靠冲击力不能去除而必须依靠加热才能使其松动的污垢，则使用蒸汽喷射清洗。另一类是软机械清洗，依靠插入物在管内的运动，与管子内表面接触摩擦达到去除污垢的效果，常见的方法有旋转螺旋线法、液固流态化法、旋转纽带法、螺旋弹簧振动法、海绵胶球在线清洗法等。

注意事项：在进行清洗前需要停机，切断设备电源。在传热管清洗过程中，应使用专门的刷子，避免划伤和刮破管壁。

2）化学清洗。化学清洗是指利用化学方法和化学药剂来达到清洗设备的目的。主要是利用酸、碱、有机混合物等化学药剂，将附着在设备上的污垢、铁锈、油泥等沉积物溶解、剥离，从而达到清洗的效果，并在其表面形成一层钝化膜。化学清洗中重要的是清洗剂的选择，主要使用除锈清洗剂、碳氢清洗剂、除油清洗剂等。还可根据设备结垢程度不同，配制不同的清洗剂。

化学清洗步骤一般为：水冲洗—清洗剂清洗—水冲洗—清洗结束—压缩机空气吹干。

注意事项：相对于物理方法来讲，化学方法清洗效果更好一些，但是如果过于频繁使用化学方法对换热器进行清洗，对换热器的管道也会有一定的腐蚀作用，影响设备的使用寿命，而且有一些化学试剂还会污染环境，所以要结合实际情况选择适宜的清洗试剂。

3）超声波清洗。超声波清洗采用超声波产生的振动，将换热器管道内产生的污垢、水垢振落剥离，除此之外，还能够将换热器管道内部的油脂性污渍进行分解、乳化。超声波清洗适用于小型精密机械管道的清洗，如烧结金属管道或微孔过滤器。以水为介质对清洗管道进行超声波振动处理，超声波产生的气穴和振动冲击均可以去除污垢。

注意事项：要注意清洗液温度的把控和超声波振动频率的选择，两者都需要结合实际情况，进行调整设置。而且超声波换热器清洗方式的费用相对昂贵。

4）电化学清洗。电化学清洗可用于医药、食品、超纯水装置中的管道清洗。将金属管浸入磷酸或硫酸的电解液中，与直流电源的正极或负极相连（使金属管成为电解槽的阳极或阴极），依靠其产生的氧气或氢气去除黏附的污垢，这种方法只在特殊情况下使用。

以上为常见的几种主流换热器清洗方法，不同的公司会采用不同的方式进行换热器清洗，清洗不仅要达到清洁换热器的目的，同时也要兼顾操作人员的安全性，所以务必选择安全有效的方法进行。

（3）换热器清洗步骤

第一步：除垢清洗。采用机械方法进行清洗，或者在清洗槽循环水内按比例加入配置好的除垢清洗剂，进行换热器清洗除垢，根据垢量多少确定清洗循环的时间和加入药剂多少，确认全部垢质清洗下来之后转入下一步清洗程序。

第二步：清水清洗。将清洗设备和换热设备连接好后，要用清水循环清洗 10 min，检查系统状态，是否有泄漏，同时将浮锈清洗掉。

第三步：剥离防腐清洗。按比例在清洗槽循环水内加入表面剥离剂和缓释剂，循环清洗 20 min，使垢质和清洗的各部件分离，同时对没有结垢的物体表面进行防腐处理，防止除垢清洗时清洗剂对清洗部件产生腐蚀。

第四步：钝化镀膜处理。加入钝化镀膜剂，对换热器清洗系统进行钝化镀膜处理，防止管路和部件腐蚀以及新的锈垢生成。

适当定期清理换热设备，不仅可以维持设备正常运行，控制设备腐蚀，延长设备使用寿命，提高生产能力，改善产品质量，减少原材料及能源的消耗，提高生产效率，还会使生产成本大大降低。

2. 换热器日常维护

换热器日常维护主要有日常保养、定期检查、常见故障处理三项工作。

（1）日常保养

换热设备的日常保养由操作人员负责，要保持设备清洁，每天查看设备运行状态及完好状态，应特别注意防止温度、压力的波动，首先应保证压力稳定，绝不允许超压运行。

（2）定期检查

换热设备应定期查泄漏、查蚀损、查松动。查泄漏是指各静密封点有无泄漏，如法兰螺栓是否松动，填料、密封垫是否损坏，有无隐含的泄漏，如砂眼、裂纹等。要特别注意有没有内部换热管泄漏，这种情况不能直接看到，要通过工艺上的异常现象分析判断。例如，查蚀损时要细心查看由于腐蚀、锈蚀、冲刷造成的损伤，有无老化、脆化、变形、减薄等现象；定期取冷却水检查，若水中含有被冷却介质，则证明有泄漏处。查松动时要检查有无异常振动，如整个换热器振动，要分析是由于物料流动造成的，还是由于支架不稳造成的。

（3）常见故障处理

换热设备经长时间运转后，由于介质的冲蚀、腐蚀、结焦、积垢等原因，使管子内外表面都有不同程度的结垢，甚至堵塞。所以在停工检修时必须进行彻底清洗，常用的清洗方法有风扫、水洗、气扫、化学清洗和机械清洗等。在使用设备时要注意防垢，可以在开车时对载热体预先处理，加入防腐剂，并在操作时控制好流速、温度和温差。

日积月累

1. 换热器结垢的原因包括流体流度、流体性质、传热面积和换热设备参数。

2. 换热设备清洗一般有机械清洗、化学清洗、超声波清洗、电化学清洗等方法。

3. 换热器要进行日常保养、定期检查、防垢等工作。换热器使用一段时间后需要清洗除去污垢，降低污垢热阻，强化传热效果，提高经济效益。

目标检测

一、单项选择题

1. 固体内部的传热属于（　　）。

A. 辐射传热　　B. 对流传热
C. 热传导　　D. 混合传热

2. 傅立叶定律是（　　）的基本定律。

A. 对流传热　　B. 热传导
C. 总传热　　D. 辐射传热

3. 对流传热按照产生的原因不同可分为（　　）。

A. 湍流传热和强制对流　　B. 自然对流和强制对流
C. 总传热和自然对流　　D. 自然对流和层流传热

4. 属于对流传热过程的是（　　）。

A. 太阳能穿过真空　　B. 红外线加热
C. 金属棒的传热　　D. 空气对墙壁的传热

5. 蒸汽管有三层保温材料，按照导热系数大小由里向外正确的排列是（　　）。

A. 大、中、小　　B. 中、小、大
C. 小、中、大　　D. 大、小、中

6. 下列情况中，属于稳态传热的是（　　）。

A. 太阳向地面物体传热的过程
B. 锅炉蒸汽通过反应器间壁加热中药提取液的过程
C. 燃烧的蜡烛向空气传热的全过程
D. 利用沼气燃烧的加热过程

7. 板式换热器中，传热效率最低的换热器是（　　）。

A. 螺旋板式换热器　　B. 翅片式换热器
C. 夹套式换热器　　D. 板式换热器

8. 能够用于含有固体颗粒流体加热且传热速率快的换热器是（　　）。

A. U 形管换热器　　B. 套管式换热器
C. 蛇管式换热器　　D. 螺旋板式换热器

9. 关于浮头式换热器说法错误的是（　　）。

A. 小浮头易发生内漏　　B. 金属材料耗量大，成本高 20%

C. 不可在高温、高压下工作　　D. 结构复杂

10. 下列换热器中，用于流体的预热，以提高整套工艺装置效率的是（　　）。

A. 过热器　　B. 预热器

C. 冷却器　　D. 冷凝器

二、填空题

1. 换热设备清洗一般有________、________、________、电化学清洗等方法。

2. 换热器结垢的原因包括________、________、传热面积和换热设备参数。

3. 蛇管式换热器的优点是结构简单，便于制造和维修，造价低，耐高压；缺点是________、________，易堵塞，不便于清洗。

4. 强化传热的途径有________、________、________。

5. ________、________、________是热传递的三种基本方式。

三、简答题

1. 传热的基本方式有几种？各有何特点？

2. 何谓稳态传热和非稳态传热？

3. 热水在两根相同的管内以相同流速流动，管外分别采用空气和水进行冷却。经过一段时间后，两管内产生相同厚度的水垢。试问水垢的产生对采用空冷还是水冷的管道的传热系数影响较大？为什么？

4. 换热设备常用的清洁方法有哪些？

5. 冬天取暖，很多地方使用暖气片，暖气片管内走水，试分析室内暖气片的散热过程，以及每个环节热量传递方式是什么。

6. 影响导热系数的因素有哪些？

第四章

物料预处理设备

为保证制药原辅料的混合均匀度及中控剂量单元均匀度、原辅料相容性和溶出度等，原辅料需要预处理。预处理一般可以采用粉碎或过筛等手段，以保证原料药批内的一致性和原辅料的混合均匀。粒径较大的原辅料需要考虑粉碎，容易结团的原料药需要过筛。

§4－1　粉碎设备

学习目标

知识目标

1. 掌握粉碎的基本概念、原理和目的；
2. 熟悉几种常见粉碎设备的基本结构、工作原理、适用范围。

技能目标

1. 能够按照操作规程使用万能粉碎机；
2. 学会万能粉碎机的维护与保养，会判断和排除常见故障。

粉体的制备一般可以分为物理方法和化学方法。物理方法分为机械粉碎法和物理合成法。化学方法分为化学液相法、化学气相法、化学固相法、生物酶法等。物料预处理主要使用机械粉碎法，按细度一般分为破碎、粉碎、超微粉碎。

粉碎是指物料在外力的作用下，克服物料的内聚力，增加细度和比表面积的单元操作。粉碎对象包括生物细胞、原料药、辅料、中药材等。

粉碎可以使几种化学成分不同的固体物料混合均匀，增加物料的比表面积，促进难溶药物溶解，有利于制备不同剂型，促进中药材中有效成分的溶出，提高生物利用度，便于新鲜药材的干燥和储存。

这类设备根据细化程度分为破碎设备、粉碎设备、超微粉碎机。粉碎设备按机械结构和工艺过程分为机械式粉碎机、气流式粉碎机、研磨机和低温粉碎机等。粉碎设备的分类方法有多种，或按结构形式，或按粉碎方法，或按运动速度，或按受力种类等方式划分。以下将对部分常用设备进行介绍。

一、机械式粉碎机

1. 概述

在粉碎过程中施加于物料的外力主要有压轧、剪切、冲击（打击）、研磨四种，并衍生有摩擦、撞击、劈裂、锉削等方式。一般机械粉碎机粉碎过程不是单一模式，作业过程中是多种粉碎方式相互结合或合并不同工艺方式。

（1）常见机械式粉碎机

机械式粉碎机是以机械方式为主，对物料进行粉碎的机械，它又分为齿式粉碎机、锤式粉碎机、刀式粉碎机、涡轮式粉碎机、压磨式粉碎机和铣削式粉碎机。

1）齿式粉碎机是由固定齿圈与转动齿盘的高速相对运行，对物料进行粉碎（含冲击、剪切、碰撞、摩擦等）的机器。

2）锤式粉碎机是由高速旋转的活动锤击件与固定圈的相对运动，对物料进行粉碎（含锤击、碰撞、摩擦等）的机器。锤式粉碎机又分为活动锤击件为片状件的锤片式粉碎机和活动锤击件为块状件的锤块式粉碎机。

3）刀式粉碎机是由高速旋转的刀板（块、片）与固定齿圈的相对运动对物料进行粉碎（含剪切、碰撞、摩擦等）的机器。刀式粉碎机又分为刀式多级粉碎机、斜刀多级粉碎机、组合立刀粉碎机、立式侧刀粉碎机等。

4）涡轮式粉碎机是由高速旋转的涡轮叶片与固定齿圈的相对运动，对物料进行粉碎（含剪切、碰撞、摩擦等）的机器。

5）压磨式粉碎机是由各种磨轮与固定磨面的相对运动，对物料进行碾磨性粉碎的机器。

6）铣削式粉碎机是通过铣齿旋转运动，对物料进行粉碎的机器。

（2）粉碎工艺

1）开路粉碎和循环粉碎。物料只通过粉碎设备一次即得产品称为开路粉碎；若所得产品含有不达要求细度的颗粒，通过筛分将粗颗粒分离出来重新返回设备中进行粉碎的操作称为循环粉碎。

2）干法粉碎和湿法粉碎。将物料干燥处理后进行的粉碎称为干法粉碎，给物料中加入适量液体进行的粉碎称为湿法粉碎。

3）单独粉碎和混合粉碎。只进行一种原材料的粉碎称为单独粉碎，单独粉碎所得粉末易聚结；多种原材料混合同时进行的粉碎称为混合粉碎，混合粉碎可减少粉末的重新聚结。

4）低温粉碎。在粉碎前或在粉碎过程中对物料进行冷却的粉碎方法称为低温粉碎。可以采用冷冻原料、粉碎机夹层制冷、添加干冰或液氮于物料中等低温粉碎方法。

5）微粉粉碎。对原材料进行细胞级的粉碎称为微粉粉碎。物料通过超细粉碎机粉碎后其颗粒直径约为 5 μm，如果是植物则其 95% 以上的细胞被破碎。

6）纳米粉碎。将物料粉碎成直径为纳米级的超微颗粒称为纳米粉碎。经纳米粉碎后物料的理化性质发生相应的改变，会产生一些特殊的药理活性，因而对其在制剂上的应用还有待于深入研究。

2. 万能粉碎机

（1）万能粉碎机简介

齿式粉碎机又称万能粉碎机，用途广泛，它利用活动齿盘和固定齿盘间的高速相对运动，使被粉碎物经齿冲击、摩擦及物料彼此间冲击等综合作用获得粉碎。其结构简单、坚固、运转平稳、粉碎效果良好，被粉碎物粒度合格可直接通过筛网由主机磨腔中排出，粒度过大的物料留在主机磨腔内继续被粉碎，直至粒度合格。万能粉碎机是以冲击力、剪切力为主，伴有撕裂、研磨作用的粉碎设备。

万能粉碎机的进料有粒度要求，中药材不能未经切割直接用万能粉碎机粉碎，必须先破碎再粉碎。原辅料中结晶性药物，干燥的非组织性药物，中草药的根、茎、皮及干浸膏可使用万能粉碎机，但是腐蚀性强的药物、剧毒药物、贵重药物、含有大量挥发性成分和软化点低且具有黏性的药物，万能粉碎机不适用。万能粉碎机粉碎后可以进一步进行超微粉碎。

【案例分析】

某中药厂在提取黄芪中的有效成分前，需要把黄芪粉碎，请问什么粉碎机适用？

分析

中药中的黄芪是典型的根系入药植物，具有含糖量高、纤维含量高等特点，一般很难一步完成粉碎。它的整个粉碎流程一般需要两个步骤：第一步，使用剪切式破碎机进行破碎；第二步，使用万能粉碎机进行粉碎。

（2）万能粉碎机工作原理

万能粉碎机的活动齿盘和固定齿盘均有圆柱形或长方体形钢齿。活动齿盘连接电机主轴，电机运转带动活动齿盘高速旋转，固定齿盘固定不动，两者产生相对运动。物料从加料斗经抖动装置进入粉碎室，经由活动齿盘高速旋转产生的离心力由中心部位被甩向室壁，经过活动齿盘与固定齿盘之间，受钢齿的冲击、剪切、研磨及物料间的撞击作用而被粉碎，经粉碎后的物料受活动齿盘离心力和重力到达粉碎腔外壁环状空间下方，粒度合格的细粉经由环形筛板上的筛孔由出料口出料，粒度不合格的粗粉在粉碎室内受到活动齿盘、固定齿盘、粉碎室内壁上的钢齿、筛网的多重作用继续被粉碎，直至粒度合格能透过筛网为止，筛网目数决定了产品的粒度。粉末跟随活动齿盘旋转产生的高速气流以及吸尘器作用于集料箱所产生的负压，进入集粉袋。

（3）万能粉碎机结构

万能粉碎机由机座、电机、加料斗、粉碎室、固定齿盘、活动齿盘、环形筛板、出料口等组成，如图 4 - 1 所示。固定齿盘与活动齿盘呈不等径同心圆排列，对物料起粉碎作用。其在粉碎过程中会产生大量粉尘，故设备一般都配有粉料收集和除尘装置。

万能粉碎机结构简单、坚固、运转平稳、粉碎效果良好，被粉碎物可直接由主机磨腔中

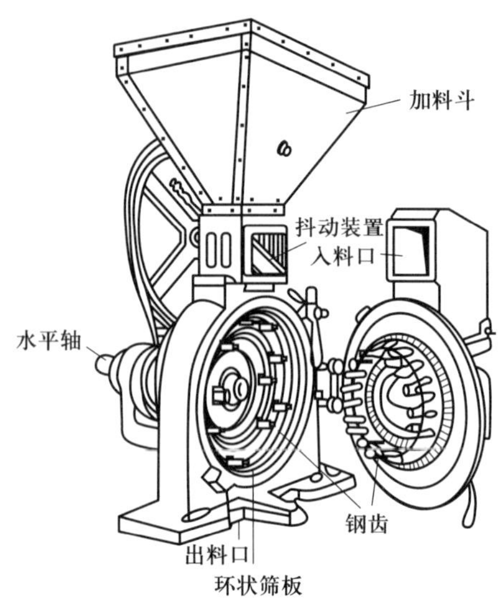

图4-1　万能粉碎机结构

排出，粒度大小可通过更换不同孔径的网筛获得。

（4）万能粉碎机操作规程

1）使用前：①先检查机器各部件安装，紧固件松紧，皮带松紧，油杯、润滑油情况。②检查设备、筛网、容器、用具、布袋或集粉器是否完整、清洁、干燥。③使用前需检查粉碎腔和待粉碎物料内有无金属等硬性杂物，检查物料纯度、粒度。④根据产品工艺要求选择筛网，安装筛网。⑤接通电源，点动或短暂运行，空转应无卡阻现象，主轴应运转自如。

2）运行：①打开收集箱门，在出料口扎上专用布袋，关闭收集箱门。②先开吸尘器开关，再开电机开关让设备空载运转正常。③加入物料，根据物料的易碎程度和粉碎细度要求调节进料速度。④运行时检查集粉袋、设备运行情况、设备有无异响、料斗内物料下降情况等。

3）停机：①粉碎操作结束或要停机前，应先停止加料，让机器继续运转数分钟，待粉碎室内无残留物。②关闭电机开关，打开收集箱门，取出物料待用。③如粉碎物料量大，可重复操作，直至物料全部粉碎。④操作结束后，关闭所有电源开关。⑤检查设备有无异常，设备部件是否完好。

（5）万能粉碎机维护与保养

1）安装后点动检查主轴运转方向是否符合防护罩上所示箭头方向，转动时有无卡阻现象，主轴运转是否自如，否则将损坏机器，并可能造成人身伤害。

2）设备使用过程中振动较大，运行前必须检查机器各部件安装是否牢固，所有紧固件是否拧紧。

3）定期检查上下皮带轮在同一平面内是否平行，检查皮带松紧情况。

4）万能粉碎机不能粉碎高强度物料，故使用前需检查设备粉碎腔和待粉碎物料内有无金属等硬性杂物，否则会损坏齿盘，影响机器运转。

5）万能粉碎机粉碎过程中产生大量热量，不可粉碎低熔点易挥发易燃物料，以免引起燃烧等事故。

6）机器上的油杯应经常注入润滑油，保证机器正常运转。

7）定期检查齿盘和筛网是否损坏，如有损坏，应立即更换。

8）粉碎机最大进料粒度有限制，进料粒度不得超限，否则会增加粉碎设备的载荷，增加风险。

（6）万能粉碎机清洁规程

1）清洁工具：洁净抹布、不锈钢桶、不锈钢管、毛刷。

2）清洗剂：饮用水、纯化水。

3）消毒剂：75%乙醇溶液。

4）清洁方式：机身手工擦拭、拆卸部件冲洗、布袋用洗衣机清洗，先内后外，先上后下，先拆后洗，先零后整，先清洁后消毒。

5）清洁间隔时间：①生产结束后或当天同品种更换生产批号进行小清场：将标识有上一批批号的产品、文件等与下批生产无关的物料进行清场，对设备外表面及环境进行清洁。②更换生产品种或规格，或连续生产一个月进行大清场：需要把所有与物料接触的部分进行彻底的清洁、清场，所有与上批相关的生产物料、文件等清离现场，使之符合下次生产的要求，对设备内外表面及环境进行清洁。③超出设备清洁有效期及特殊情况下随时清洁。

6）清洁步骤：①清洁前拿去设备原来状态牌，关闭电源。②拆卸操作。把粉碎机处的紧固螺母旋开，打开粉碎机的外盖，取出机内残留的余料，把机内的钢筛取出。③拆卸部件清洗。钢筛送至容器清洗间用饮用水冲洗，冲洗过程中用洁净抹布对其表面擦拭至洁净无粉尘，再用纯化水冲洗，最后用75%乙醇溶液清洗一遍，放于容器具存放间。④设备机身清洁。取不锈钢铲将粉碎机磨齿上紧黏的粉渣铲下，连接饮用水管，从进料口依次用饮用水冲洗磨齿、料斗、储料室内壁等，冲洗过程完成后用洁净润湿的抹布清洁至无粉尘无污物，最后用纯化水冲洗一遍，用压缩空气吹干，再用75%的乙醇清洗消毒内表面，用压缩空气吹干，机身下用不锈钢桶盛装冲洗水，冲洗后的水用推车拉至清洗池倒入下水道，并用饮用水冲洗清洗池直至无污物。取洁净抹布把机身外壁、开关箱等从上至下湿抹至无粉尘无污迹，擦拭过程中要勤清洗抹布。⑤清洁完毕后及时填写清场、清洁记录，并挂清洁状态标志。

（7）万能粉碎机常见故障及处置方法

1）主轴转向相反：电线连接不正确。处置方法为重新连接。

2）焦味：电源线过载，轴承润滑油不够，皮带过热，粉碎腔过热。处置方法为停机检查，按规定更换电源线，添加润滑油，更换皮带，停机后再粉碎。

3）粉碎室沉闷、卡死：加料过快、皮带过松、轴承润滑油过少、电机卡死。处置方法为减缓加料速度、更换皮带、添加润滑油、维修电机。

4）机身喷粉：物料堵塞出料口、集粉袋布纹过密、集粉袋集粉过多。处置方法为停机清理，更换布袋。

5）成品粒度不够细：筛网目数不合格、筛网破损、筛网与筛托之间不严密。处置方法为更换筛网。

6）异响：粉碎腔有异物、机身固定螺栓脱落、轴承损坏、钢齿断裂。处置方法为停机检查，取出异物，固定螺栓、紧固件，更换轴承，固定齿盘或活动齿盘维修。

二、气流式粉碎机

气流式粉碎机，也称气流磨、喷射磨或流能磨，是用压缩空气或热蒸汽产生的高速气流对物料进行冲击，高速空气射流时形成的强大的多湍流场，使物料颗粒相互间或与碰撞板、容器壁发生强烈的碰撞和摩擦作用，在物流的高速运动和破碎过程中，粒度不同的颗粒在旋转的气流中会产生不同的离心力，达到粒度要求的物料最终由收集器收集，较大的颗粒将随着物流的高速运动而继续进行制粉过程，达到细碎的目的。

气体式粉碎机优点显著，其加工的产品具有纯度高、活性大、分散性好、颗粒表面光滑的特点，其生产方式属于干法生产，无须对物料进行脱水和干燥。

气流式粉碎机按照颗粒被粉碎的方式可分为单气流作用式、多气流作用式；按照流体介质种类可分为高速气流式、热蒸汽流式；按《超细粉碎机械名词术语》可分为扁平式气流粉碎机、循环式气流粉碎机、对冲式气流粉碎机、流化床式气流粉碎机等。

1. 扁平式气流粉碎机

扁平式气流粉碎机，也称圆盘式气流磨，是工业上应用最早和最广泛的气流粉碎机，主要由进料系统，进气系统，粉碎、分级及出料系统等组成。这种气流磨以冲击粉碎为主，同时进行磨碎和剪碎，并带有自分级功能。若被粉碎物料硬度较大时，物料会因气流高速运动和磨腔内壁产生剧烈摩擦从而造成磨腔受损，同时也会导致产品一定程度的污染。扁平式气流粉碎机如图 4－2 所示。

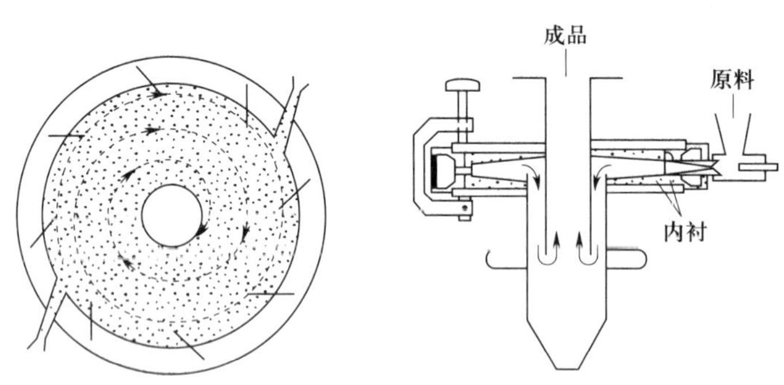

图 4－2　扁平式气流粉碎机

（1）工作原理

物料经加料口由喷射式加料器的喷嘴加速，导入粉碎室，在旋转气流带动下发生相互碰撞、摩擦、剪切而粉碎；细粉被气流推到粉碎室中心出口管，在旋风分离器中呈螺旋状运动缓降到储斗中；废气由废气排出管排出；粗粒在离心作用下被甩到粉碎室周壁作循环粉碎。

（2）基本结构

扁平式气流粉碎机结构主要由加料系统、粉碎腔、粉碎系统、喷嘴口、出料口、出料系统、气流出口、压缩空气入口、分级区、储气环和机座等组成。

（3）性能特点

优点：结构简单，操作方便，拆卸、清理、维修容易，并能自动分级。

缺点：被粉碎的物料速度较高，随气流高速运动与磨腔内壁会产生剧烈的冲击、摩擦、剪切作用，导致粉碎室内壁的磨损，并造成粉体的污染，尤其是硬度很高的材料，粉碎室内壁磨损更严重。粉碎室的内壁应选用超硬、高耐磨的材料制造，如刚玉、氧化锆、超硬合金等。扁平式气流粉碎机不适用于超硬、高纯材料的超细粉碎。

2. 循环式气流粉碎机

循环式气流粉碎机，又称立式环形喷射式气流磨，也具有内分级作用，如图 4－3 所示，可分为等圆截面和变截面循环管式气流磨。

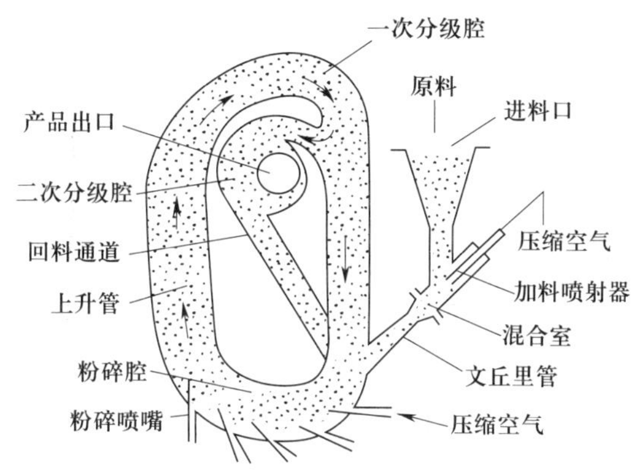

图 4－3 循环式气流粉碎机

（1）工作原理

物料颗粒高速进入粉碎区后，高压空气带动颗粒沿管道运动。由于管道呈 O 形，内外圈半径不同，内外层物料运动路径及速度都不同。各层物料颗粒之间产生相对运动，发生摩擦、剪切、碰撞粉碎作用。同时，由于离心力的作用，密集的颗粒流分层，粗粒处在外层，细粒在内层并向内聚集，最后由排料口排出，粗粒则继续粉碎。

（2）性能特点

优点：该设备主机体积小，结构简单，操作方便。粉碎的同时具有自动分级功能，粒度合格的粉体可以自动收集，因此产品细度好，可至 0.2 ~ 3 μm。

缺点：气流与物料对管内壁的冲刷、磨损太严重，因此不适合硬度较高的材料的细化。粉碎效率是各类气流磨中最低的，能耗最大。

3. 对冲式气流粉碎机

对冲式气流粉碎机，又称逆向喷射磨，是一种物料在超声速气流中自身产生对撞而实现超细粉碎的装置，如图 4－4 所示。

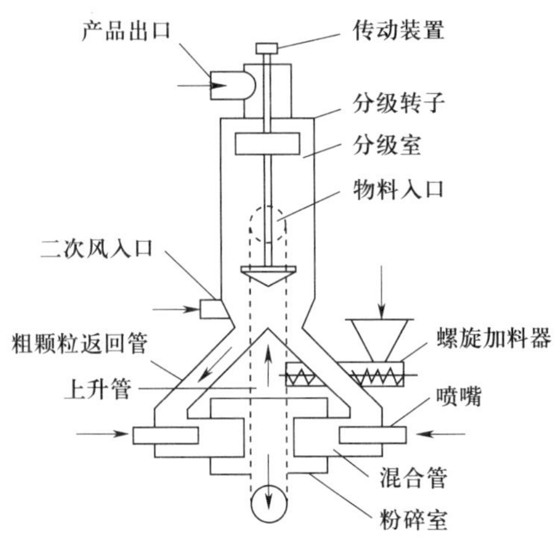

图4－4　对冲式气流粉碎机

（1）工作原理

物料由料斗进入，被加料喷嘴喷出的高速气流喷入粉碎室，同时粉碎喷嘴将分级室落下的粗粒喷入粉碎室，物料对撞并被粉碎后，随气流上升至分级室。在分级室，气流形成主旋流，使颗粒发生分级。由于粗粉位于分级室外围，在气流带动下，退回粉碎室进一步粉碎，细粉经中间出口排到机外进行气固分离和产品回收。

（2）性能特点

优点：对冲式气流粉碎机利用的是相对运动的气流，颗粒从第一次撞击开始就依靠相互之间的冲撞，避免了颗粒对管壁的磨损以及管壁材料对粉粒的污染，能生产物料硬度较高的超细粉。

缺点：结构复杂、体积庞大、能耗高，气固混合流对粉碎室及管道仍有一定磨损。

4. 流化床式气流粉碎机

流化床式气流粉碎机是将对喷原理与流化床中膨胀气体喷射流相结合，主要体现在节约能量、加工能力强、磨损小、结构紧凑、体积小、温升少等方面，可视为当前最为先进的机型，如图4－5所示。

（1）工作原理

物料通过阀门进入料仓，螺旋加料器将物料送入粉碎室，空气通过逆喷嘴喷入粉碎室使物料呈流态化。被加速的物料在各喷嘴交汇点汇合，在此，颗粒互相冲撞、摩擦、剪切而粉碎。粉碎的物料由上升气流输送至涡轮式超细分级器，细粉产品经出口排出，较粗的颗粒沿机壁返回粉碎室，尾气进入除尘器排出。

（2）性能特点

优点：粉碎效率高，能耗低，气流带颗粒呈多角度对撞，作用力大，粉粒的受力复杂，外加的能量被粉粒充分吸收，喷射功损耗少，把流化床原理与平卧式涡轮超细分级器相结合，使细料及时排出，减少了因细粉过粉碎而损失的能量。磨损轻，污染少，粉粒主要是进行相互之间的冲撞，对室壁冲撞少。设备体积小，占地面积少。自动化程度高，噪声小，生

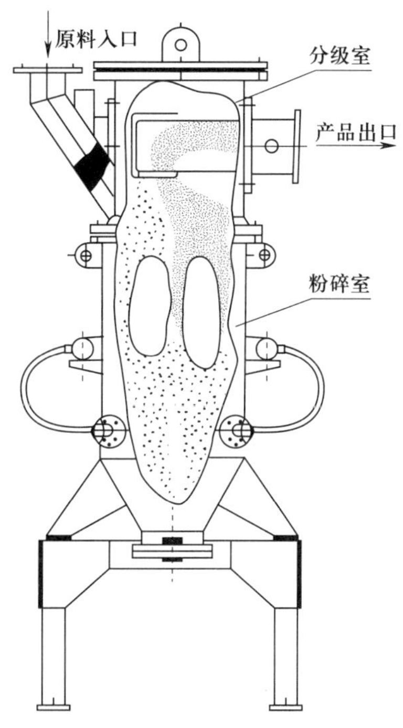

图 4-5　流化床式气流粉碎机

产能力强，适合于大规模工业化生产。

缺点：颗粒不断高速冲击分级叶片，在生产超硬粉粒时，分级叶片的磨损仍很严重。

三、研磨机

研磨机是指通过研磨体、头、球等介质的运动对物料进行研磨，使物料研磨成超细度混合物的机器，可分为球磨机、振动磨、胶体磨、乳钵研磨机等。

1. 球磨机

球磨机是物料被破碎后再进行粉碎的关键设备，是用瓷质球体或不锈钢球体作为研磨介质的机器。球磨机的主体是由钢板卷制而成的回转筒体，筒体内壁装有衬板，根据工艺要求选用研磨介质。

（1）工作原理

球磨机的主要工作部分为回转圆筒，物料经过给料口、进料口进入筒体部。筒体部内装有钢球、钢段、瓷球、刚玉球等研磨介质，与物料随筒体回转产生离心力，当介质提升到一定高度后抛落下来，在粉碎介质对物料的冲击研磨作用下将物料粉碎。球磨机在粉碎过程中不但可以降低物料粒度，同时也可以将两种或两种以上物料加以混合，靠筒内装入的研磨介质的冲击和研磨作用将物料粉碎和磨细。

球磨机内研磨体包括研磨介质和物料，研磨体的运动状态主要有三种，如图 4-6 所示。①泻落式运动状态。球磨机转速较低时，全部研磨体可以看成是一个松散的“团块”，“团块”的界面随着筒体的转动而沿着转动方向不断向上偏斜，形成斜坡。当斜坡的倾斜角达到研磨体“团块”的自然休止角时，研磨体在重力等作用下沿斜坡滚下，形成泻落式的运动。此时，在“团块”中研磨体大体上是分层运动，各层研磨体沿各自的圆轨迹上升并从斜坡的坡面滚下。泻落式运动状态下，物料主要在研磨体相对运动时产生的碰击和研磨作用下被粉碎，此情形时对物料有较强的研磨作用，但无冲击作用，对大块物料的粉碎效果不好。②抛落式运动状态。球磨机转速较高时，研磨体随筒体旋转上升至一定高度后，像抛射体一样抛落下来，不是沿着研磨体“团块”的坡面泻落，这种运动状态称为抛落式运动。在抛落式运动中，每层研磨体的运动轨迹都可分成两部分，一部分是圆弧，另一部分近似为抛物线，物料主要在研磨体抛落时的碰击作用及部分的研磨作用下而被粉碎，粉碎效果较好。③离心式运动状态。筒体转速过高时，由于离心力的作用，研磨体“贴附”在筒体内壁上与筒体一起做旋转运动而不再抛落。这种运动中，研磨体不再对物料产生碰击和研磨作用，物料不会被粉碎。

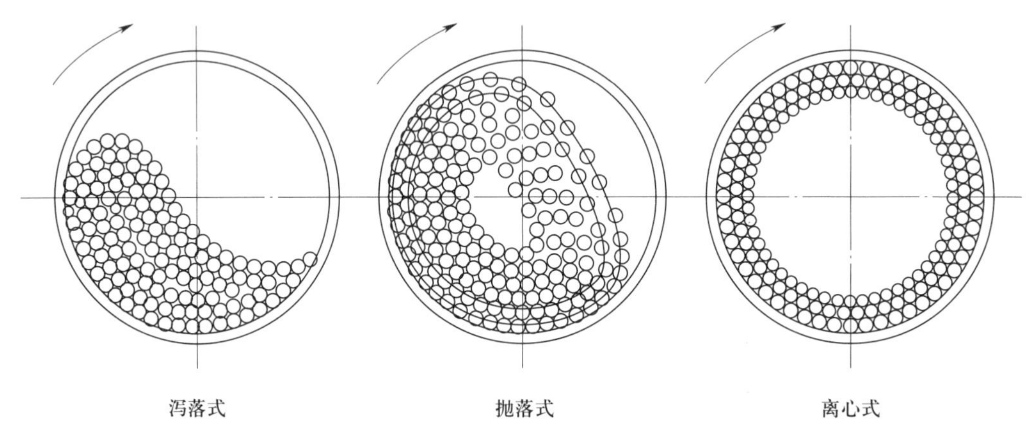

图 4－6　球磨机内研磨体的运动状态

（2）性能特点

优点：球磨机对物料的适应性强，适用于干法和湿法粉碎。粉碎比大，易于调整产品的细度。结构简单，坚固，操作可靠，维护管理简单，能长期连续运转。密封性好，可负压操作，防止粉尘飞扬，可广泛适用于结晶性、刺激性药物，吸湿性的浸膏，挥发性的药物及无菌粉碎等。

缺点：工作效率低，间歇操作，加卸物料费时，粉碎时间长。大部分电能转变为热量而损失，工作时噪声大。研磨体和衬板的消耗量大。

2. 振动磨

（1）工作原理

振动磨工作时，筒体内研磨介质的运动方向和主轴旋转方向相反。除了有公转外还有自转。这种运动使研磨介质之间以及研磨介质与筒体之间产生强烈的冲击、摩擦和剪切作用，在短时间内将物料研磨成粒度合格的粉末。振动磨的结构如图 4－7 所示。

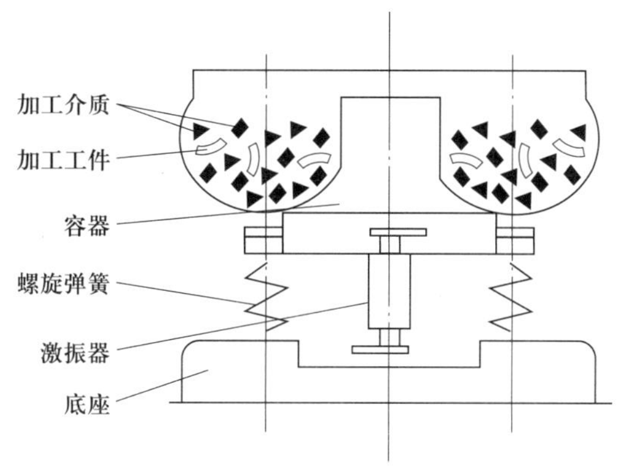

图4－7　振动磨

当电机带动主轴快速旋转时，偏心配重产生的离心力使筒体产生近似椭圆轨迹的运动。这种高速回转的运动使筒体中的研磨介质及物料呈悬浮状态，介质的抛射冲击和研磨作用可有效地粉碎物料。

振动磨主要是利用高强度的振动使物料与物料之间，物料和器壁之间进行高速碰撞和研磨，且能在短时间内使得物料混合均匀的超微粉碎技术。振动磨物料由加料斗进入粉碎室，经振动将粉碎室内的研磨体与物料碰撞、研磨而获得粉碎。振动磨主体装载研磨体，用弹簧支承。主体有一球形偏心转子，由电机直接带动，做高速旋转。惯性离心力使筒体在垂直和水平两个方向上作高频振动，置于筒内研磨体之间的粉料，在研磨体高频冲击和研磨作用下磨细。若用圆柱体代替圆球作研磨体，则研磨体之间从点接触改为线接触，可提高生产能力。振动磨对任何纤维状、高韧性、高硬度或有一定含水率的物料均可进行有效粉碎，特别适用于中药细胞破壁等旨在提高药物生物利用度的粉碎要求及用常规方法无法达到要求细度的物料。

（2）分类

1）惯性振动磨。筒体支撑在弹簧上，当筒体由电机带动旋转时，筒体本身振动。

2）回转式振动磨。筒体支撑在弹簧上，主轴的两端有偏心配重，主轴的轴承装在筒体上并通过挠性联轴器与电机相连。

3. 胶体磨

胶体磨是利用成对磨体（面）的相对运动，对固液相物料进行研磨的机器。磨机内有一高速旋转的圆盘，它与固定圆盘之间的缝隙是可调节的，通常为0.3 mm。粉料调制成悬浮液加入机内，在转盘与固定盘之间的缝隙中连续流过，粉粒在很高的剪切速度作用下碎裂，形成1 μm以下的微粒。

胶体磨的基本工作原理是剪切、研磨及高速搅拌作用，粉碎研磨依靠磨盘齿形斜面的相对运动而成，其中一个高速旋转，另一个静止，使通过齿形斜面之间的物料受到极大的高速剪切力和摩擦力，同时又在高频振动和高速旋涡等复杂力的作用下使物料研磨、乳化、粉碎、混合、分散和均质，从而得到精细超微粒粉碎的较高效益。

4. 乳钵研磨机

乳钵研磨机是通过立式磨头对乳钵的相对运动，对物料进行研磨的机器，是具有极强粉碎能力的一种自动研磨粉碎设备，如图4－8所示。其结构包括机身、乳钵驱动电机、乳钵（陶瓷或玛瑙）、碾槌（陶瓷或玛瑙）、碾槌驱动电机、压缩弹簧、上下移动总成、控制盒等。把粒径小于0.5 mm的固体颗粒放在乳钵里，碾槌和乳钵被电机驱动旋转，碾槌在弹簧的作用下与研钵底部紧紧贴合在一起，对颗粒进行碾压式研磨。研磨时间可根据需要而设定，研磨的时间越长，研磨的效果越好，最细的粉末可达到纳米级。优点在于体积小，适用于少量物料的粉碎或超微粉碎，多用于实验室或中药材贵细料（麝香、牛黄、珍珠、冰片等）的干磨、水飞或中成药的套色混合。

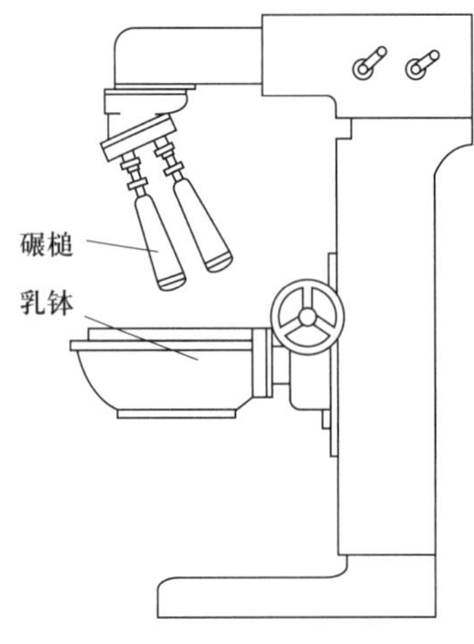

图4－8　乳钵研磨机

日积月累

1. 万能粉碎机适用于粉碎干燥的脆性物料，如结晶性药物，非组织性脆性药物，植物药的根、茎、叶等，不适用于粉碎熔点低、黏度大的物料。

2. 万能粉碎机可以与冷却设备或粉体分级设备联用，增加适用范围。

§4－2　筛分设备

学习目标

知识目标

1. 掌握筛分设备的基本结构、工作原理；
2. 熟悉筛分设备的基本分类。

技能目标

1. 能按照操作规程的要求使用旋振筛；
2. 能对旋振筛进行维护与保养，会判断和排除常见故障。

一、概述

筛分是将粉碎后的物料通过单层或多层筛网将粒度不均匀的颗粒分离成不同粒度级别的操作过程。

筛分可以将粉碎好的颗粒或粉末分成不同等级，获得较均匀的粒子群或粒度均匀的粉末，提高混合的均匀性。粉碎时及时将合格粉末筛出，可以提高粉碎效率。通过过筛可以除去药粉中的部分杂质。

药筛是筛选粉末粒度或混匀粉末的工具。药物粉碎后其粉末粒度不同，成分也不均匀，影响应用，故粉碎后的药物都需用适当的药筛筛过，达到粉末分等级的目的。多种物料过筛可以达到混合的目的。

按制筛方法不同，筛分设备分为冲制筛和编织筛。冲制筛又称模压筛，是由在金属板上冲出圆形的筛孔组合而成。编织筛是由具有一定机械强度的金属丝（如不锈钢丝、铜丝、铁丝等）或其他非金属丝（如尼龙丝、绢丝等）编织而成。药筛与工业筛对照表见表4－1。

表4－1　《中国药典》（2020年版）规定的药筛与工业筛对照表

筛号	筛孔内径（平均值）/μm	目号
一号筛	2 000±70	10
二号筛	850±29	24
三号筛	355±13	50
四号筛	250±9.9	65
五号筛	180±7.6	80
六号筛	150±6.6	100
七号筛	125±5.8	120
八号筛	90±4.6	150
九号筛	75±4.1	200

《中国药典》将制剂中粉末按粒度分为六级：最粗粉、粗粉、中粉、细粉、最细粉、极细粉。

最粗粉：指能全部通过一号筛，但混有能通过三号筛不超过20%的粉末。

粗粉：指能全部通过二号筛，但混有能通过四号筛不超过40%的粉末。

中粉：指能全部通过四号筛，但混有能通过五号筛不超过60%的粉末。

细粉：指能全部通过五号筛，并含能通过六号筛不少于95%的粉末。

最细粉：指能全部通过六号筛，并含能通过七号筛不少于95%的粉末。

极细粉：指能全部通过八号筛，并含能通过九号筛不少于95%的粉末。

二、旋振筛

振动筛是利用振子激振所产生的复旋型振动而工作的。振动筛主要分为直线振动筛、高频振动筛、圆振动筛、旋振筛、激振式振动筛、三元旋振筛、变频振动筛、概率直线振动筛、弧形振动筛、弹臂式振动筛等。

旋振筛是模拟手动挑选和筛分运动的筛分机，将手工筛分动作的“筛”平面圆周运动和“簸”向上抛物运动两种运动形式很好地结合在一起，通过调整经向角和切向角使筛分效果达到最佳状态，适用于对筛分处理量要求较高的物料以及易堵网的物料，特别适用于难以处理的物料。

1. 旋振筛工作原理

旋振筛电机轴上、下两端安装有两个不同相位的不平衡重锤，由于高速旋转的离心作用而产生复合惯性力，将电机的旋转运动转变为一种复杂的水平、垂直、倾斜的三次元运动，再把这个三次元运动传递给筛面，使物料在筛面上做螺旋状由里向外的渐开线外扩散运动，旋振筛也因此得名。这种振动运动轨迹是一个复杂的空间三维曲线，此曲线在平面上的投影为圆形，在两垂直面上的投影均为椭圆形。

通过调节上、下两端重锤的空间和相位角，可任意改变物料在筛面上的运动轨迹和扩散的快慢，甚至可以让物料在筛面上保持长期的圆周运动。物料通过不同层次的筛网，可以达到分级作业的目的。通过对上下重锤的角度调节，可以对物料进行精筛分、概率筛分等多种筛分作业。

物料通过旋振筛分级，小于筛面孔径的物料通过筛孔落到下层，大于筛面孔径的物料经连续翻滚运动后从排料口排出。旋振筛的筛和簸两种运动使物料在筛网上进行螺旋渐开线的运动，这种运动轨迹使物料能在有效的筛分面积上走相对长的路，使物料在网上运动的时间要比其他筛分机长，所以筛分产量也相对较高。

在使用过程中，旋振筛的低转速运转保证了设备的使用寿命、精度、效率，筛网寿命是普通圆筛的5~10倍，减少了维修成本，降低了设备噪声，并使设备使用更加安全。

【案例分析】

某药厂要制备阿司匹林和微晶纤维素粉末，准备制备阿司匹林片剂。在把原辅料粉碎后按药典要求要过筛，请问用什么设备好？

分析

阿司匹林和微晶纤维素都是结晶性颗粒，粉碎粒度要求不高，粉碎时可采用万能粉碎机、球磨机等。需要筛分，可以考虑使用旋振筛，不能通过一号筛与能通过五号筛的总和不得超过供试量的15%。

2. 旋振筛结构

旋振筛主要有入料口、筛盖、筛框、筛网、紧固带、出料口、振动电机、上下重锤、传振体、隔振弹簧、底座、束环、通风后盖等，如图4-9所示。

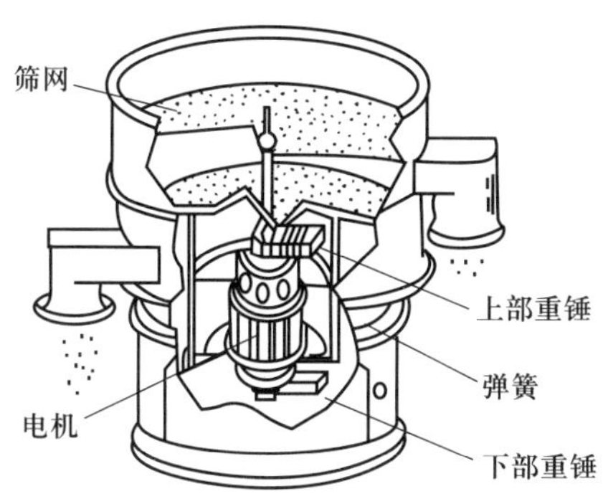

图 4-9　旋振筛

3. 旋振筛操作规程

（1）使用前

确认环境、设备的防尘和除尘设施已清洁、无异物。确认供电正常。确认每层筛网孔径符合工艺要求且筛网完好无破损，筛网安装正确平整无褶皱，每组的束环锁紧。

（2）运行

开机后空运转 1 min 左右，观察运行情况确定无异常后，即可加料进行过筛。保持连续不断地进料，但加料不宜过快。具体根据出料口的颗粒度调节，细粉太多时降低进料速度，细粉太少时适当提高进料速度。生产过程中要确保出料口出料及时、无堵塞。

（3）停机

先停止进料，待筛网上的物料基本处理完后再关闭旋振筛电源，清理设备上面的物料。

4. 旋振筛维护与保养

（1）生产中严禁在旋振筛上放置无关的物品，以免影响过筛效果。

（2）检查机体振动情况，检查各部螺栓，发现松动应及时处理。

（3）操作人员在生产时要时常关注旋振筛的运行声音。

（4）操作人员及维修工检查设备时要运用看、摸、听的手段，看外表、摸温升、听声音，判断设备运行是否正常，有隐患应及时报告。

（5）使用完后应将旋振筛内残留物清理干净，保持整机的整洁。检查筛网，出现破裂及时更换，以免有金属屑落入物料中。

（6）每月检查电控柜与主机接地线，确保接地良好，不得有漏电现象发生。

（7）每季度检查电机的连接，使之随时保持紧固状态。检查电机接线盒端子是否牢固。

（8）每年检查电机轴承并为其加油。

5. 旋振筛常见故障及处置方法

（1）异响

设备未水平放置或基台不稳定，进料管与筛网间的距离不够，机身接触到其他物品，机体、排料口与其他硬体接触。束环螺栓未锁紧，束环未完全嵌合，隔振弹簧断掉。处置方法为使用前进行机械固定，检查机械是否处在水平位置，留足进料管与筛网间距离，周围清理干净，不得有其他影响设备运行的物件，拧紧螺栓，更换束环、弹簧。

（2）卡顿、不工作

电机运转不良，电缆接触不良，电缆断线，线圈烧掉，润滑油过少。处置方法为检查电机、电缆、线圈，注入润滑油使电机持续运转。

（3）运转中物料无法自动排出

检查电机运转方向是否错误，上、下偏心块的夹角是否过大，装置是否错误。处置方法为安装后检查电机运转方向、偏心块夹角，装置验证。

（4）筛分不合格

细网破裂，原料直接冲击网面，细网未铺平或拉紧，机身的束环螺栓松动，粗网破损，橡皮胶底磨薄，不锈钢框出口裂开。处置方法为更换筛网、胶底、不锈钢框，拧紧螺栓。

日积月累

1. 筛分又称筛析，是固体粉末的分离技术。

2. 筛即过筛，是指通过网孔状的工具使粗粉和细粉分离的操作；析即离析，是指经过粉碎后的药物粉末借空气或液体流动或转动之力，使粗粉与细粉分离的操作。

§4－3　混合设备

学习目标

知识目标

1. 掌握混合机的基本结构、工作原理、适用范围；
2. 熟悉混合的基本分类。

技能目标

1. 能按照操作规程的要求使用混合机；
2. 能对混合机进行维护与保养，会判断和排除常见故障。

一、概述

混合是将两种以上组分的物质均匀混在一起的操作，包括固－固、固－液、液－液等组分的混合。混合操作以含量的均匀一致为目的。本节着重讲解固－固组分混合设备。

混合设备又称混合机，是利用机械力和重力等，将两种或两种以上物料均匀混合起来的机械设备。在混合的过程中，还可以增加物料接触表面积，以促进化学反应，还能够加速物理变化。

混合过程是以细微粉体为主要对象，因此具有粒度小，密度小，附着性、凝聚性、飞散性强等特点。粒子的形状、大小、表面粗糙度不均匀，混合成分多，微量混合时，最少成分的混合比率（稀释倍数）较大等，都对混合操作带来一定难度，然而在制剂生产过程中混合操作的意义却非常重大。混合结果的好坏直接影响制剂的外观及内在质量。如在片剂生产中，混合不好会出现斑点，崩解时限、强度不合格，影响药效等。特别是含量非常低的毒性药物、长期连续服用的药物、有效血药浓度和中毒浓度接近的药物等情况，主药含量不均匀将对生物利用度及治疗效果带来极大的影响，甚至带来危险。

混合机可以按运行原理、筒体结构、适用的混合物料来分类。

按运行原理：卧式双轴螺带混合机、双螺旋锥形混合机、倾斜式强力混合机等；

按筒体结构：半密闭型、密闭型、开放型混合机；

按混合物料：适用于气体和低黏度液体混合机、中高黏度液体和膏状物混合机、粉状与粒状固体物料混合机。

二、旋转型混合机

旋转型混合机多数为间歇式操作，混合均匀度较高，能混合流动性较好的颗粒或粉状物料，适应性较强，如图 4－10 所示。

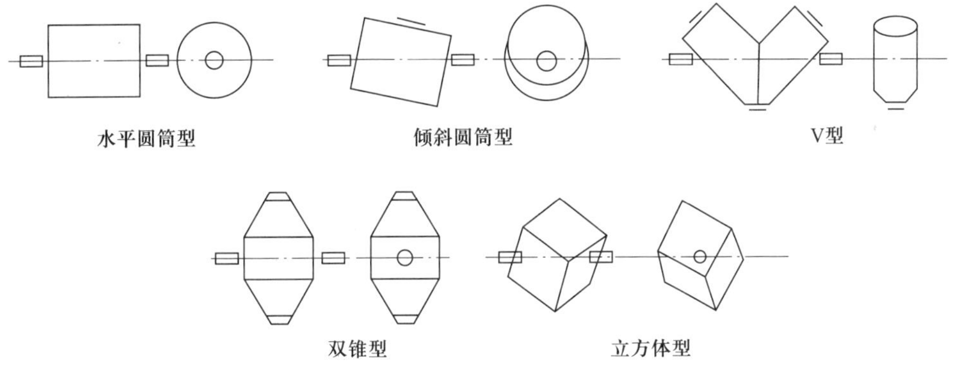

图 4－10　旋转型混合机

1. V 型混合机的工作原理

V 型混合机两圆柱筒的长度是不相等的，故形状不对称。当混合机回转时，物料分解和组合势能不同，就形成轴向逐层交替的扩散混合，由于物料在筒体内壁所处平面的不同，相互间也具有不同的势能产生横向对流混合。上述混合作用连续重复进行，使物料非常均匀地达到随机混合状态。

2. V 型混合机的基本结构

V 型混合机主要由机架、减速装置、混料筒三部分组成。固定在机架上的电机通过皮带轮、三角带传动给减速器。然后，再由减速器通过小链轮、大链轮传动给混料筒，达到减速目的，从而使混料筒获得 0～10 r/min 的匀速回转运动。V 型混合机如图 4－11 所示。

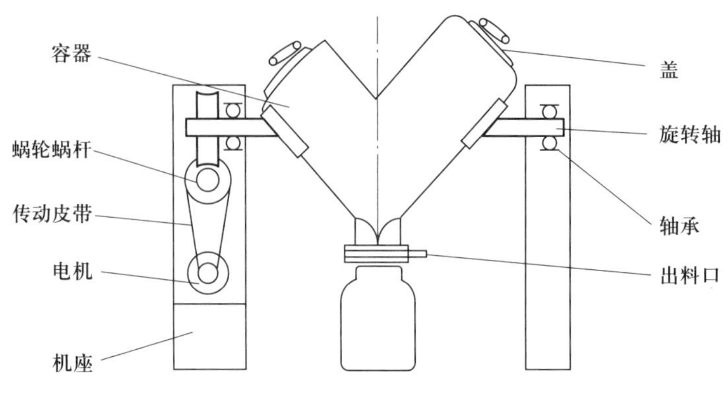

图 4－11　V 型混合机

三、三维运动型混合机

1. 工作原理

三维运动型混合机在运行中，由于混合桶体具有多方向运转动作，使各种物料在混合过程中加速了流动和扩散作用，同时避免了一般混合机因离心力作用所产生的物料比重偏析和积累现象，混合无死角。

2. 设备结构

三维运动混合机由机座、传动系统、电器控制系统、多向运动机构、混合桶等部件组成，与物料直接接触的混合桶采用不锈钢材料制造，桶体内外壁均经抛光。

四、双螺旋锥形混合机

双螺旋锥形混合机不会产生过热现象，适合对热敏性物料的混合；对颗粒物料不会压馈和磨碎，对比重悬殊和粒度不同的物料组成的混合不会产生分层、离析现象，适合颗粒的总混；对粗粒、细粒和超细粉等各种颗粒、纤维或片状物料的混合也有较好的适应性；可适应真空进料，操作安装维修方便。

1. 工作原理

双螺旋锥形混合机中两只非对称排列的螺旋叶快速自转将物料向上提升，形成两股非对称的沿筒壁自下向上的螺柱形物料流，如图 4－12 所示。

转臂带动的螺旋公转运动，使螺旋外的物料不同程度进入螺柱包络线内，一部分物料被错位提升，另一部分物料被抛出螺柱，从而达到全圆周方位物料的不断更新扩散。被提到上部的两股物料再向中心凹穴汇合，形成一股向下的物料流，补充了底部的空穴，从而形成对流循环。

由于上述运动的复合，物料在较短时间内均匀混合，混合精度高。

需要混合的工作液体由接头输入，经过管路、喷头，均匀喷洒在筒体中运动的物料内。

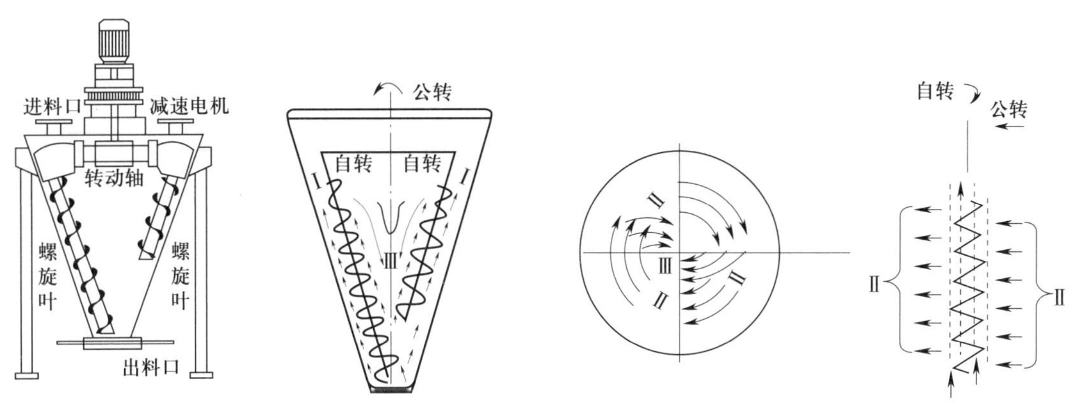

图 4－12　双螺旋锥形混合机

2. 基本结构

双螺旋锥形混合机由传动、螺旋、筒体、筒盖、出料阀及喷液装置等部件组成。

五、混合机操作规程

混合机在工业生产中使用频率高，不同种类混合机原理不尽相同，但是操作过程类似，一般操作规程如下。

1. 开机前

检查出料门的开启、关闭情况。打开出料门，排尽混合机内余料，再关闭出料门。空载启动混合机，检查有无卡、碰、擦等异常声响及异常振动。待一切正常后方可投料生产。

2. 运行

启动设备，混合机必须空载启动，严禁超负荷运行。开启混合机时，应先启动减速机电机，待转子运转正常后方可进料生产。物料进入混合机的顺序应该是量大的原料先入混合机，预混料和量小的原料后入混合机。设计每批次物料量必须保证混合机内的物料面不得低于最低投料标准。

3. 停机

禁止载料关闭。停机后，对混合机进行检查，发现问题及时解决。停机后，做好设备的清理和设备周边环境卫生工作。

六、混合机维护与保养

混合机在作业过程中，如遇停电或因故突然停机，不能立即带负荷启动，应先打开出料门，排出机内物料并妥善处理，确认无残留物料后，方可按顺序再次启动。进入混合机内的物料中不得混入金属杂质，以免损坏转子、桨叶、容器内表面等。

日常维护保养时混合机外部及平台周围应定期清扫，去除粉尘、油污、油垢等。每周不低于两次清理出料机构的积尘，以保持出料机构的运转灵活。每周至少清理一次混合机内的积料及杂物。清理时，应先切断混合机电源，挂上“禁止合闸”或“禁止启动”的警示牌后，在有专人监护的情况下，方能进行清理。每周检查混合机门的密封情况，防止有漏料现象发生。各部位轴承每六个月检查、拆洗并更换一次润滑脂。机电维修人员在对混合机进行非运行检查或维修时，应先关闭混合机电源开关，并挂上“禁止合闸”或“禁止启动”的警示牌后，方可进行作业。

日积月累

1. 混合是使两种或两种以上不同组分的物质在外力作用下由不均匀状混合均匀的操作任务。

2. 混合使药物各组分在制剂中均匀一致，以保证药物剂量准确和临床用药安全。

目标检测

一、选择题

1. 单项选择题

(1) 同时适合干法粉碎和湿法粉碎的设备是（　　）。

A. 球磨机　　B. 锤击式粉碎机

C. 冲击柱式粉碎机　　D. 圆盘式气流粉碎机

E. 跑道式气流粉碎机

(2) 关于混合的叙述不正确的是（　　）。

A. 混合的目的是使含量均匀

B. 混合的方法有搅拌混合、研磨混合、过筛混合

C. 等量递增的原则适用于比例相差悬殊组分的混合

D. 剧毒药物、贵重药物的混合也应采用等量递增的原则

E. 混合时间延长，粉粒的外形变得圆滑，更易混合均匀

(3) 同时适合固液混合的设备是（　　）。

A. V 型混合机　　B. 三维混合

C. 过筛混合机　　D. 双螺旋锥形混合机

E. 卧式螺带混合机

(4) 关于粉碎机理叙述正确的是（　　）。

A. 粉碎依靠外加机械力的作用破坏药物分子间化学键

B. 弹性物质经过塑性变形阶段迅速被粉碎

C. 粉碎时温度会上升

D. 塑性物质经过塑性变形阶段

E. 塑性、弹性物质均经过塑性变形阶段，但时间不同

(5) 关于粉碎叙述正确的是（　　）。

A. 由于粉碎机性能，粉碎粒径不可能达到纳米级

B. 气流式粉碎机产热不适用于热敏物料

C. 胶体磨可用于液体分散系的粉碎

D. 冲卡粉碎机粉碎程度与药量有关

E. 气流粉碎机的原理基本与其他粉碎机相同

(6) 关于筛分的影响因素不正确的是（　　）。

A. 粒径范围适宜，不小于 70 μm

B. 物料不宜过湿

C. 粒子密度大，不易过筛

D. 粒子的形状对筛分有很大影响

E. 物料层厚度对筛分有影响

(7) 气流式粉碎机的粉碎原理为（　　）。

A. 不锈钢齿的撞击与研磨作用

B. 旋锤高速转动的撞击作用

C. 机械面的相互挤压作用

D. 圆球的撞击与研磨作用

E. 高速弹性流体使药物颗粒之间或颗粒与室壁之间碰撞作用

(8) 一种贵重物料欲粉碎，适合的粉碎设备是（　　）。

A. 球磨机

B. 万能粉碎机

C. 气流式粉碎机

D. 胶体磨

E. 超声粉碎机

(9) 有一种热敏性物料需粉碎，可选择的粉碎器械是（　　）。

A. 球磨机

B. 锤击式粉碎机

C. 冲击式粉碎机

D. 气流式粉碎机

E. 万能粉碎机

(10) 有一种低熔点物料需粉碎，可选择的粉碎器械是（　　）。

A. 球磨机

B. 锤击式粉碎机

C. 胶体磨

D. 气流式粉碎机

E. 万能粉碎机

(11) 一物料欲无菌粉碎，适合的粉碎设备是（　　）。

A. 气流式粉碎机

B. 万能粉碎机

C. 球磨机

D. 胶体磨

E. 超声粉碎机

(12) 根据操作指示投料，对于活性高、含量低的成分应该按（　　）以保证混合均匀。

A. 等量递减法

B. 等量递增法

C. 少量多次法　　　　D. 工艺要求

E. 过筛混合

2. 多项选择题

(1) 关于粉碎的正确表述是（　　）。

A. 使用万能磨粉机，先开动机器空转，待高速转动时，再加物料

B. 万能磨粉机可以粉碎各种性质的药物

C. 球磨机转速为临界转速的 75%，粉碎效果最好

D. 球磨机内装圆环约占球罐容积的 50%，粉碎效果好

E. 球磨机可粉碎剧毒药物和贵重药物

(2) 下列装置中用于粉碎的装置有（　　）。

A. 胶体磨　　　　B. 流能磨

C. 球磨机　　　　D. 乳匀机

E. 振荡筛

(3) 常用气流式粉碎机进行粉碎的药物是（　　）。

A. 抗生素　　　　B. 酶类

C. 植物药　　　　D. 低熔点药物

E. 具黏稠性的药物

二、简答题

1. 如何选用粉碎设备和混合设备?

2. 如何使原辅料的粉末混合均匀? 可以采用哪些设备?

第五章

生物反应器

进行生物化学反应的场所称为生物反应器。各种生物组织、微生物和生物细胞等具有生理或者生命活性的个体属于生物反应器，人工制造的发酵罐、动植物细胞培养器、酶反应器等也属于生物反应器，它们属于机械类生物反应器。生物反应器是生物制药设备中的重要组成部分，生化合成药物也是多数制药工业生产中的重要途径。在大规模工业生产中，通常使用大型机械生物反应器作为生产工具，本章主要介绍机械类生物反应器的相关设计和功能以及简单的操作和注意事项。

§5－1　生物反应基本知识

学习目标

知识目标

1. 掌握生物反应的定义；
2. 了解细胞生长模式及简单培养条件；
3. 了解生物反应器的基本类型。

技能目标

1. 能够运用生物反应的基本特征等知识，正确选择生物反应器的类型；
2. 熟练应用所学的理论知识，解决实际生产操作问题。

一、生物反应过程

1. 概述

生物反应在狭义上是指活细胞或者其他生物结构中，在生物生长的过程中，满足生长的需要而产生的各种生物化学反应。随着细胞或者组织中生物反应的不断进行，生物体将完成新生、成长、衰老、死亡等一系列的生命过程，所以，广义的生物反应通常是指生物体的新陈代谢过程。

在新陈代谢各阶段，生物体的细胞一方面吸收环境营养成分，经生物化学反应同化物质和能量；另一方面不断分解、异化自身物质，并将分解产物释放到环境中。

细胞分解产物组成复杂，结构特殊，部分物质能用于人类疾病的诊断、预防和治疗，称为生物药物。另外，细胞在生命活动过程中对环境物质进行了转化，部分转化产物也是生物药物，还有用酶工程技术转化后的部分产物也是生物药物。所以生物反应过程也是产生生物药物的过程。建立高效的生物反应就能提供含量丰富的生物药物原材料。

研究发现，生物反应过程受到各种因素的影响，这些因素包括环境温度、酸碱度、营养物质浓度、氧气浓度、二氧化碳浓度、机械尺寸、流体湍流程度、细胞的生长浓度、产物的生成速度等。在最合适的环境中可建立高效的生物反应过程。目前，在生物制药过程中，人们广泛地采用分批培养和连续培养两种生物反应模式。

2. 微生物及细胞在培养中的生长

当把少量纯种单细胞微生物接种到恒容积的液体培养基中后，在适宜的温度、通气（厌氧菌则不能通气）等条件下，它们的群体就会有规律地生长起来。如果以细胞数目的对数值作为纵坐标，以培养时间作为横坐标，就可以画出一条有规律的曲线，这就是微生物的典型生长曲线，如图 5－1 所示。

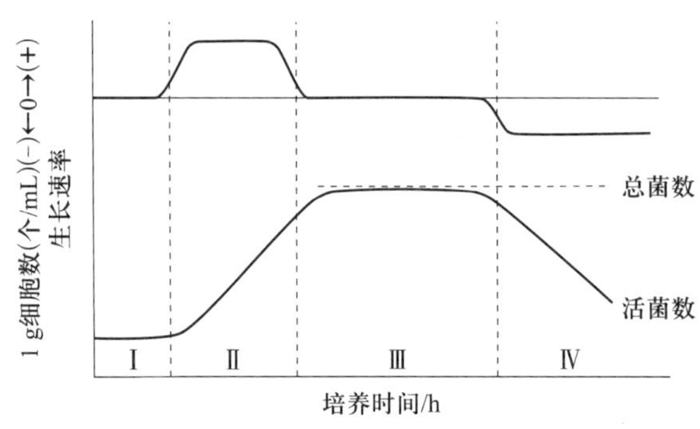

（Ⅰ. 延滞期，Ⅱ. 指数期，Ⅲ. 稳定期，Ⅳ. 衰亡期）

图 5－1　微生物的典型生长曲线

根据微生物的生长速率常数，即每小时的分裂代数的不同，一般可把典型生长曲线粗分为延滞期、指数期、稳定期和衰亡期等四个时期。

（1）延滞期

延滞期又称停滞期、调整期或适应期，是指少量微生物接种到新培养液中后，在开始培养的一段时间内细胞数目不增加的时期。该时期有几个特点：①生长速率常数基本等于零。②细胞形态变大或增长。许多杆菌可长成长丝状，例如，巨大芽孢杆菌在接种的当时，细胞长为 3.4 μm；培养至 3.5 h，其长为 9.1 μm；至 5.5 h 时，竟可达到 19.8 μm。③细胞内 RNA 含量增高，原生质呈嗜碱性。④合成代谢活跃，核糖体、酶类和 ATP 的合成加快，易产生诱导酶。⑤对外界不良条件如溶液浓度、温度和抗生素等化学药物的反应敏感。

影响延滞期长短的因素很多，除菌种外，主要有三种。

接种龄：接种龄即“种子”的群体生长年龄，亦即它处在生长曲线上的哪一个阶段，这是一种生理年龄。实验证明，如以对数期接种龄的“种子”接种，则子代培养物的延滞期就短；反之，如以延滞期或衰亡期的“种子”接种，则子代培养物的延滞期就长；如以稳定期的“种子”接种，则延滞期居中。

接种量：接种量的大小明显影响延滞期的长短。一般来说，接种量大，则延滞期短，反之则长。因此，在发酵工业上，为缩短不利于提高发酵效率的延滞期，一般采用1/10的接种量。

培养基成分：接种到营养丰富的天然培养基中的微生物，要比接种到营养单调的组合培养基中的延滞期短。所以，在发酵生产中，常使发酵培养基的成分与种子培养基的成分尽量接近。

延滞期的出现，可能是因为在接种到新鲜培养液的细胞中时，一时还缺乏分解或催化有关底物的酶，或缺乏充足的中间代谢物。为产生诱导酶或合成有关的中间代谢物，就需要有一段适应期，于是出现了生长的延滞期。

（2）指数期

指数期又称对数期，是指在生长曲线中，紧接着延滞期的一个细胞以几何级数速度分裂的一段时期。

指数期有以下几个特点：①生长速率常数最大，因而细胞每分裂一次所需的代时（增代时间）或原生质增加一倍所需的时间最短。②细胞平衡生长，菌体内各种成分最为均匀。③酶系活跃，代谢旺盛。

影响指数期微生物增代时间的因素很多，主要有菌种、营养成分、培养温度和营养物浓度等。

指数期的微生物因其整个群体的生理特性较一致、细胞成分平衡发展和生长速率恒定，故可作为代谢、生理等研究的良好材料，是增殖噬菌体的最适宿主菌龄，也是发酵生产中用作“种子”的最佳种龄。

（3）稳定期

稳定期又称恒定期或最高生长期，其特点是生长速率常数等于0，即处于新繁殖的细胞数与衰亡的细胞数相等，或处于正生长与负生长相等的动态平衡之中。这时的菌体产量达到了最高点，而且菌体产量与营养物质的消耗间呈现出一定的比例关系，这一关系就是生长产量常数。

在稳定期时，细胞开始储存糖原、异染颗粒和脂肪等储藏物；多数芽孢杆菌在这时开始形成芽孢；有的微生物在稳定期时还开始合成抗生素等次生代谢产物。

稳定期到来的原因主要是：①营养物尤其是生长限制因子的耗尽；②营养物的比例失调；③酸、醇、毒素或过氧化氢（双氧水）等有害代谢产物的累积；④pH、氧化还原电势等物化条件越来越不适宜等。

稳定期是以生产菌体或与菌体生长相平行的代谢产物，如单细胞蛋白、乳酸等为目的的一些发酵生产的最佳收获期，也是对某些生长因子如维生素和氨基酸等进行生物测定的必要前提。此外，由于对稳定期到来的原因进行研究，还促进了连续培养技术的设计和研究。

（4）衰亡期

在衰亡期中，个体死亡的速度超过新生的速度，因此，整个群体就呈现出负生长（生长速率常数为负值）。这时，细胞形态多样，如会产生很多膨大、不规则的退化形态；有的微生物因蛋白水解酶活力的增强就发生自溶；有的微生物在这时产生或释放对人类有用的抗生素等次生代谢产物；在芽孢杆菌中，芽孢释放往往也发生在这一时期。

产生衰亡期的原因主要是外界环境对继续生长越来越不利，从而引起细胞内的分解代谢大大超过合成代谢，继而导致菌体死亡。

3. 分批培养中的细胞生长模式

将培养基一次性投入反应器中，接入细胞并维持细胞生长的过程称为分批培养。

在分批培养过程开始之前，需要对反应器内的温度、pH、溶解氧等参数进行调节，使细胞生长过程处于最佳的环境中。随着时间的延长，营养物逐渐被消耗，新的细胞不断增加，产物的数量在逐渐累积，细胞生长过程处于动态变化的环境中。根据细胞生长速度，分批培养中细胞的生长过程可分为六个阶段。

（1）停滞期

接种后，细胞需要一定时间适应新环境，没有细胞生长和产物生成。这个阶段的长短取决于细胞个体的遗传性、种龄、接种量和环境等，一般为几个小时。

（2）加速生长期

部分细胞已经适应新环境，开始生长和繁殖。由于细胞个体间存在差异，这种适应性有快慢之分，表现为细胞量逐步增加。当全部细胞都开始生长时，细胞数量的增长速度达到最大，并进入下一个生长阶段。

（3）指数生长期

又称对数生长期，这个阶段细胞的生命活动最旺盛，细胞以恒定的速率进行代谢，细胞数量每隔一个固定时间就增长一倍，表现为细胞数量的对数值与时间成正比关系。

（4）减速生长期

由于环境的封闭性，细胞达到一定生长量后，营养物质越来越少，培养液中产物的积累也越来越多，细胞的继续生长受到限制，细胞浓度的增加逐渐减慢。

（5）平衡生长期

细胞的生长速率逐渐减慢，而死亡速率逐渐增加，两者达到平衡。此时的细胞浓度达到最大并保持恒定。

（6）负生长期

随着营养物质的逐步减少和产物的不断积累，细胞死亡速率逐步超过生长速率，细胞浓度呈现下降趋势，培养过程结束。

在不同生长阶段，细胞对环境条件的要求不同，因此，在设计制造生物反应器时必须考虑各项参数的自动调节功能，才能满足不同时期细胞生长的需要。

课堂活动

1. 试着在白纸上画出细胞以及微生物在培养过程中的生长曲线，并标注每个时期的特征。

2. 这些生长周期特征对发酵工业有哪些帮助？试着举例说明。

二、生物反应器

生物反应器听起来有些陌生，基本原理却相当简单。胃就是人体内部加工食物的一个复杂生物反应器。食物在胃里经过各种酶的消化，变成人体能吸收的营养成分。生物工程上的生物反应器是在体外模拟生物体的功能，设计出来用于生产或检测各种化学品的反应装置。或者说，生物反应器是利用酶或生物体（如微生物）所具有的生物功能，在体外进行生化反应的装置系统，是一种生物功能模拟机，如发酵罐、固定化酶或固定化细胞反应器等。

按照不同的角度，可将生物反应器分成多种类型。若按反应器内有机体种类划分，则生物反应器可分为微生物反应器、细胞反应器、酶反应器等；若按结构特征划分，则可分为罐式反应器、管式反应器、塔式反应器、膜式反应器等；若按是否通氧划分，则可分为通风发酵设备、嫌气发酵设备等。

1. 微生物反应器

微生物反应器是利用微生物细胞内的生化反应进行研究或生产活动的仪器设备。通常，微生物反应器指的就是发酵罐或者发酵系统。发酵罐广泛应用于饮料、化工、食品、乳品、佐料、酿酒、制药等行业，起发酵作用。发酵罐的组成部件：罐体主要用来培养发酵各种菌体，密封性要好（防止菌体被污染），罐体当中有搅拌桨，用于发酵过程当中不停地搅拌；底部有通气的喷头，用来通入菌体生长所需要的空气或氧气，罐体的顶盘上有控制传感器，最常用的有 pH 电极和溶解氧电极，用来监测发酵过程中发酵液 pH 和溶解氧的变化；控制器用来显示和控制发酵条件。根据发酵罐的设备分为机械搅拌通风发酵罐和非机械搅拌通风发酵罐；根据微生物的生长代谢需要分为好气型发酵罐和厌气型发酵罐。

2. 细胞反应器

动物、植物细胞体外培养时，生物反应器是整个培养过程的关键设备，为细胞提供了一个适宜的生长环境，使之快速增殖并形成所需的生物组织制品。由于动物、植物细胞在其形态结构、培养方法以及所需的力学环境等方面均不同于微生物细胞，因而传统的微生物反应器显然已不适用于动物、植物细胞大规模培养，特别是组织工程的需要。细胞反应器分为搅拌式和非搅拌式。

（1）搅拌式反应器

搅拌式反应器靠搅拌桨提供液相搅拌的动力，它有较大的操作范围、良好的混合性和浓度均匀性，因此在生物反应中被广泛使用。但由于动物细胞没有细胞壁的保护，因此对剪切作用十分敏感，直接的机械搅拌很容易对其造成损害，传统的用于微生物的搅拌反应器用作动物细胞的培养显然是不合适的。所以，动物细胞培养中的搅拌式反应器都是经过改进的，包括改进供氧方式、搅拌桨的形式及在反应器内加装辅件等。

（2）非搅拌式反应器

搅拌式反应器用于动物细胞培养存在的最大缺点是剪切力大，容易损伤细胞，虽然经过各种改进，这个问题仍很难避免。相比之下，非搅拌式反应器产生的剪切力较小，在动物细胞培养中表现出了较强的优势，主要有以下几种类型。

填充床反应器是在反应器中填充一定材质的填充物，供细胞贴壁生长。营养液通过循环灌流的方式提供，并可在循环过程中不断补充。细胞生长所需的氧分也可以在反应器外通过循环的营养液携带，因而不会有气泡伤及细胞。这类反应器剪切力小，适合细胞高密度生长。

中空纤维反应器由于剪切力小而广泛用于动物细胞的培养。这类反应器由中空纤维管组成，每根中空纤维管的内径约为 200 μm，壁厚为 50 ~ 70 μm。管壁是多孔膜，O_2 和 CO_2 等小分子可以自由透过膜扩散，动物细胞贴附在中空纤维管外壁生长，可以很方便地获取氧分。

气升式生物反应器也是实现动物细胞高密度培养的常用设备之一，其特点是结构简单，操作方便。有人在气升式反应器中利用微载体培养技术，研究了 Vero 细胞高密度培养的工艺条件，证明气升式反应器中悬浮微载体培养细胞，在加入适量保护剂、营养供应充足的情况下，细胞可以正常生长至长满微载体表面，终密度可达 1.13×10^6 个/mL。

3. 酶反应器

酶反应器是游离酶和固定化酶在体外反应时所需的反应容器，该类反应容器不但能够控制催化反应所需的各种条件，还能调节催化反应的速度。酶反应器的种类较多，性能优良的酶反应器可以大幅提高生产效率。

（1）搅拌罐型反应器

搅拌罐型反应器是具有搅拌装置的传统反应器，依据它的操作方式又可细分为分批式、流加分批式和连续式。它主要由反应罐、搅拌器和保温装置三部分组成，具有结构简单、酶与底物混合充分均匀、温度和 pH 值易控制、能处理胶体底物和不溶性底物及催化剂更换方便等优点，常被用于饮料和食品加工工业。该反应器搅拌动力消耗大，催化剂颗粒容易被搅拌桨叶的剪切力所破坏，酶的回收效率低。对于连续流搅拌罐，可在反应器出口设置过滤器或直接选用磁性固定化酶来减少固定化酶的流失。另一种改进方法是将固定化酶催化剂颗粒装在用丝网制成的扁平筐内，作为搅拌桨叶及挡板，既改善了粒子与流体间的界面阻力，又保证酶颗粒不致流失。

（2）固定床型反应器

把催化剂填充在固定床（填充床）中的反应器称为固定床型反应器。反应器工作时，底物按一定方向以恒定速度通过装有催化剂的固定床，它具有单位体积的催化剂负荷量高、结构简单、容易放大、剪切力小、催化效率高等优点，特别适合于存在底物抑制的催化反应。但也存在下列缺点：①温度和 pH 值难控制；②底物和产物浓度会产生轴向分布，易引起相应的酶失活程度也呈轴向分布；③更换部分催化剂相当麻烦；④柱内压降相当大，底物必须加压后才能进入。固定床型反应器的操作方式主要有两种，一是底物溶液从底部进入而由顶部排出的上升流动方式，另一种则是上进下出的下降流动方式。

（3）流化床型反应器

流化床型反应器是一种装有较小颗粒的垂直塔式反应器。底物以一定的流速从下向上流过，使固定化酶颗粒在流体中维持悬浮状态并进行反应，流体的混合程度介于搅拌罐型反应器和固定床型反应器之间。流化床型反应器具有传热与传质特性好、不堵塞、能处理粉状底物、压降较小等优点，也很适合于需要排气供气的反应，但它需要较高的流速才能维持粒子的充分流态化，而且放大较困难。主要用于处理一些黏度高的液体和颗粒细小的底物，如用于水解牛乳中的蛋白质。

（4）膜式反应器

膜式反应器是利用膜的分离功能，同时完成反应和分离过程的设备。这是一类仅适合于生化反应的反应器，该类反应器包括固定化酶膜组装的平板状或螺旋卷型反应器、转盘反应器、空心酶管反应器和中空纤维膜反应器等，其中平板状和螺旋卷型反应器具有压降小、放大容易的优点，但与填充塔相比，反应器内单位体积催化剂的有效面积较小。转盘反应器又可细分为立式和卧式两种，主要用于废水处理装置，其中卧式反应器由于液体的上部接触空气可以吸氧，适用于需氧反应。空心酶管反应器主要由自动分析仪等组装，常用于定量分析。中空纤维膜反应器则是由数根醋酸纤维素制成的中空纤维构成，其内层紧密光滑，具有一定的分子截留作用，可以截留大分子物质，同时又允许小分子物质通过；外层则是多孔的海绵状支持层，酶被固定在海绵支持层中。

§5－2　培养基预处理设备

学习目标

知识目标

1. 掌握预处理设备基本类型、功能及操作；
2. 了解预处理的工艺流程。

技能目标

1. 掌握糖化设备和灭菌设备的操作和注意事项；
2. 熟练应用所学的理论知识，解决实际生产操作问题。

一、淀粉糖化设备

培养基是人工配制的供微生物或动植物细胞生长、繁殖、代谢和合成人们所需产物的营养物质和原料。同时，培养基也为微生物等提供除营养外的其他生长所必需的环境条件。但到目前为止，生产上所采用的发酵菌均不能直接利用淀粉，也基本上不能利用大分子糖类等自然界中的物质作为碳源。因此，当以淀粉作为原料时，必须先将淀粉水解成为葡萄糖等小分子糖类才能供发酵使用，淀粉水解成小分子糖类的过程可分为糊化和糖化两个阶段。在糊化阶段，淀粉水解转化成糊精；在糖化阶段，糊精被淀粉糖化酶转化成单糖或二糖。淀粉糖化是培养基预处理中的一个重要环节，所采用的设备有糊化锅和糖化锅，其制造设备称为糖化设备。发酵工业中对原料的糖化和培养基灭菌，都是制备培养基最基础的操作和工序。

1. 糊化锅

糊化锅的锅身为圆柱形，锅底为球缺形或椭球形夹层，顶盖为碟形，锅内装有搅拌器，锅底有加热装置，锅的外部有保温层。在锅盖上设计有粉管、气管、污水槽、维修孔、观察孔；在气管上设计有风门、风帽、环形槽；在锅体上设计有夹套，蒸汽进口和冷凝水出口都设计在夹套的下部；由电机带动的搅拌器安装在锅底部。某些糖化设备考虑到清洗的功能，还设计安装了喷淋式或者环形清洗水管。整个设备通过生铁或者不锈钢支撑座安装在钢筋混凝土结构上。

糊化锅的材料一般选用不锈钢板，耐腐蚀的同时还能保证培养基免受污染。加热夹套内底宜选用铜板，老式糊化锅为普通的铜质板材，新式糊化锅一般使用紫铜板，紫铜板传热导热效果更好，夹套外锅底一般选用普通碳钢板或者不锈钢板。锅盖、锅身和锅底内表面焊缝应磨平抛光，应作耐腐蚀的酸性钝化处理。外露表面抛光，不应有碰伤、划伤痕迹，以免糊化后的淀粉浆粘连锅底或者焊缝。

糊化锅是制药工业中常见的培养基预处理设备，有生产能力强、糊化效率高、产出稳定等特征。在制药工业中，糊化锅主要用于抗生素和氨基酸类药物以及维生素的大规模发酵法生产过程，在生物技术类药物的生产中使用较少。

2. 糖化锅

糖化锅用于淀粉及蛋白质的分解，并与糊化的辅料混合，维持醪液在一定的温度，使醪液进行淀粉糖化，以制备糖汁。具体来说，糖化锅是糊精水解成单糖或二糖的反应容器，其结构和材质与糊化锅非常相似。考虑到糖化锅生产中其他辅料的加入，糖化锅通常体积要大于糊化锅，其容量和体积通常是糊化锅的两倍以上。

传统糖化锅不带加热装置，现代比较先进的糖化锅自带加热装置，一般糖化锅的加热装置选择蛇管式或者蒸汽加热，如图 5-2 所示。

3. 双酶制糖工艺

淀粉的糖化方法有酸性物质水解法和酶解法。其中酸性物质水解法产生的副产物比较多，不利于后续阶段的分离纯化，在实际应用中受到限制，在老式的制糖工艺中使用较多，目前随着其他方法尤其是生物酶的投入使用，酸性物质水解法已经越来越少见。酶解法是利用酶的专一催化特性来达到水解淀粉的作用。这里有两种关键酶：α-淀粉酶和糖化酶，前者又称为淀粉液化酶，只作用于淀粉 α-1,4 葡萄糖苷键，将长链的淀粉水解成短链糊精，含有少量的葡萄糖；后者可作用于 α-1,4 或 α-1,6 葡萄糖苷键，可将糊精完全水解为葡萄糖或麦芽糖，即淀粉的糖化。

用 α-淀粉酶对淀粉乳进行液化的方法很多。按操作不同可分为间歇式、半连续式和

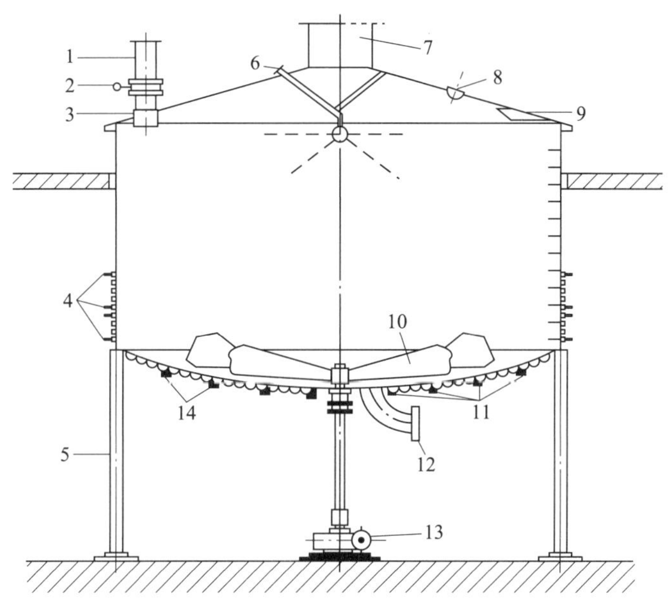

图 5－2　糖化锅

1—进料管　2—闸板　3—料水混合器　4—蒸汽入口　5—支撑　6—喷洗管　7—排气筒　8—照明　9—人孔　10—搅拌器　11—蒸汽入口　12—排料口　13—搅拌电机　14—冷凝液排出口

连续式；按设备不同可分为管式、罐式和喷射式；按 α－淀粉酶制剂的耐温性不同可分为中温酶法、高温酶法、中温酶与高温酶混合法；按加酶方式不同可分为一次加酶、二次加酶、三次加酶液化法。目前，在淀粉液化过程中，一般采用连续喷射式、一次加酶的高温酶法。

所谓双酶制糖工艺，就是利用上述两种酶水解淀粉的完全糖化工艺。其工艺流程包括四个操作单元：调浆、液化、糖化和过滤。生产设备主要有糊化锅、糖化喷射器、维持罐、冷却装置等。

二、培养基灭菌设备

灭菌是指利用物理和化学的方法杀灭或除去物料及设备中一切生命物质的过程。在整个发酵过程中，为了实现纯种培养，需要排除一切杂菌污染的可能。杂菌不仅能够影响最终产物的形成，在某些条件下，杂菌还可能杀死培养微生物，造成发酵失败或者损坏发酵设备，从而造成难以弥补的损失，所以培养基在投入使用之前，必须经过彻底的灭菌处理，然后才能通过接种放入待发酵的菌种，这是避免杂菌污染、保障纯种发酵的必要环节，是保证产物品质的重要工序。

培养基灭菌的方法有很多，可分为物理灭菌法和化学灭菌法。物理灭菌法包括加热灭菌（干热灭菌和湿热灭菌）、过滤除菌、辐射灭菌等。化学灭菌法主要是利用无机或有机化学药剂对培养基进行处理进而灭菌。目前广泛应用加热灭菌方法，最常用的是使用蒸汽加热培养基的方法进行灭菌，在化工或者发酵工厂中，一般都设置有锅炉房，能够提供稳定干净的高压蒸汽。采用高压蒸汽湿热灭菌是一种简便而又实效的灭菌方法。培养基或者细胞培养液一般是水溶液，而蒸汽能深入液体内部，并迅速穿过细菌的透细胞壁，使细胞内部尤其是细胞内部的液体整体升温，致使细胞内蛋白质凝固失去生物活性，从而终止细胞的新陈代谢过程。由于水的比热容非常高，并且蒸汽的穿透能力很强，所以目前来说，蒸汽灭菌是最有效率的灭菌方法。

1. 高温灭菌方法

高温灭菌效应的温度范围较广。高温的致死作用，主要是由于它使微生物的蛋白质和核酸等重要生物高分子发生变性、破坏，可使核酸发生脱氨、脱嘌呤或降解，以及破坏细胞膜上的类脂质成分等。高温灭菌常用方法如图 5 – 3 所示。

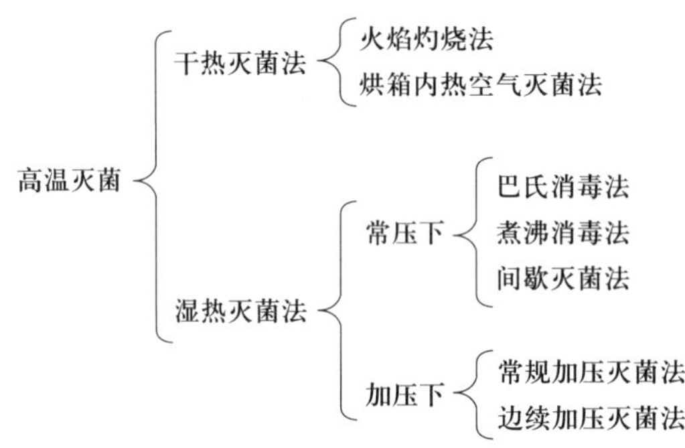

图 5 – 3　高温灭菌常用方法

（1）干热灭菌法

将金属制品或清洁玻璃器皿放入电热烘箱内，在 150 ~ 170 ℃下维持 1 ~ 2 h 后，即可达到彻底灭菌的目的。在这种条件下，可使细胞膜破坏、蛋白质变性、原生质干燥，以及各种细胞成分发生氧化。灼烧是一种最彻底的干热灭菌方法，但它只能用于接种环、接种针等少数对象的灭菌，一般不用于培养基的直接灭菌。

（2）湿热灭菌法

湿热灭菌法比干热灭菌法更有效。多数细菌和真菌的营养细胞在 60 ℃左右处理 5 ~ 10 min 后即可杀死，酵母菌和真菌的孢子稍耐热些，要用 80 ℃以上的温度处理才能杀死，而细菌的芽孢最耐热，一般要在 120 ℃下处理 15 min 才能杀死。

湿热灭菌有分批灭菌（又称实消或实罐灭菌）和连续灭菌（又称连消）两种方式。培养基的分批灭菌，是将配制好的培养基放在发酵罐或其他储存容器内，通入蒸汽，将培养基和设备一起进行加热灭菌，然后再冷却至发酵所要求的温度的灭菌过程。分批灭菌过程包括升温、保温和冷却三个阶段。

2. 连续灭菌装置

此流程的工作过程是把组成培养基的各种原料在配料罐里配好，然后用泵打入连消塔与蒸汽直接混合，达到灭菌温度后进入维持罐（也称保温罐或后熟器），维持一定时间后经喷淋冷却器冷却至一定温度进入发酵罐（发酵罐已提前灭菌）。

（1）加热器

在培养基的连续灭菌过程中，加热器是关键设备。常用的加热器有套管式连消塔、喷嘴式连消塔、喷射器、薄板换热器、维持罐等。

（2）连消塔

连消塔的作用主要是使高温蒸汽与料液迅速接触混合，并使料液的温度很快升高到灭菌温度，分套管式和喷嘴式两类，套管式连消塔（图5－4）培养液由外管下部侧面进入，在两管间向上流动，被内管小孔中喷出的蒸汽加热到预定温度，由外管上部侧面流出。操作时，料液从塔的下部由增压泵送入外套管内，流速约0.1 m/s；蒸汽从塔顶进入蒸汽导管，经小孔喷出后与培养基直接混合加热，培养基的停留时间为20～30 s。

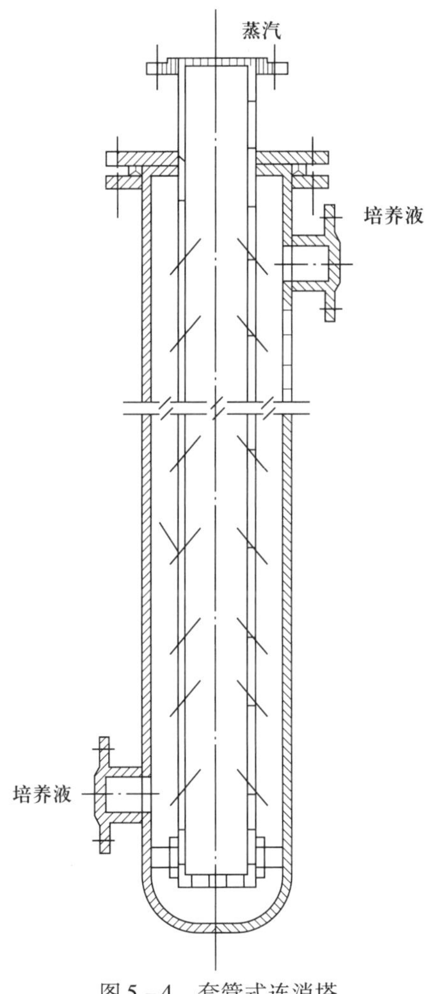

图5－4　套管式连消塔

（3）维持罐

连消塔加热的时间很短，光靠这段时间的灭菌是不够的，维持罐的作用是使料液在灭菌温度下保持5～7 min，以达到灭菌的目的。维持罐结构为长圆筒形，上下为球形封头，罐顶部安装有压力表、排气管、人孔，圆筒上有温度测温孔、进出物料管接口。设备不需另行加热，但必须在设备的外壁用绝热材料进行保温，而且设备要求使培养基按顺序流动。

§5－3 发酵罐

学习目标

知识目标

1. 掌握发酵罐的类型和特点；
2. 了解不同类型发酵罐的优缺点。

技能目标

1. 熟练掌握各种发酵罐的优缺点及使用注意事项等；
2. 掌握发酵过程需要监控的参数及基本控制原理；
3. 了解发酵罐参数检测仪器；
4. 熟练运用发酵罐参数检测仪器；
5. 熟练应用所学的理论知识，解决实际生产操作问题。

发酵罐，特指微生物工业中用来培养特定微生物，用以维持微生物生长繁殖及产生代谢产物的罐型结构装置。发酵罐是微生物大量生长繁殖的空间，是一类重要且运用十分广泛的生物反应器。根据发酵罐的结构以及所培养的微生物的种类及培养需求的不同，一般可分为好氧式发酵罐和厌氧式发酵罐。在生物制药工业中所使用的主要是好氧式发酵罐，又称通风发酵罐。根据此类发酵罐通气结构和原理的不同，可分为机械搅拌式通风发酵罐、气升式发酵罐、自吸式发酵罐、鼓泡塔式发酵罐等类型。目前应用比较广泛的是机械搅拌通风发酵罐、气升式发酵罐。

一、机械搅拌通风发酵罐

机械搅拌通风发酵罐又称通用式发酵罐。它是利用机械搅拌器的作用，使气体和发酵液充分混合，促使氧在发酵液中溶解，以供给微生物生长繁殖、发酵需要的氧气。

1. 罐体

罐体由罐身、罐顶、罐底组成，罐身为圆柱体，中大型发酵罐罐顶、罐底和小型发酵罐罐底多采用椭圆形或碟形封头通过焊接和罐身连接，小型发酵罐罐顶却多采用平板盖和罐身用法兰连接。罐顶装设视镜及灯镜、进料管、补料管、排气管、接种管、压力表接管和快开手孔或快开人孔。罐身上设有冷却水进出管、进气管、温度计和检测仪表接口管。取样管可装在罐侧或罐顶，视操作方便而定。

2. 搅拌器

搅拌器的主要作用是混合和传质，使通入的气体分散成气泡并与发酵液充分混合，使气泡细碎以增大气－液界面，来获得所需要的溶氧速率，并使生物或细胞均匀分散于发酵体系中，以维持适当的气－液－固（细胞）三相的混合与质量传递，同时强化传热效果。发酵罐采用的搅拌器主要有涡轮搅拌器和螺旋桨式搅拌器。

（1）涡轮搅拌器

Rushton 涡轮搅拌器是最典型的涡轮搅拌器，其结构比较简单，通常是一个圆盘上面带有六个平直叶片，即直叶圆盘涡轮桨。当用它把气体分散于低黏流体时，每片桨叶的背面都有一对高速转动的旋涡，旋涡内负压较大，从叶片下部供给的气体立即被卷入旋涡，形成气体充填的空穴，称为气穴。气穴的存在严重影响发酵罐内的气－液传质，使 Rushton 蜗轮的泵送能力大大降低。

（2）螺旋桨式搅拌器

螺旋桨式搅拌器采用类似螺旋推进器的结构，它在罐内将液体向下或向上推进，形成轴向的螺旋运动，其混合效果较好，且造成的剪率较低。螺旋桨式搅拌器一般为 4～6 片宽叶，投影覆盖率可达 90%。国内外较典型的螺旋桨式搅拌器有 MaxFlo 和 A315 搅拌器，如图 5－5 所示。A315 特别适合于气－液传质过程，在直径大于 1 m 的实验装置中，同样的输入功率下，A315 桨的持气量比 Rushton 涡轮高 80%，剪切力仅为 Rushton 涡轮的 25%，产量提高 10%～50%。

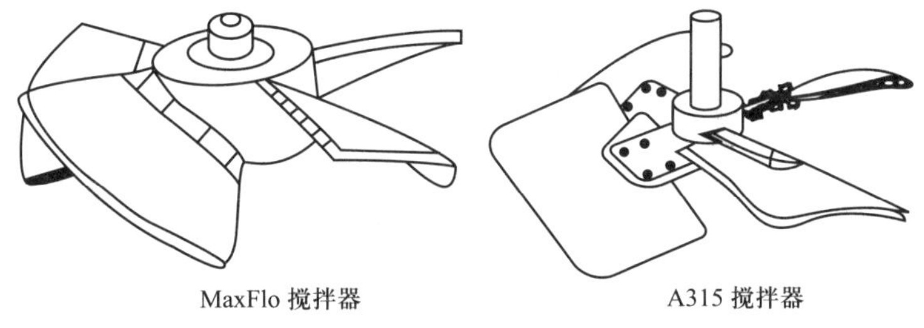

图 5－5　螺旋桨式搅拌器

3. 轴封

轴封的作用是密封罐顶或罐底与轴之间的缝隙，防止泄漏和染菌。大型发酵罐常用的轴封为端面机械轴封，结构如图 5－6 所示。对于密封要求较高的情况，可选用双端面机械轴封。

端面机械轴封是靠弹性元件（弹簧、波纹管等）的压力使垂直于轴线的动环和静环光滑表面紧密地相互贴合，并做相对转动而达到密封。

端面机械轴封的优点是：清洁；密封可靠，在一个较长的使用周期中，不会泄漏或很少泄漏；无死角，可以防止杂菌感染；使用寿命长，质量好的可用 2～5 年不需要维修；摩擦功率耗损小；轴或轴套不受磨损；对轴的精度和光洁度要求不很严格，对轴的振动敏感性小。缺点是：结构比较复杂，拆装不便，对动环和静环的表面光洁度及平直度要求高。

端面机械轴封的基本构件：

动环和静环。动环和静环组成的摩擦副是端面机械轴封最重要的元件，为此，动、静环材料均要有良好的耐磨性，摩擦系数小，导热性能好，结构紧密，空隙率小，且动环的硬度

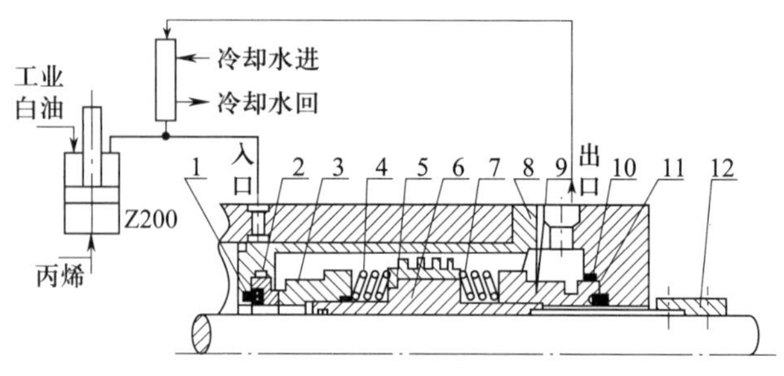

图5－6　常见机械轴封

1—静环防转销　2—介质侧静环　3—介质侧动环　4，7—动环弹簧
5—内置泵效环　6—轴套　8—机械密封腔外套　9—大气侧动环
10—O形密封圈　11—大气侧静环　12—轴套定位套

应比静环大。

弹簧加荷装置。此装置的作用是产生压紧力，使动、静环端面压紧从而密切接触，以确保密封。弹簧座靠旋紧的螺钉固定在轴上，用以支撑弹簧，传递扭矩。

辅助密封元件。辅助密封元件有动环和静环的密封圈，用来密封动环与轴以及静环与静环座之间的缝隙。

4. 空气分布装置

空气分布装置的作用是吹入无菌空气，并使空气均匀分布。通常有两种结构：一种为单管式结构，另一种为环形管式结构。单管式结构简单，管口正对罐底中央，与罐底距离约40 mm。环形分布管式结构中，环径为搅拌器直径的0.8倍较好，喷孔直径为5～8 mm，喷孔的总截面积约等于通风管的截面积，环管上的空气喷孔应在搅拌叶轮叶片内边之下，同时喷孔应向下以尽可能减少培养液在环形分布管上滞留。

5. 消泡器

发酵生产中有两种消泡方法：一是加入化学消泡剂，二是使用机械消泡装置。常用机械消泡装置有耙式消泡器、涡轮式消泡器和离心式消泡器等。

最简单实用的机械消泡装置为耙式消泡器，由于这一类消泡器装于搅拌轴上，往往因搅拌轴转速太低而效果不佳。对于下伸轴发酵罐，可以在罐顶装半封闭涡轮式消泡器，如图5－7所示，在高速旋转下，可以达到较好的机械消泡效果。

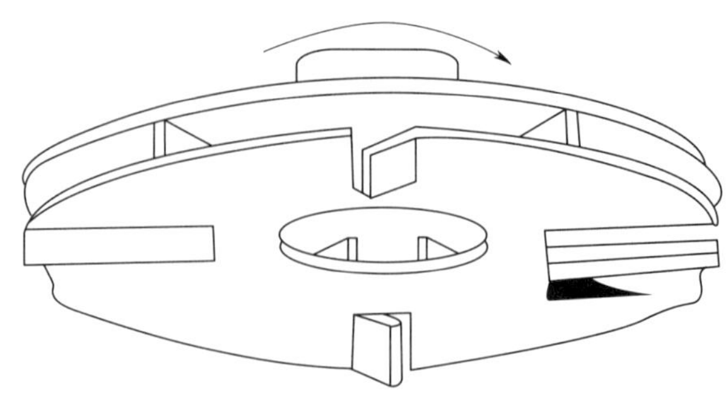

图5－7　半封闭涡轮式消泡器

离心式消泡器是一种离心式气液分离装置。该消泡器装于发酵罐的排气口上，夹带泡沫的气流以切线方向进入分离器中，由于离心力作用，液滴被甩向器壁，经回流管返回发酵罐，气体则自中间管排出。其作用原理为：带泡沫的气体经过碟片作旋转运动，液滴由径向甩出返回发酵罐，气体从上部排出。这种装置适用于泡沫量较大的场合，但不能将泡沫全部破碎。

二、气升式发酵罐

气升式发酵罐是另一种被广泛应用的生物反应器，由罐体、导流筒、循环管、空气喷嘴等部件组成。在气升式发酵罐中没有机械搅拌器及相关装置，采用高速气流和密度差带动发酵液流动、混合。常见的有环流式、鼓泡式、空气喷射式等气升式发酵罐。按发酵液流动方式，环流式发酵罐又可分为内循环和外循环两种。

气升式发酵罐是20世纪末开始广泛应用的一种新型生物反应器，无搅拌机械结构最大限度减少了染菌的可能性，同时减少了剪切力，对于长菌丝的各种真菌发酵物尤为合适。气体提升过程中充分的气液混合使得氧气的传递效力大幅度提高，特别适合对于溶解氧要求比较高的产品。

特点：与机械发酵罐相比，节省电力70%以上，成本控制好。无菌可操作性高，没有动力密封装置，减少了泄漏，设备内没有死角，消毒灭菌方便彻底，染菌的概率大幅度降低。传热传递氧气效率高，满足微生物在任何季节的发酵生产。提高产率和转化率，液体中的剪切作用小，提高微生物的存活率，容易实现大规模自动化生产。

三、自吸式发酵罐

自吸式发酵罐是一种不需专门为发酵罐内导入压缩空气的适用于好氧发酵的发酵罐，如图5-8所示。它有一种特殊设计的机械搅拌装置，当这种搅拌桨转动时，紧密贴在桨底的导气管可借桨叶排出液体时所产生的局部真空把空气经过滤后吸入罐内。醋厂、酵母厂、制药厂等均已采用这种新型设备。

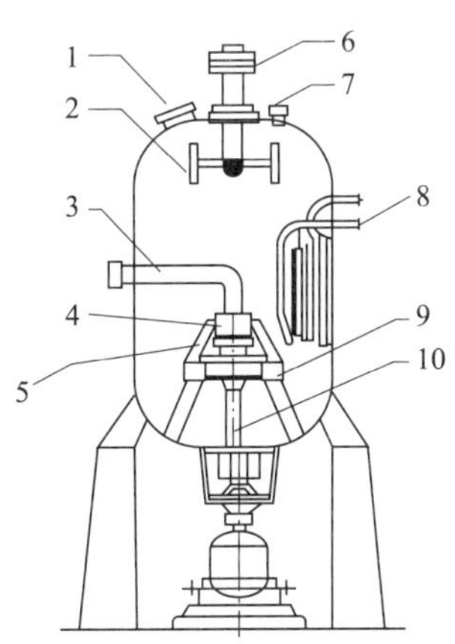

图5-8 自吸式发酵罐

1—人孔 2—消泡器 3—进气管 4—轴封 5—转子
6—消泡器转轴 7—排气管 8—冷却管 9—定子 10—搅拌轴

自吸式发酵罐罐体的结构大致上与通用式发酵罐相同，主要区别在于搅拌器的形状和结构不同。自吸式发酵罐使用的是带中央吸气口的搅拌器。搅拌器由从罐底向上伸入的主轴带动，叶轮旋转时叶片不断排开周围的液体，使叶片背侧形成真空，于是将罐外空气通过搅拌器中心的吸气管吸入罐内，吸入的空气与发酵液充分混合后在叶轮末端排出，并立即通过导轮向罐壁分散，经挡板折流涌向液面，均匀分布。空气吸入管通常用一端面轴封与叶轮连接，确保不漏气。由于空气靠发酵液高速流动形成的真空自行吸入，气液接触良好，气泡分散较细，从而提高了氧在发酵液中的溶解速率。

在相同空气流量的条件下，自吸式发酵罐溶氧系数比通用式发酵罐高。可是由于自吸式发酵罐的吸入压头和排出压头均较低，习惯用的空气过滤器因阻力较大已不适用，需采用其他结构的高效率、低阻力的空气除菌装置。另外，自吸式发酵罐的搅拌转速较通用式高，所以它消耗的功率比通用式大，但实际上由于节约了空气压缩机所消耗的大量动力，对于大风量的发酵，总的动力消耗还是减少的。

自吸式发酵罐的缺点是抽吸力不强，吸程不高，在空气过滤时，必须采用低阻力高效空气除菌装置，适用于对氧气需要量较低的醋酸和酵母的发酵生产。另外，机械搅拌自吸式发酵罐的叶轮转速较高，能在转子周围形成较强烈的剪切区，不适用于某些对剪切力敏感的微生物。

四、鼓泡塔式发酵罐

鼓泡塔式发酵罐是一种不需要空气压缩机提供加压空气，而依靠特设的机械搅拌吸气装置或液体喷射吸气装置吸入无菌空气并同时实现混合搅拌与溶氧传质的发酵罐。

鼓泡塔式发酵罐由塔体、筛板、空气分布器、降液管组成。在该种发酵罐中，降液管具有液封的作用。压缩空气由罐底导入，经空气分布器后，穿过筛板气孔，逐渐上升。在空气泡上升的过程中，密度小的含气发酵液也随之上升，上升后的发酵液释放空气泡，密度增大，在密度差和重力作用下又沿降液管下降，从而形成循环。

五、发酵罐控制系统

1. 温度控制系统

发酵反应是放热的过程，随着反应的进行，罐内的温度会逐渐升高。而温度对发酵过程具有多方面的影响：它会影响各种酶促反应的速率，改变菌体代谢产物的合成方向，影响微生物的代谢调控机制。除这些直接影响外，温度还对发酵液的理化性质产生影响，如发酵液的黏度，基质和氧在发酵液中的溶解度和传递速率，某些基质的分解和吸收速率等，进而影响发酵的动力学特性和产物的生物合成。

在发酵罐温度控制系统中应用最为广泛的调节器控制规律为比例、积分、微分控制，简称 PID 控制，又称 PID 调节。PID 控制是工业控制的主要技术之一。当被控对象的结构和参数不能完全掌握，或得不到精确的数学模型，控制理论的其他技术也难以采用，系统控制器的结构和参数必须依靠经验和现场调试来确定时，应用 PID 控制技术最为方便。采用 PID 算法进行温度控制，具有控制精度高、能够克服容量滞后的特点，特别适用于负荷变化大、容量滞后较大、控制品质要求又很高的控制系统。

传感器感应发酵罐内的温度，将信号传递至温度控制系统，与设定温度进行比较，由温度控制系统控制冷却水进罐阀门和加热装置，通过罐内的换热装置来调节发酵液温度。

2. pH 调控系统

发酵液的 pH 会影响发酵过程中微生物的生长以及代谢的情况，超出微生物所能忍受的 pH 范围，有可能造成微生物的生长变慢甚至停滞，严重的会造成微生物出现畸形、变异及死亡等现象，严重影响发酵工业的产出效率以及产物的纯度，大大提高了后期分离纯化工艺的难度。

pH 自动控制系统能够利用培养基或者营养液中氢离子或者氢氧根离子产生的电信号，达到自动测定 pH 的功能。测定准确 pH 后，会迅速由处理器转化为电信号并传输给控制系统。控制系统可以通过电信号启动并控制相应的酸泵或者碱泵，酸、碱泵使用计量泵或者配备电磁流量计，就可以根据 pH 的控制系统来调节酸、碱中和液的流量，从而实现发酵液的实时 pH 调控，如图 5 –9 所示。

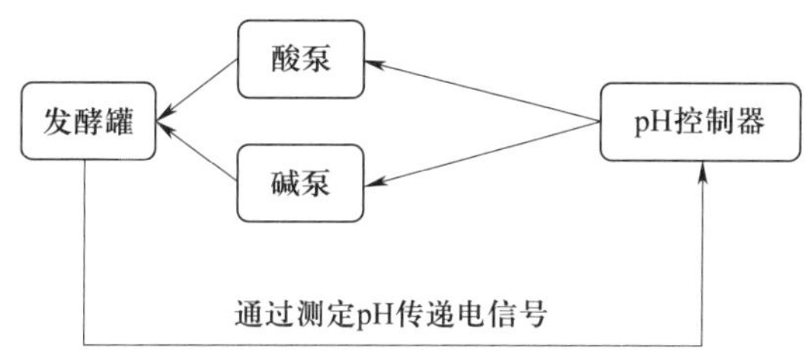

图 5 –9 pH 控制的一般过程

3. 溶解氧控制系统

由于氧在水中的溶解度很小，在发酵液中亦如此，因此，需要不断通气和搅拌，才能满足不同发酵过程对氧的需求。溶氧的多少对菌体生长和产物的合成及产量都会产生不同的影响。如谷氨酸发酵，供氧不足时，谷氨酸积累就会明显降低，产生大量乳酸和琥珀酸。

发酵过程中影响溶解氧的因素主要有机械搅拌、通气量、罐压以及发酵液的体积和性质。由于分批培养中的发酵液体积基本不变，而发酵液黏稠度、流动性等随发酵进程而变化又是必然的趋势，因此，发酵过程中可以通过改变参数而影响溶解氧的可变因素主要是搅拌转速和通气量，一般可以通过调节机械搅拌的转速甚至扇叶的位置来提高溶解氧的比例。另外在发酵过程中，由于通气和搅拌会引起发酵液出现泡沫。如果在较稠厚的发酵液中形成流态性泡沫，是难以消除的，其中的气体就很难得到及时更新，直接影响微生物的呼吸。如果搅拌叶轮处于泡沫的包围中，就会影响气体液体的充分混合，降低氧的传递速率。用消泡剂可以消除泡沫，改善气体液体混合效果，提高氧的传递速率。但过多的消泡剂会聚集于细胞表面上，阻碍菌体对氧和营养物质的吸收。因此，消泡剂的用量应控制。在需氧发酵中，除用搅拌将通入气体分散成小气泡外，没有机械搅拌的发酵罐（如鼓泡塔式或者气升式发酵罐）可用鼓泡器来分散气体，提高通气效率。研究指出，大型环状鼓泡器的直径大于搅拌器直径时，大量的气体未经搅拌器的分散而沿罐壁逸出液面，其气体分散效果很差。所以环型鼓泡器的直径一定要小于搅拌器的直径。关于多孔环状鼓泡器和单孔式鼓泡器的通气效果，有试验表明，当气体流量达到一定值时，单孔式鼓泡器的效果不比多孔环状鼓泡器的效果差。因为在装配有搅拌器的发酵罐中，气体的分散主要依靠搅拌的作用，所以当气体流量增大时，单孔式鼓泡器能增强发酵液的湍流程度。当前的生产实践，发酵罐内气体分布器绝大多数采用多孔环型鼓泡器。为了弥补一般空气搅拌罐的通气效率的不足，有人在设备上做了相应的改进，如增加发酵罐的高度，以求增加气－液接触时间，提高氧的溶解度。罐压的变化，也会给发酵液中氧的分压带来很大影响，明显影响溶氧值。而从工程操作的角度看，频繁地改变罐压是不可取的，对细胞生长也是十分不利的。

在实际发酵过程中，机械式搅拌发酵罐通常采用控制搅拌器的转速以及提高通气量两种方法来提高溶解氧的浓度，某些耗氧量较大的发酵工作中，会同时装有机械搅拌装置和鼓泡或者通气鼓泡装置，通过两种方式的综合作用，能够大大提高通氧量和溶氧效率。

4. 发酵罐检测仪器

发酵罐中，除了有一些主要控制系统之外，还有一些辅助控制系统，这些辅助控制系统是主要控制系统能够发挥控制功能的关键。设置于发酵罐上的检测传感器，应具有反应灵敏快速、结构简洁无死角、感应选择性高的特点，而且必须同时满足耐腐蚀、耐高温、耐高压和没有化学物质渗漏污染风险的要求。

（1）温度感应装置

一般发酵罐中温度的检测范围是 0 ~ 150 ℃，常用的温度传感器有热电偶、半导体热敏电阻和箱电阻等。其中，热敏电阻温度传感器是目前在发酵系统控制中运用最为广泛的温度控制器。热敏电阻元件的电阻值与温度的变化成正比关系，通过电阻的变化形成强弱变化的电流，将其转化成电信号后，就可以转换成其内部的温度值。随着电子技术的发展，目前的热敏电阻具有精度高、稳定性强、输出线性好的优点，是一种非常适合于有精准控制温度需求的热敏元件，非常适合发酵罐使用。

（2）压力表

发酵罐的压力表一般采用隔膜式表。为了便于远距离监控，常把压力表上的压力信号转换成电信号。发酵罐中的压力一般不会特别大（产气发酵例外），所以一般压力表的量程不超过 2 MPa。压力表的压力传感器直接接触罐体内部，所以在安装时应做到不留死角，耐热压，密封性好，无泄漏点，以保证发酵罐内部的无菌操作环境。

（3）pH 电极

玻璃氢电极是发酵罐 pH 检测的标准配置，属于复合电极。在其柱状玻璃管内含有参比电极液，侧壁的隔膜窗可以透过离子，离子的强度通过测量极和参比极的电位差值反映出来。在发酵罐上使用时，要加装不锈钢保护套，电极与发酵罐壁之间使用 O 形环密封。pH 电极结构紧凑，可耐蒸汽加热。

pH 电极在使用前，应先将电极头部浸泡于水溶液中，以便使玻璃膜充分润湿。每次发酵（蒸汽灭菌前）前，都必须对电极进行标定。标定时分别采用酸、碱和中性标准溶液反复校准，校准方法与普通的 pH 计操作相同。电极内的电解液容易从隔膜窗渗出而损失，应及时从填充口处补充电解液。电极不用时，应将电极头浸泡于相同的电解液中。

（4）溶氧电极

发酵液中氧的浓度一般都比较低，只有通过在线检测才能准确测定溶氧浓度。溶氧电极属于电化学电极，一般分两种，即电流电极和极谱电极，两者的区别在于测量原理、电解液与电极组成不同，因而电化学反应也不相同。两者的基本结构相同：在电极头部有个仅允许氧分子通过的透氧膜，氧分子在阴、阳两极间产生可以测量的电流，电流的大小与参与反应的氧分子数量成正比，由此就可测得发酵液中的溶氧浓度。

溶氧电极在使用前，必须进行原位标定，即在发酵罐的安装位置上，取发酵过程中最小和最大的氧饱和条件作为溶氧值的零及饱和浓度条件。

【案例分析】

某区人民政府网通报，某年 6 月 16 日某生物公司发生一起安全生产事故，4 人不幸身亡。

6 月 16 日 17 时 45 分，事发公司一名员工在发酵罐内取菌时在罐内昏迷，随后公司 3 名员工相继进入罐内救援，后均昏迷。事发后，区消防支队、区医院第一时间赶赴事发现场，进行积极救治并及时将伤者送至医院。虽经医院全力救治，但由于伤者缺氧窒息时间过长，23 时 20 分，4 名伤者经抢救无效相继死亡。

据事故调查，该公司取样应该是在发酵完成后的空罐状态，如果是发酵完成后立即取样（残留发酵液）也应该问题不大，因为当下涌入的是新鲜空气，不可能造成缺氧，据调查认为：该公司应该是在发酵完成后较长时间封闭了发酵罐各通气阀门及罐口法兰盖，由于罐内残留比较大量的耗氧微生物，罐内氧气消耗殆尽，在随后的检修等过程中没有及时通入新鲜空气却贸然进入造成了事故。

分析

进入发酵罐进行工作，在安全生产要求中，属于受限环境作业，而发酵罐又是受限环境作业中较为特殊的场景。受限环境作业流程如下。

1. 进罐前准备

（1）提前配置安全带、安全绳、防护服、安全帽、防爆灯等并规范使用，进入罐中清洗需穿戴防护面屏、防化服、耐酸碱雨靴、耐酸碱手套等防护用品，在条件允许的情况下随身携带气体检测仪。

（2）逐项检查隔离措施是否有效，如切断电源、关闭进罐空气和蒸汽阀门、增加盲板、拆除管道等，并进行挂牌上锁，确保每把安全锁只允许有一把钥匙。

（3）通风充分，作业前应通风 30 min 以上，严禁向罐中充氧气或富氧空气。

（4）受限空间作业事前必须进行气体检测，取样点必须是作业点，取样时应停止任何气体吹扫。检测一般不得早于作业前 30 min，作业中断超过 30 min 重新检测。同时检测人员对检测数据准确性负责。常见气体检测及限度见下表。

O_2	CO	CO_2	NH_3	H_2S	CH_4	可燃气体
19.5% ~23%	<25 ppm	<5 000 ppm	<25 ppm	<10 ppm	<0.05%	<可燃浓度下限的10%

2. 进罐许可

应由具备相关专业知识与技能的专业人员按照许可项目现场逐项核查，全部合格后方可签发进罐作业许可证。该许可证仅在一点一个班次有效。

3. 现场作业与监护

（1）作业要求，一般规定连续工作不得超过 2 h。

（2）监护要求，至少 2 人现场监护。受限空间深度达 1.5 m 以上时，作业人员须系安全绳，携带气体检测仪作业，安全绳的另一端由可靠监护人员掌握。

（3）监护人员整个作业期间不能离岗，须及时协助撤离；发现罐内作业人员出现异常行为（喊话不应、动作失调、突然扑倒等）或罐外出现威胁作业者安全和健康的险情，应在充分保护下进行施救。

4. 作业关闭

责任人记录作业人员进出罐时间、清点进出人员及携带物品（逐人、逐物清点）。结束后再次清点，经查明无遗留物，在许可证上签字确认，关闭本次作业。

5. 应急准备与响应

（1）建立现场处置方案，条件不具备不可盲目施救。

（2）每周定期检查，确保应急物资完好有效，如安全带、安全绳、消防器材和急救药品等。

（3）对应急预案和现场处置方案进行经常性、实战性演练。

发酵生产具有化工生产的一般特点，容易发生中毒、腐蚀、触电、燃烧、爆炸等工伤事故，给人们的生命财产造成无法挽回的损失。所以，不能因为在发酵岗位工作就认为工作相对其他化工岗位危险系数小，对安全掉以轻心。无论在任何岗位，安全生产的弦都要绷紧。

§5-4 动植物细胞培养设备

学习目标

知识目标

1. 掌握动植物细胞培养设备种类；
2. 了解各类培养设备的优缺点。

技能目标

1. 能够运用动植物细胞培养设备相关知识进行设备的选择和优劣对比；
2. 熟练应用所学的理论知识，解决实际生产操作问题。

细胞培养是指在体外模拟体内环境（无菌、适宜温度、酸碱度和一定营养条件等），使细胞生存、生长、繁殖并维持主要结构和功能的一种方法。细胞培养一般只是指细胞的增殖过程，形成的并非动植物的组织，而是一堆细胞。

细胞培养也称细胞克隆技术，在生物学中的正规名词为细胞培养技术。不论对于整个生物工程技术，还是生物克隆技术来说，细胞培养都是一个必不可少的过程，细胞培养本身就是细胞的大规模克隆。细胞培养技术可以由一个细胞经过培养成为大量简单的单细胞或极少分化的多细胞，这是克隆技术必不可少的环节，而且细胞培养本身就是细胞的克隆。细胞培养技术是细胞生物学研究方法中重要和常用技术，通过细胞培养既可以获得大量细胞，又可以借此研究细胞的信号转导、合成代谢、生长增殖等。

在细胞培养中，由于离体动植物细胞耐受力要远远低于微生物细胞，并且对生长环境的要求非常高。所以，需要用不同的方法来进行培养。

一、动物细胞培养设备

动物细胞体外培养时，生物反应器是整个培养过程的关键设备，它为细胞提供了一个适宜的生长环境，使之快速增殖并产生所需的生物制品。由于动物细胞在形态结构、培养方法以及所需的力学环境等方面均不同于微生物细胞，因而传统的微生物反应器显然不适用于动物细胞大规模培养，特别是组织工程的需要，从而促进了新型生物反应器的研究与开发。

1. 细胞培养瓶和膜反应器

（1）细胞培养瓶

细胞培养瓶具有种类丰富、瓶盖可选等特点。根据形状的不同，可分为方瓶、转瓶、三角瓶、斜颈瓶等，每种瓶子各有特点，对应不同的细胞培养需求。从细胞对产品的贴壁要求来看，又分为普通型、标准型和专用型三类，如专用型表面含有含氮官能团，能促进某些特殊细胞（如肿瘤细胞）的贴壁、生长和分化。值得注意的是，贴壁细胞培养需要对培养瓶进行特殊表面处理，以适应细胞的贴壁生长。

细胞培养瓶的瓶盖分为密封盖和滤膜盖。密封盖常用于密闭培养，旋松瓶盖时也可用于开放培养。滤膜盖适用于开放培养，盖内装有 0.2 μm 的疏水滤膜，避免了气体交换过程中可能产生的污染，一般推荐用于二氧化碳培养箱培养，特别是需要长期培养的实验。

细胞培养瓶的这些特点都是基于目前细胞培养工作的需求而来，这些需求将根据技术的进步而不断变化，细胞培养瓶也将在此基础上进行更新迭代。

目前，使用最为广泛的培养瓶分为两种，如图 5 - 10 所示。一种是扁平状的扁瓶，容量较小，但是容易放置培养，比较适合于实验室使用；另一种是圆形的滚瓶，容量比较大，通常可达4～60 L，适合于工厂大规模生产使用，在一般的疫苗工厂或者细胞培养相关的生化、酶制剂制造工厂，滚瓶使用非常广泛。

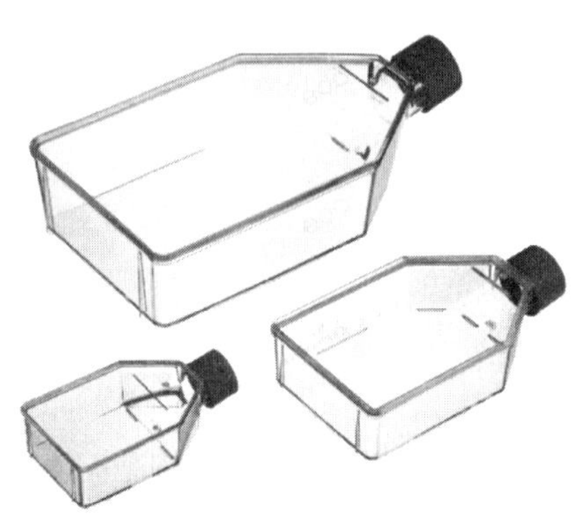

图5－10　扁瓶和滚瓶

（2）细胞培养膜反应器

由于滚瓶培养操作较为烦琐，取瓶、接种、清洗及收获均需要人工，劳动强度非常大并且容易出现染菌或者损坏的情况，所以这种培养方式限制了生产规模，只应用于一些小型工厂。

在大规模生产中，早期的某些工厂采用半透膜制成的膜反应装置来培育细胞。

这种反应器比较适用于大规模生产，但是通常和滚瓶一样，属于贴壁培养范畴，细胞代谢出来的产物或者某些培养基会造成半透膜或者通气孔的堵塞，从而对生产产生一些隐患，所以目前膜反应器已经很少有工厂在使用。

2. 悬浮培养设备

动物细胞培养中的悬浮技术开始于20世纪50年代。通过验证，一些类型的细胞能够在简单的搅拌系统中生长（如转瓶和摇瓶），悬浮培养方法逐渐得到开发并应用于旋转式磁力搅拌容器。到了20世纪60年代，已有数百升规模的中试反应器在运行。

目前大规模培养的设备主要是由微生物发酵罐改造而来，考虑到动物细胞与微生物细胞的力学性质不同，对剪切力的耐受度不同，培养罐的搅拌装置需要进行一系列的改装。

（1）搅拌式发酵罐

搅拌式发酵罐靠搅拌桨提供液相搅拌的动力，它有较大操纵范围、良好的混合性和浓度平均性，因此在生物反应中被广泛应用。动物细胞培养中的搅拌式发酵罐都是经过改进的，包括改进供氧方式、搅拌桨的结构及在发酵罐内加装辅件等。各种动物细胞培养搅拌式发酵罐的主要区别在于搅拌器的结构。这些搅拌器外形主要有棒形、气桨叶形及圆筒形，搅拌方式主要有表面搅拌、深层搅拌及气流搅拌，动力来源为磁力或电机驱动。某些搅拌器的材质可能也会随着培养细胞的种类不同而变化。为了减少剪切力，叶片材质可能会变成软塑料或者橡胶。另外，旋转叶片的转速也会改变，从而适应细胞培养，例如，吸管搅拌桨叶的旋转很缓慢，为30～60 r/min，形成柔和的搅拌，在保证反应液传质的同时，将剪切力降到了最低程度。

（2）气升式发酵罐

气升式发酵罐也是实现动物细胞高密度培养的常用设备之一，尤其适用于培养切变敏感的细胞。气升式发酵罐与搅拌式发酵罐比较，产生的湍动温和而平均，剪切力相对小，内部没有机械运动部件，因而细胞损伤率比较低；直接喷射空气供氧，氧传递速率高；液体轮回量大，使细胞和营养成分能平均分布于培养基中。

气升式发酵罐也避免了由于轴封等机械部件引起的渗漏或者染菌的情况，是一种比较适合于细胞培养的设备。需要注意的是，气升式发酵罐通气的时候，需要特别注意气流的洁净度。

二、植物细胞培养设备

植物细胞培养具有周期长、细胞抗剪切能力弱、易聚团等特点；同时，植物细胞规模培养的目的是生产天然产物，而这些天然产物均为细胞生长代谢物。所以，植物细胞培养反应器的设计，不仅要考虑是否有利于细胞生长，同时还要考虑是否有利于产物的积累和分离。总体上讲，适合植物细胞的反应器应该具有适宜的氧传递、良好的流动性和较低的剪切力。根据不同植物细胞生长和代谢产物积累的特点，目前已设计出多种类型的反应器用于植物细胞培养。

反应器的选择取决于生产细胞的浓度、所需通气量以及所提供的营养成分的分散程度。根据通气和搅拌系统的类型可将生物反应器分为以下几类。

1. 机械搅拌式生物反应器

机械搅拌式生物反应器有较大的操作范围，具有混合程度高、适应性广、混合快、氧气的渗透快、通气量大等优势，在大规模生产中广泛使用。搅拌罐中产生的剪切力大，容易损伤细胞，直接影响细胞的生长和代谢，特别对于次级产物生成影响极大。搅拌转速越高，产生剪切力越大，对植物细胞伤害越大。对于有些对剪切力敏感的细胞，传统的机械搅拌罐不适用。为此，对搅拌罐进行了改进，包括改变搅拌形式、叶轮结构与类型、空气分布器等，力求减少剪切力，同时满足供氧与混合的要求。

2. 非搅拌式生物反应器

相对于传统搅拌式反应器，非搅拌式反应器所产生的剪切力较小，结构简单，因此被认为适合用于植物细胞培养，其主要类型有鼓泡式反应器、气升式反应器和转鼓式反应器等。

通过对培养植物细胞的生物反应器比较发现，鼓泡式反应器优于机械搅拌式反应器。但由于鼓泡式反应器对氧的利用率较低，如果用较大通气量，则产生的剪切力会损伤细胞。研究表明，喷大气泡时，湍流剪切力是抑制细胞生长和损害细胞的重要原因。较大气泡或较高气速导致较高剪切力，从而对植物细胞有害。

气升式反应器广泛应用于植物细胞培养的研究和生产。通过橄榄菜细胞培养研究发现，比较搅拌罐、气体喷射罐和带通气管的气升式反应器，最高细胞浓度和最短倍增时间可从气升式反应器中得到。气升式反应器可用于多种植物细胞悬浮培养或固定化细胞培养，但其操作弹性较小，高密度培养时混合性能欠佳。过量供气，过高的氧浓度反而会影响细胞的生长和次级代谢产物的合成。将气升式发酵罐与慢速搅拌结合使用可弥补低气速时混合性差的弱点，采用分段的气升管也有利于氧的利用与混合。

转鼓式反应器用于烟草细胞悬浮培养的研究发现，与有一个通风管的气升式反应器相比，相同条件下转鼓式反应器中细胞生长速率高，氧传递及降低剪切力水平方面均优于气升式反应器。

3. 光生物反应器

许多植物细胞培养过程中需要光照，往往考虑在普通反应器基础上增加光照系统，但在实际中存在很多问题，如光源的安装、保护，光的传递，还有光照系统对反应器供气、混合的影响等。小规模实验往往采用外部光照，反应器表面有透明的照明区，光源固定在反应器外部周围。但大规模生产时透光窗的设置，内部培养物对光的均匀接受等问题难以解决，因此许多人对采用内部光源的反应器进行了研究。光生物反应器如图 5 - 11 所示。

图 5 - 11　光生物反应器

日积月累

1. 动物细胞培养一般采用贴壁培养模式，在实验室小规模培养中，通常选择扁瓶式培养装置。大规模培养动物细胞（如疫苗生产），可以选择滚瓶式培养或者悬浮罐培养。

2. 动物细胞培养中，通气的模式如果选择机械搅拌式，应控制搅拌速度以及搅拌扇叶的形状、数量。因为动物细胞一般没有细胞壁保护，且通常细胞个体的体积远大于植物细胞，所以其对剪切力的耐受程度也远不及植物细胞。

3. 气升式培养器的安装和采购成本要远高于机械搅拌式培养器。

4. 植物细胞具有较为坚韧的细胞壁，但是由于其个体较大，通常培养搅拌速度应小于微生物培养发酵罐。

5. 大多数植物细胞培养时需要稳定的光源。

目标检测

一、选择题

1. 单项选择题

(1) 能够影响生物反应过程的因素不包含（ ）。

A. 营养物质浓度　　B. 流体湍流程度

C. 产物的生成速度　　D. 操作地点的气候气象条件

(2) 下列选项错误的是（ ）。

A. 衰亡期指少量微生物接种到新培养液中后，在开始培养的一段时间内细胞数目不增加的时期

B. 接种到营养丰富的天然培养基中的微生物，要比接种到营养单调的组合培养基中的延滞期短

C. 芽孢释放发生在稳定期

D. 在不同生长阶段，细胞对环境条件的要求不同，因此，在设计制造生物反应器时必须考虑各项参数的自动调节功能，才能满足不同时期细胞生长的需要

(3) 下列不属于自吸式发酵罐优点的是（ ）。

A. 溶氧效率高　　B. 节省成本

C. 设备体积较大　　D. 能源消耗低

(4) 下列反应器中对细胞的剪切力最大的是（ ）。

A. 气升式反应器　　B. 机械搅拌式反应器

C. 自吸式反应器　　D. 膜反应器

2. 多项选择题

(1) 气升式发酵罐的主要结构有（ ）。

A. 导流筒　　B. 搅拌轴封

C. 挡板　　D. 空气分布器

E. 热敏电阻温度计

(2) 下列反应器可用于动物细胞大规模培养的是（ ）。

A. 气升式反应器　　B. 机械搅拌式反应器

C. 中空纤维式反应器　　D. 鼓泡塔式反应器

E. 扁瓶式反应器

(3) 关于连消塔叙述正确的有（ ）。

A. 分套管式和喷嘴式两类

B. 操作时，料液从塔的下部由增压泵送入外套管内

C. 蒸汽从塔顶进入蒸汽导管

D. 连消塔的作用主要是使高温蒸汽与料液迅速接触混合，并使料液的温度很快升高到灭菌温度

E. 培养基的停留时间为 20 ~ 30 s

(4) 机械搅拌式发酵罐的结构有（　　）。

A. 罐体　　B. 搅拌器

C. 轴封　　D. 空气分布器

E. 消泡器

二、简答题

1. 简述气升式发酵罐的优点。
2. 简述发酵罐上的检测仪器有哪些安装或者结构上的要求。
3. 简述双酶制糖工艺的简要流程和生产设备种类。

第六章

非均相分离设备

制药化工生产中所遇到的混合物分为均相混合物和非均相混合物。物料内部性质均匀且不存在相界面的物系称为均相物系或均相混合物，如完全互溶的液体及混合气体属于均相物系。内部存在两相界面且相界面两侧的物理性质不同的物系称为非均相物系或非均相混合物，如含尘气体、含雾气体、悬浮液、乳浊液、泡沫液等属于非均相物系。

非均相物系分离的目的是回收分散物质或净化分散介质，在制药化工生产中有着非常广泛的应用，可应用于收集分离物质、净化分散介质和环境保护等。

§6－1　沉降设备

学习目标

知识目标

1. 掌握重力沉降、离心沉降的基本原理；
2. 掌握沉降室、连续沉降槽的结构；
3. 掌握沉降室、连续沉降槽基本概念和所用设备的基本结构；
4. 了解沉降室生产能力的计算方法及影响过滤操作的主要因素。

技能目标

1. 能够运用非均相混合物分离的基本原理，进行沉降过程的有关计算；
2. 熟练应用所学的理论知识，解决实际生产操作问题。

重力沉降和离心沉降都是非均相物系常用分离方法。在外力的作用下，使密度不同的两相发生相对运动而实现分离的操作称为沉降。沉降操作的外力可以是重力，也可以是惯性离心力。细小颗粒在重力作用下的沉降速度通常非常缓慢，为增大分离速度，人为地使混合物高速旋转，利用离心力的作用使分子颗粒迅速沉降实现分离的操作，称为离心沉降。

一、重力沉降设备

1. 重力沉降速度

（1）沉降

在某种力的作用下，利用连续相与分散相的密度差异，使之发生相对运动而分离的过程称为沉降。

（2）重力沉降

如果颗粒或颗粒群在流体中充分地分散，颗粒之间互不接触、互不碰撞，除承受地球引力之外无其他作用力，在这种条件下发生的沉降称为重力沉降。

重力沉降一般用于气固混合物和混悬液的分离。在中药生产中浸提液的静置澄清过程就属于重力沉降，它是利用混悬液中固体颗粒的密度大于液体的密度，从而使颗粒沉降分离的过程。

（3）球形颗粒的自由沉降速度

如果颗粒在静止流体中沉降时，不受其他颗粒的干扰及器壁的影响，而仅受自身重力、流体浮力和两者相对运动时产生的阻力的作用，该种沉降称为自由沉降。较稀的混悬液或含尘气体中固体颗粒的沉降可视为自由沉降。

一个表面光滑的刚性球形颗粒置于静止流体中，当颗粒密度大于流体密度时，颗粒将下沉，若颗粒自由沉降，在沉降过程中，颗粒受到三个力的作用：重力 F_g，方向竖直向下；浮力 F_b，方向竖直向上；阻力 F_d，方向竖直向上，如图 6－1 所示。

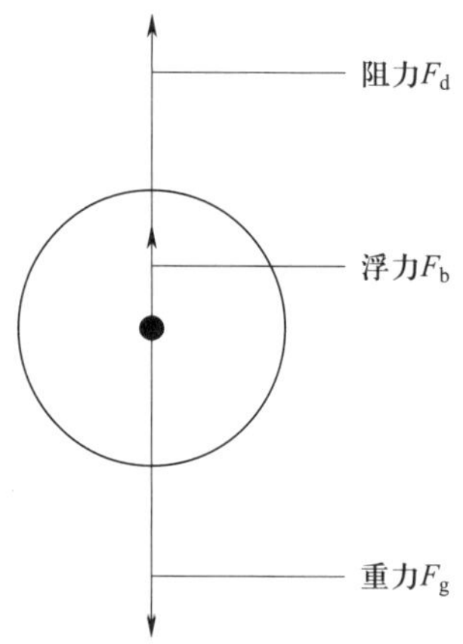

图 6－1　静止流体中颗粒受力示意图

设球形颗粒的直径为 d_s，颗粒的密度为 ρ_s，流体的密度为 ρ，颗粒沉降速度为 u，则重力 F_g、浮力 F_b、阻力 F_d 的大小分别为：

$$F_g = \frac{\pi}{6} d_s^3 \rho_s g \tag{6-1}$$

$$F_b = \frac{\pi}{6} d_s^3 \rho g \tag{6-2}$$

$$F_d = \xi A \frac{1}{2} \rho u^2 \tag{6-3}$$

式中　A——沉降颗粒沿沉降方向的最大投影面积，对于球形颗粒，有 $A = \frac{\pi}{4}d_s^2$；

u——颗粒相对流体沉降速度，m/s；

ξ——沉降阻力系数。

当颗粒沉降时，根据牛顿第二定律，可得沉降加速度表达式为：

$$F_g - F_b - F_d = ma \tag{6-4}$$

式中　m——颗粒的质量，kg；

a——沉降加速度，m/s^2。

当颗粒沉降的瞬间，u 为零，阻力也为零，加速度 a 为最大值；颗粒开始沉降后，随着 u 的增大，阻力也随之增大。当沉降速度增大到一定值 u_t 时，重力、浮力、阻力达到平衡，此时颗粒做匀速运动。沉降颗粒匀速运动速度为自由沉降速度，用 u_t 表示，单位为 m/s。此时，自由沉降速度为：

$$u_t = \sqrt{\frac{4d_s(\rho_s - \rho)}{3\rho\xi}g} \tag{6-5}$$

对于微小颗粒，沉降的加速度阶段非常短，可忽略不计。整个沉降过程可以视为匀速沉降过程，可直接将 u_t 用于重力沉降的计算。沉降阻力系数 ξ 是颗粒与流体相对运动时，以颗粒形状及尺寸为特征的雷诺数 Re 的函数。

$$\xi = f(Re) = f(\frac{du_t\rho}{\mu}) \tag{6-6}$$

对于球形颗粒，如图 6－2 所示，曲线大致可分为三个区域：层流区、过渡区和湍流区。层流区又称斯托克斯（Stokes）定律区，过渡区又称艾伦（Allen）定律区，湍流区又称牛顿（Newton）定律区。

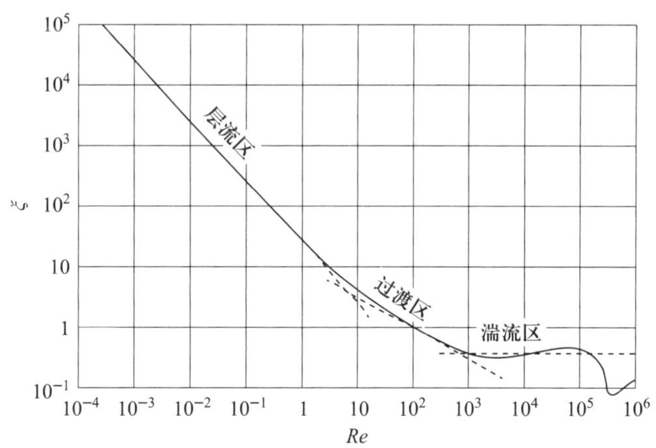

图 6－2　球形颗粒自由沉降的 ξ 和 Re 的关系

（4）影响自由沉降速度的因素

1）颗粒形状。对于球形颗粒，颗粒直径和颗粒密度越大，自由沉降速度越快。非球形颗粒的沉降速度，当量直径和颗粒密度越大，自由沉降速度越快。

2）壁面效应。当颗粒靠近器壁沉降时，由于器壁影响，其沉降速度比自由沉降速度小，这种影响称为壁面效应（当容器尺寸远大于颗粒尺寸，如超过 100 倍以上则可忽略不计）。

3）干扰沉降。当非均相物系中颗粒较多、颗粒之间距离较近时，颗粒之间会发生摩擦、碰撞等，从而使沉降速度下降，这种沉降称为干扰沉降。干扰沉降速度比自由沉降小（颗粒浓度 <0.2%，可近似为自由沉降）。

2. 重力沉降设备

（1）沉降室

沉降室是利用重力沉降作用从含尘气体中除去固体颗粒的设备，其结构如图 6－3 所示。含尘气体进入沉降室后，流通截面积扩大，速率降低，只要颗粒能够在气体通过沉降室的时间内沉到室底，便可从气流中除去。为满足除尘要求，气体通过沉降室的时间必须大于或等于颗粒沉降至沉降室底部所用的时间。

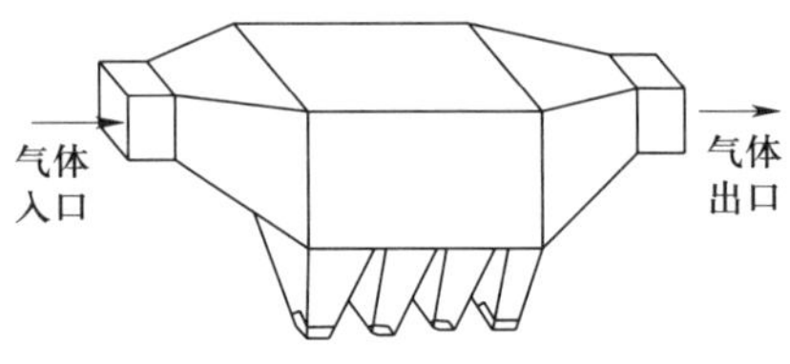

图 6－3　重力沉降室结构

根据计算，沉降室生产能力只与沉降室的底面积及颗粒的沉降速度有关，与降尘室高度无关，所以沉降室一般采用扁平的几何形状，或在室内多加几层隔板，形成多层沉降室。

多层沉降室可提高含尘气体的处理量。但是，操作时气体通过隔板的气体速度不能太大，否则会将沉降下来的尘粒重新卷起。一般情况下，气体通过隔板时的流速可控制在 0.5～1 m/s。

沉降室的优点是结构简单、阻力小；缺点是体积庞大，分离效率较低。普通沉降室只能分离粒径在 50 μm 以上的粗颗粒。

（2）沉降槽

沉降槽是利用重力沉降原理来分离悬浮液的设备。沉降槽可提高悬浮液的浓度，并同时得到澄清的液体，故此类设备又称为增稠器或澄清器。

按照操作方式的不同，沉降槽可分为间歇式和连续式两大类。

如图 6－4 所示是常用的连续式沉降槽的结构示意图，它是一个底部略呈锥状的大直径浅槽，料浆由伸入液面下的圆筒进料口送至液面以下 0.3～1m 处，并迅速分散至整个横截面上，液体缓慢向上流动，清液经溢流堰连续流出，称为溢流，而颗粒则沉降至底部形成沉淀层，并由缓慢转动的耙将其汇聚于底部中央的排渣口处连续排出。

对于特定的沉降槽，为提高其生产能力，需提高颗粒的沉降速度。可向悬浮液中添加少量的电解质或表面活性剂，使细颗粒发生凝聚或絮凝；或者采用加热、冷却、振动等方法改变颗粒的粒度或相界面积，均有利于提高沉降速度。此外，为获得澄清液体，沉降槽应具备

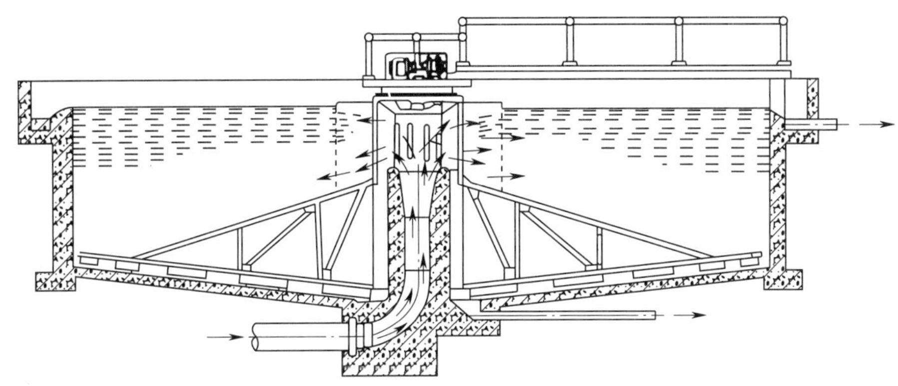

图 6－4　连续式沉降槽结构

足够大的横截面积，以确保液体向上流动的速度小于颗粒的沉降速度，并要求颗粒在设备中有足够的停留时间。

连续式沉降槽适用于处理量较大且固体含量较低的大颗粒悬浮液料浆，常用于工业污水处理以及药材浸取过程的后处理等，所得沉渣中一般含有 50% 左右的液体。这种设备具有结构简单、可连续操作且增稠物浓度较均匀等优点，其缺点是设备庞大、占地面积大、分离效率较低等。

课堂活动

分别取石英砂和淀粉各 10 g 置于烧杯中，分别向两个烧杯加入 150 mL 蒸馏水并搅拌均匀、静置，观察澄清情况，比较沉降速度，试说明其原因。

二、离心沉降设备

1. 离心沉降

重力沉降设备一般较大，占地面积大，使用不方便。为了解决这些问题，工业上常常使用效率较高的离心沉降设备。依靠惯性离心力的作用，使流体中的颗粒产生沉降运动的过程称为离心沉降。对于两相密度差较小、颗粒粒度较细的非均相物系，在重力场中的沉降速度很低甚至完全不能分离，可利用离心沉降大大提高沉降速度。

（1）离心沉降速度

当流体围绕某一中心轴作圆周运动时，形成了惯性离心力场。惯性离心力场强度不是常数，随位置及切向速度而变化，其方向是沿旋转半径从中心指向外周。当流体带着颗粒旋转时，如果颗粒的密度大于流体的密度，惯性离心力将会使颗粒在径向上与流体发生相对运动而飞离中心。

当固体颗粒处于离心场时，将受到四个力的作用，即重力 F_g、惯性离心力 F_c、向心力 F_f 和阻力 F_d，如图 6－5 所示。

固体颗粒在径向方向上所受的作用力远大于在垂直方向上所受的作用力，所以沿径向运动沉降到器壁。

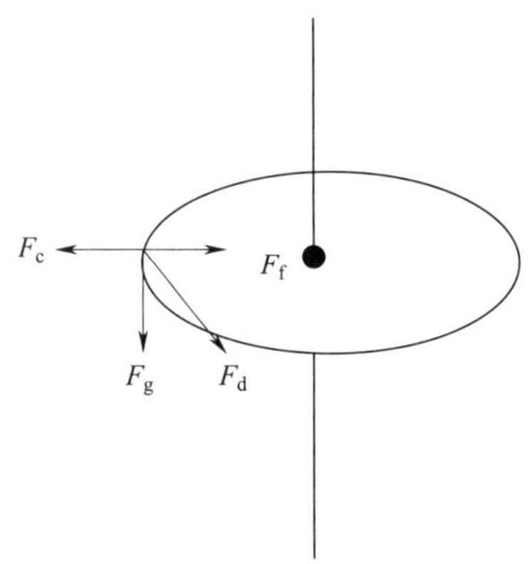

图 6－5　颗粒在离心场中的受力情况

固体颗粒在径向上受到三个力的作用，即惯性离心力 F_c、向心力 F_f 和阻力 F_d。设球形颗粒的直径为 d_s，颗粒的密度为 ρ_s，流体的密度为 ρ，离心沉降速度为 u_r，其值分别为：

$$F_c = \frac{\pi}{6} d_s \rho_s \cdot r\omega^2 \tag{6－7}$$

$$F_f = \frac{\pi}{6} d_s^3 \rho \cdot r\omega^2 \tag{6－8}$$

$$F_d = \frac{1}{2} \xi \rho A \cdot u_r^2 \tag{6－9}$$

若这三个力达到平衡，则有：

$$F_g - F_b - F_d = 0 \tag{6－10}$$

$$\frac{\pi}{6} d_s^3 r\omega^2 (\rho_s - \rho) - \xi \frac{\pi}{4} d_s^2 \cdot \frac{\rho u_r^2}{2} = 0 \tag{6－11}$$

式中　A——沉降颗粒沿沉降方向的最大投影面积，对于球形颗粒，有 $A = \frac{\pi}{4} d_s^2$；

u_r——离心沉降速度，m/s；

ξ——沉降阻力系数；

ω——角速度，rad/s。

此时，颗粒在径向上相对于流体的速度，就是它在这个位置上的离心沉降速度。颗粒的离心沉降速度与重力沉降速度具有相似的关系式，只是重力加速度 g 换为随径向位置 r 变化的离心加速度。其中，离心沉降速度 u_r 为：

$$u_r = \sqrt{\frac{4 d_s (\rho_s - \rho)}{3 \rho \xi} \cdot r\omega^2} \tag{6－12}$$

因此，在一定的条件下，重力沉降速度是一定的，而离心沉降速度随着颗粒在半径方向上的位置不同而变化。固体颗粒获得的转速越大，则离心沉降速度越大。所以增加离心机的转速能显著加快固体颗粒沉降速度。

（2）离心分离因数

当固体颗粒分别在重力场和离心场中做沉降运动时，其加速度存在着巨大的差别，生产上常用离心分离因数表示这种差别。离心加速度与重力加速度之比称为离心分离因数，用 K_c 表示。

$$K_c = \frac{a}{g} = \frac{u_r^2}{Rg} \tag{6-13}$$

式中　R——颗粒的旋转半径，m；

u_r——离心沉降速度，m/s；

g——重力加速度，9.81 m/s²。

离心分离因数是评判离心分离设备的性能指标，其值越高，离心沉降效果越好。常用离心机的离心分离因数 K_c 值为 $10 \sim 10^5$，高速管式离心机的分离能力较强，其 K_c 值一般为 2×10^4 左右。

2. 离心沉降设备

制药化工生产中所用的离心沉降设备主要有旋风分离器、旋液分离器和沉降离心机等。

（1）旋风分离器

旋风分离器是利用惯性离心力从气流中分离出含尘颗粒的设备。

1）旋风分离器的结构。旋风分离器的结构如图 6-6 所示，主体的上部为圆筒形，下部呈圆锥形，中央有一升气管。

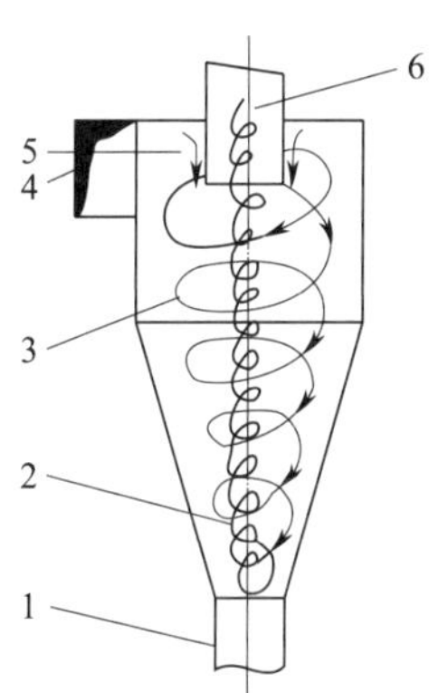

图 6-6　旋风分离器的结构示意图

1—排灰管　2—内旋气流　3—外旋气流　4—进气管　5—排气管　6—旋风顶板

2）旋风分离器的工作原理。含尘气体从侧面的矩形进气管切向进入旋风分离器内，由于圆筒形器壁的作用形成自上而下的旋转运动，因气体中尘粒的密度较大，故所受的离心力也大，被甩向外围碰撞器壁后失去动能而沉降下来，自锥底排出。因操作时分离器底部处于密封状态，被净化后的气体到达底部后转向中心，并形成自下而上的螺旋运动，从顶部的中央排气管排出。

3）旋风分离器分离性能指标。旋风分离器分离性能指标主要包括临界粒径和气体通过旋风分离器的阻力（压降）。

临界粒径：能够完全被旋风分离器分离下来的最小颗粒的直径称为临界粒径。临界粒径随着气速的增大而减小，故增加气速可以提高分离效率，但气速过大会将已经沉降的颗粒卷起反而降低分离效率，同时也使流动阻力增加。

气体通过旋风分离器的阻力（压降）：在实际工作中，考虑到设备的受压及节能降耗的需要，气体流动压降应尽可能降低。而压降除了取决于设备结构外，主要取决于气速。气速越小，压降越低，但分离效率也越低。因此，在操作中需要选择合适的气速以同时满足分离效率和压降的要求。

4）旋风分离器的安装。旋风分离器需水平安装，筒体、锥体和顶部任一截面都要保证同心，表面整齐光滑，避免局部发生严重磨损。在旋风分离器的下方，必须安装一个容积足够大的粉尘接收器，防止收集到的微粒被气流带走。

此外，任何气体泄漏进系统以后，都会使得固体物质悬停于旋风分离器的下部锥体空间，从而导致磨损加剧，增加发生堵塞的可能性。

5）旋风分离器的操作。旋风分离器的操作主要分为启动、运行和停机。

启动：启动前要检查旋风分离器是否水平安装，且各紧固件有无松动；检查灰尘排放口是否密闭良好。

运行：进料；检查压降是否正常，不得偏高或偏低；检查有无异常声音、振动、泄漏和发热。

停机：停止进料；清理旋风分离器内余料，必要时予以冲洗。

6）旋风分离器常见故障及排除。旋风分离器常见故障及排除方法见表 6－1。

表 6－1　旋风分离器常见故障及排除

现象	故障原因	处理方法
压降偏高或偏低	管道系统或鼓风机设计不当，气流流速过高则压降偏高，反之则压降偏低	更换鼓风机或增加流速限制设施
	气体泄漏进系统	对管道系统或分离器装置的泄漏处进行修理
	旋风分离器内部阻塞	清理内部阻塞
效率过低	气体泄漏进入旋风分离器	泄漏处进行修理，并确保卸灰阀运转正常，密封可靠
	内部堵塞	拆卸清理
磨损腐蚀	入口速度过高	降低流速

7）旋风分离器的应用。旋风分离器结构简单、紧凑，没有运动部件，而且分离效率较高，分离因数为 5～2 500，一般可以分离 5～75 μm 的非纤维、非黏性干燥粉尘，操作不受温度、压强的限制，但是对 5 μm 以下的细微颗粒分离效率较低，价格低廉，性能稳定，可满足中等粉尘捕集要求，故广泛应用于制药及化工生产中。

（2）旋液分离器

旋液分离器的结构和工作原理与旋风分离器类似，用于悬浮液的分离。旋液分离器又称水力旋流器，是一种利用离心力从液流中分离出固体颗粒的分离设备，主体由圆筒和圆锥两部分构成。

悬浮液经入口管切向进入圆筒，形成螺旋状向下运动的旋流，固体颗粒受惯性离心力的作用被甩向器壁，并随旋流降至锥底的出口，由底部排出的增浓液称为底流，清液或含有微细颗粒的液体则为上升的内旋流，从顶部的中心管排出，称为顶流。

与旋风分离器相比，旋液分离器的结构特点如下：圆筒直径小而且圆锥部分长，这是由于液固密度差比气固密度差小得多，在一定的切线进口速度下，较小的旋转半径可使固体颗粒受到较大的离心力，从而提高离心沉降速度，此外，适当地增加圆锥部分的长度，可延长悬浮液在旋液分离器内的停留时间，有利于液固分离。

旋液分离器结构简单，设备费用低，占地面积小，处理能力大，可用于悬浮液的增浓、分级操作，以及不互溶液体的分离、气液分离、传热、传质和雾化等操作，在化工、制药、石油、冶金、环保等工业部门被广泛采用，但进料泵的动能消耗大，内壁磨损大，进料流量和浓度的变化很容易影响分离性能。

（3）沉降离心机

沉降离心机是利用离心沉降原理来分离悬浮液或乳浊液的设备，常见的有管式离心机、碟式离心机和冷冻离心机。

1）管式离心机。管式离心机的核心部件是直筒状转鼓，内部装有三个纵向平板，以带动料液迅速达到与转鼓相同的角速度。管式离心机的结构如图 6－7 所示。

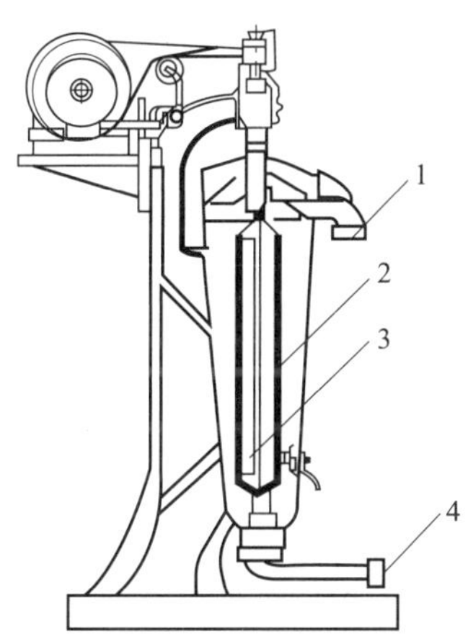

图 6－7　管式离心机结构示意图

1—分离液　2—转鼓　3—三叶析　4—进料口

常见的高速管式离心机转鼓的内径为 75～150 mm，长度约为 1 500 mm，转速为 8 000～50 000 r/min，其离心分离因数为 15 000～65 000。

分离乳浊液时，料液由加料管连续进入转鼓，然后在转鼓内自下而上运动。由于两种液体的密度不同，在离心力的作用下，液体被分成内、外两层，其中外层为重液层，内层为轻液层。当液体运动至转鼓顶部时，轻、重液体即由各自的溢流口排出。

分离悬浮液时，悬浮液在转鼓内部自下而上运动，固相沉积于鼓壁上，而液体则由转鼓上部的溢流口排出。当固体在转鼓上积累至一定数量的时候停止运行，然后卸下转鼓进行清理。

2）碟式离心机。碟式离心机的转鼓装在立轴上端，通过传动装置由电动机驱动而高速旋转。转鼓内有一组互相套叠在一起的碟形零件——碟片，碟片与碟片之间留有很小的间隙。碟式离心机的结构如图 6－8 所示。

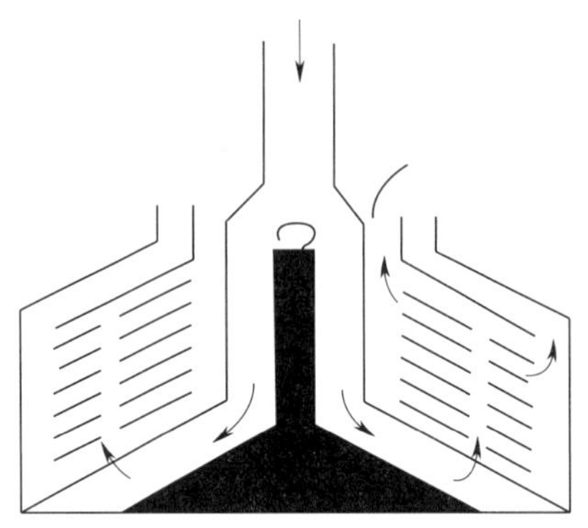

图 6－8　碟式离心机结构示意图

悬浮液由位于转鼓中心的进料管加入转鼓，当悬浮液流过碟片之间的间隙时，固体颗粒在离心力的作用下沉降到碟片上形成沉渣。分离颗粒后的液体成为轻相，由轻相排出口排出；沉渣沿碟片表面滑动而脱离碟片并积聚在转鼓内直径最大的部位形成重相，在碟式离心机停机后拆开转鼓由人工清除，或由沉渣排出结构从重相排出口排出。

转鼓中碟片的作用是缩短固体颗粒的沉降距离，扩大转鼓的沉降面积，从而提高碟式离心机的生产能力。

分离乳浊液的碟式离心机，其碟片上开有小孔。工作时，料液由中心管加入，经小孔流至碟片的间隙。在离心力的作用下，重液沿各碟片的斜面沉降，并向转鼓内壁移动，从重液出口连续排出；轻液则沿各碟片的斜面向上移动，汇集后从轻液出口排出。

分离悬浮液的碟式离心机，其碟片上不开孔，设一个轻液排出口。工作时，固体颗粒沉积于转鼓内壁上，澄清液由轻液排出口排出。

碟式离心机在制药化工生产中有着广泛的应用。例如，中药煎煮液经一次粗过滤后，可直接进入碟式离心机中进行分离除杂，分离后的药液进入浓缩设备进行浓缩，从而实现生产过程的连续化。碟式离心机的分离时间较短，整个生产过程可在密闭的管道和容器内进行，可改善环境卫生，提高药品质量。

3）冷冻离心机。冷冻离心机的整机主要由驱动电机、制冷系统、显示系统、自动保护系统以及速度控制系统组成，主要配件是离心转头。

离心转头是用来放置样品容器的支架，有角式转头和甩平式转头两种。角式转头设计有孔穴，与旋转轴心之间夹角在 20°～45°，用来放置样品。角式转头在离心机高速旋转时不会发生相对运动。甩平式转头的横臂上悬挂着 3～6 个可自由活动的吊桶，吊桶内放置离心试管。

启动后，当冷冻离心机转速达到 200～800 r/min 的时候，吊桶从下垂状态逐渐上升并与转轴横臂持平，所以称为甩平式转头。制造转头的材料有铝合金和钛合金等，如果要求离心机中低速运转，则使用铝合金转头；如果要求离心机高速运转，则使用钛合金转头。

离心机的转头安装在离心室内，由制冷机输送出的制冷剂对离心室降温，离心室内的热电偶温度检测器可检测温度，其作用是将温度控制在设定的范围内，以保证离心机高速转动时料液温度始终在设定的范围内，避免药物活性损失。

高速冷冻离心机转速可达 25 000 r/min，离心分离因数为 89 000，分离效果好，是目前制药工业，特别是生物制药工业生产中广为应用的分离设备。

在使用高速冷冻离心机时，为了运转平稳，每一个容器里盛装的液体质量要均等，且在盖上盖子后才能启动，否则容易发生安全事故。

日积月累

1. 在某种力的作用下，利用连续相与分散相的密度差异，使之发生相对运动而分离的过程称为沉降。

2. 固体颗粒在重力场和离心场中的沉降可看成是自由沉降，固体颗粒密度越大、直径越大则沉降速度越快。

3. 离心机分离速度快是由于具有强大的离心加速度，离心加速度越大分离因数越高。

§6－2　过滤设备

学习目标

知识目标

1. 掌握过滤操作的基本概念和相关设备的基本结构；
2. 了解影响过滤操作的主要因素。

技能目标

1. 能够运用非均相混合物分离的基本原理，进行过滤过程的有关计算；
2. 熟练应用所学的理论知识，解决实际生产操作问题。

过滤是用来分离固液非均相混合物系的一种单元操作，常作为沉降、结晶、固液反应等操作的后续过程。过滤属于机械分离操作，与蒸发、干燥等非机械分离操作相比，其分离速度较快，能量消耗较低。尤其是当液体非均相物系中含液体的量较少时，适合于采用过滤进行分离。此外，气体净化中，若颗粒微小且浓度低，也适合于采用过滤操作进行分离。

过滤是以多孔材料为介质，在外力的作用下，使悬浮液中的液体通过介质的孔道而固体颗粒被截留，从而实现固液分离的操作。

一、基本知识

1. 过滤原理

过滤操作是利用一种具有众多毛细孔的物体作为介质，在介质两侧压差的推动下，使悬浮液中的液体通过介质的毛细孔，将其中的固体微粒截留，从而达到固液两相分离的目的。

过滤操作所处理的悬浮液称为滤浆，所用的多孔物质称为过滤介质，通过介质孔道的液体称为滤液，被介质截留的固体颗粒层称为滤渣或滤饼。

2. 过滤推动力和阻力

实现过滤操作的外力可以是重力、压力或惯性离心力，因此，过滤操作又分为重力（常压）过滤、加压过滤、真空过滤和离心过滤。其中，压力差产生的方式有滤液自身重力、抽真空和用液体泵增压。过滤介质两侧的压力差是过滤过程的推动力。

过滤操作开始时，滤液流动所遇到的阻力只有过滤介质。随着过滤过程的不断进行，在过滤介质上形成滤渣以后，滤液流动所遇到的阻力有滤渣阻力和过滤介质阻力。介质阻力在过滤开始的时候较为显著，至滤饼层沉积到一定厚度时，介质阻力便可忽略不计。所以，过滤阻力主要决定于滤饼的厚度及其特性。滤饼厚度越大，微粒越细，则过滤阻力越大。

3. 过滤方式

（1）滤饼过滤

当悬浮液流动通过多孔介质后，固体颗粒沉积在过滤介质表面形成滤饼层，这种过滤称为滤饼过滤。

在滤饼过滤过程中，固体颗粒比过滤介质的孔径大，在介质孔道的上方相互之间架桥，其他颗粒在桥面沉积形成滤饼层，液体从固体颗粒之间的缝隙中穿流而过形成滤液，从而实现固液分离，如图6-9所示。

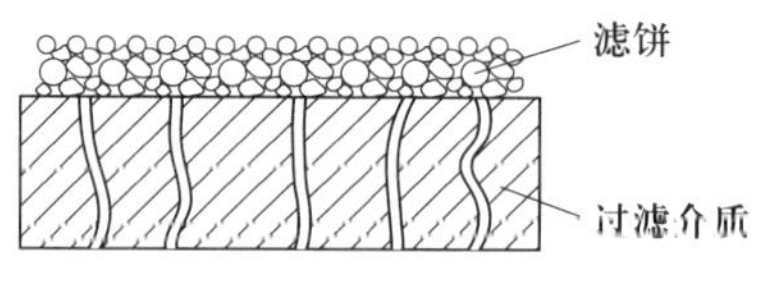

图6-9　滤饼过滤示意图

在滤饼过滤中，随着过滤量的增大，滤饼层的厚度增大，过滤的效果更好。滤饼过滤法适用于固体颗粒直径大、含量高的悬浮液，不适用于固体颗粒直径小、含量低、黏度高的混悬液体。

（2）深层过滤

当悬浮液中的固体颗粒直径小、含量低时，宜采用深层过滤的方法进行分离。固体颗粒进入并沉积在多孔介质孔道内，溶液经孔道内的缝隙进入滤液的分离过程称为深层过滤，如图6-10所示。

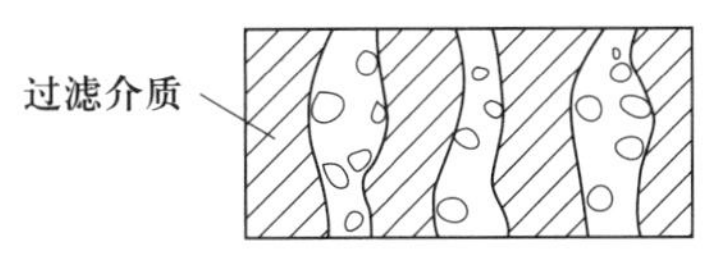

图 6－10　深层过滤示意图

深层过滤的多孔介质可以由颗粒料堆积形成，也可由泡沫塑料、海绵、陶瓷等多孔材料制成。

用于深层过滤的介质内部具有曲折而狭长的通道，当固体颗粒直径小于过滤介质孔道直径时，颗粒将随溶液进入介质内部的孔道中，并与介质之间产生静电引力和分子作用力，被吸附在孔道壁上。

由于深层过滤捕获了微小颗粒，因而被广泛应用于稀悬浮液的澄清，所以又称为澄清过滤。

4. 过滤介质

过滤过程所用的多孔性介质称为过滤介质。过滤介质的用途是使滤液通过，截留固体颗粒并支撑滤饼，要求具有多孔性、耐腐蚀性以及足够的机械强度。工业常用过滤介质主要有织物介质、多孔性固体介质、粒状介质和微孔滤膜等。

（1）织物介质

织物介质是由天然纤维（棉、毛、丝、麻等）或合成纤维、金属丝等编织而成的筛网、滤布，一般可截留粒径 5 μm 以上的固体微粒。织物介质在工业上应用最为广泛。

（2）多孔性固体介质

多孔性固体介质是由陶瓷、金属或玻璃的烧结物、塑料细粉黏结而成的多孔性塑料管，称为滤板或滤器，一般可截留粒径 1～3 μm 的粒子。

（3）粒状介质

粒状介质是由砂石、木炭、石棉等各种固体颗粒或非编织纤维堆积而成，适用于深层过滤，常用于过滤含固体颗粒较少的悬浮液，如制剂用水的预处理。

（4）微孔滤膜

微孔滤膜是由高分子材料制成的薄膜状多孔介质，适用于精滤，可截留粒径 0.01 μm 以上的微粒，尤其适用于过滤除去粒径 0.02～10 μm 的混悬微粒。

5. 助滤剂

滤饼分为两种，即不可压缩滤饼和可压缩滤饼。颗粒如果是不易变形的固体，当滤饼两侧的压强差增大时，颗粒的形状和颗粒间的空隙都不会发生明显的变化，单位厚度是恒定的，这类滤饼称为不可压缩滤饼。如果滤饼由类似胶体物质构成，则当滤饼两侧的压强差增大时，颗粒的形状和颗粒间的空隙便会有明显的改变，单位厚度滤饼层的流动阻力随压强差增高而增大，这种滤饼称为可压缩滤饼。

引起过滤阻力增大的因素有以下几个方面：压力差增大，滤饼空隙结构变形，使滤饼中的通道缩小，流动阻力增加；具有黏性的颗粒形成较致密的滤饼层，流动阻力增大；颗粒直径小，堵塞介质通道。阻力增大后过滤速度减小，此时可将质地坚硬而能形成疏松床层的固体颗粒提前涂在过滤介质表面，或掺入悬浮液中，以促进形成较为疏松的滤饼，使滤液得以畅流。这种预涂或掺入的固体颗粒物料称为助滤剂。

常用的助滤剂有硅藻土、炭粉、纤维粉末、石棉等。助滤剂的用量通常为截留固相质量的 1% ~10% 。

6. 影响过滤速度的因素

（1）液体的黏稠性

液体的黏稠性越大，流动阻力越大，过滤速度越慢。由于溶液的黏性随温度的升高而降低，因此可采用趁热或保温过滤。应先滤清液，后滤稠液，以减少过滤时间。

液体的黏稠性越大，介质通道越容易堵塞，滤饼颗粒间缝隙也越小，则过滤阻力大、过滤效率低。

（2）过滤介质的孔道

过滤介质的孔道越长，孔径越小，孔道数目越少，则过滤速度越慢。

（3）过滤介质压力差

过滤介质上、下压力差越大，则过滤速度越快，因此常采用加压或减压的方法进行过滤。

（4）滤饼层厚度

滤饼层越厚滤速越慢，流体中存在大分子的胶体物质时，容易引起滤孔的阻塞，影响滤速。为提高过滤效率，可选用助滤剂。

二、板框压滤机

1. 结构和工作原理

板框式压滤机的主要部件是滤板和滤框，一般为正方形，其结构如图 6 –11 所示。

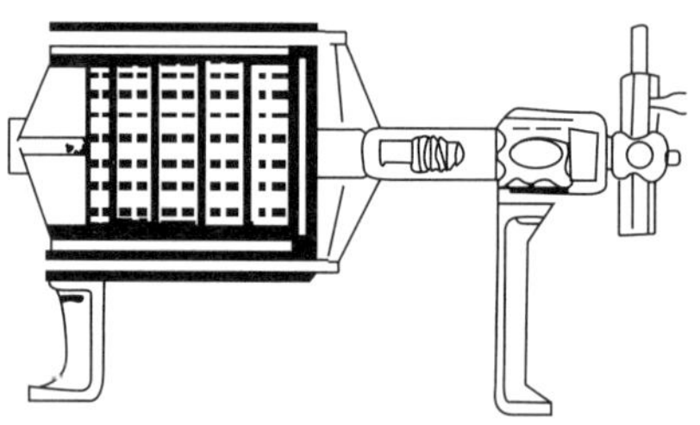

图 6 –11　板框压滤机的结构示意图

滤板和滤框的角上均开有小孔，装配压紧后可形成通道。组装时将四角开孔的滤布置于板和框之间，再将板和框压紧即可。滤板又分为过滤板和洗涤板两种，为便于区别，常在板和框的外侧有标志。一般过滤板为一钮，框为二钮，洗涤板为三钮，安装时按钮数 1 –2 –3 –2 –1 –2 –3 –2 –1……顺序排列，如图 6 –12 所示。滤板和滤框的数量可根据需要自行调整，采用间歇操作。

过滤时，悬浮液在一定压差下经滤浆通道由滤框角端的暗孔进入滤框内，滤液分别流经两侧的滤布，再汇集到相邻板的凹槽进入滤液通道排走，固体颗粒则被截留在框内形成滤

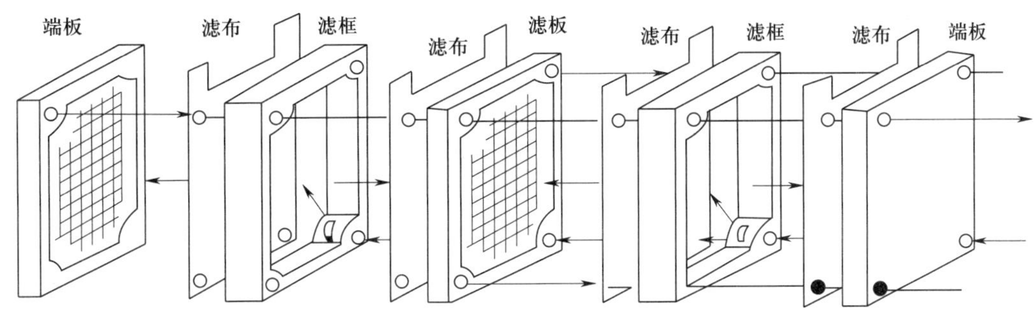

图6－12　滤板和滤框安装示意图

饼。待滤饼充满滤框或过滤完成后，需对滤饼进行洗涤。洗涤时，应关闭滤液出口，然后将洗涤水压入洗水入口，洗水经洗涤板上的暗孔进入板面和滤布之间，然后穿过一层滤布和整个滤饼层，对滤饼进行冲洗后，再穿过另一侧的滤布，汇集到过滤板的凹槽由洗液出口排出。洗涤后可旋开压紧装置，取出板框卸掉滤饼、洗涤滤布，重新进入新一轮操作。

板框压滤机的操作过程可分为装合、过滤、洗涤、卸液和整理五个步骤。其主要优点是构造简单，过滤压力高，便于用耐腐蚀材料制造，操作灵活，过滤面积大，占地小，过滤面积可根据生产任务进行调节。其主要缺点是间歇操作，劳动强度大，生产效率低。

2. 板框式压滤机的安装

（1）压滤机周围应留有足够空间，以便于操作和维护保养。

（2）压滤机的安装基础应采用水泥二次灌浆而成。机器安装在混凝土基础或钢架上。安装时以四横梁为基础校正水平。按照供方提供的底脚尺寸设计预埋孔，然后灌浇混凝土。

（3）止推板和支脚用地脚螺栓固定，油缸座不固定，保证主梁在受力状况下有一定的轴向位移。如果两端同时固定，有可能导致压不紧或者损坏机架。

（4）按照过滤的物料、压力、温度选择材质适宜的滤布。

（5）板框式压滤机接通电源，检查是否正常。机械传动要检查电机正反转是否符合要求；减速箱、机头油杯机油是否加满；丝杆、齿轮润滑油是否加好；液压传动检查齿轮泵运转声音是否正常；液压系统有无泄漏情况；活塞杆进出是否平稳。

（6）压滤机的头板安装固定在压滤机的止推板上，尾板安装固定在压滤机的压紧板上，滤框和滤板交替安装，按照要求整齐地排放在机架上，将加工好的滤布整齐地排在滤板上。

（7）滤板安装时要检查滤板序列、垂直和水平位置是否正确，滤板是否歪斜，滤板中心是否对齐，数量是否足够。

3. 板框压滤机的操作规程

（1）排板

按照滤板—框—洗板的顺序交替排列（注意各板上的孔位置要一致），中间放置好滤布，最后加上盲板，拧紧手轮。

（2）连接离心泵及各种管道

注意进料管道一端和离心泵相连，另一端和框上有暗孔的悬浮液孔道相连，出滤液的管道要和滤板有暗孔的滤液孔道相连，并使之和原料进口置于对角位置。

（3）过滤

打开滤液出口阀门，关闭洗涤液出口阀门，开启离心泵进液过滤，收集滤液。

（4）洗涤

关闭滤液出口阀门，打开洗涤剂出口阀门，用离心泵泵入洗涤剂进行洗涤，收集洗液。

（5）卸渣

松开压紧手柄，卸渣，清洗滤布，清洁设备。

4. 板框压滤机常见故障及排除

板框压滤机常见故障及排除方法见表 6－2。

表 6－2　　板框压滤机常见故障及排除方法

现象	故障原因	排除方法
漏液	主轴磨损、滤板和滤框变形及橡胶膜损坏	调直或更换
	进料压力过高	调整进料压力
	压紧面有杂质	清除杂质
	进料口、出液口未拧紧	拧紧进出料管口
压紧装置失灵	推力轴承损坏以致损坏螺杆	更换轴承、螺杆
	大齿轮轴套螺母损坏	更换大齿轮轴套螺母
滤液混浊或出液少	滤布破损	更换或修补
	压紧面未压着滤布	调整、铺平滤布

三、转鼓真空过滤机

1. 结构和工作原理

转鼓真空过滤机主机由滤浆槽、转筒、分配头、刮刀等部件构成，如图 6－13 所示。

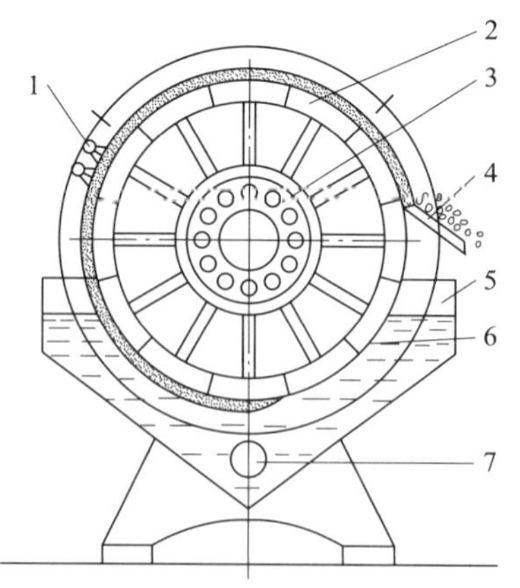

图 6－13　转鼓真空过滤机的结构示意图

1—清水喷头　2—转筒　3—分配头　4—刮刀

5—滤浆槽　6—滤布　7—搅拌器

转鼓真空过滤机是连续式真空过滤设备，转筒是一个转轴呈水平放置的圆筒，圆筒一周为金属网上覆以滤布构成的过滤面，转筒在旋转的过程中，过滤面可依次浸入滤浆中。转筒内沿径向分隔为若干个独立的扇形格，每格都有单独的孔道通至分配头上。转筒转动时，借分配头的作用使这些孔道依次与真空管及压缩空气管相通，因而，转筒每旋转一周，每个扇形格可依次完成过滤、洗涤、吸干、吹松、卸饼等操作。转筒的过滤面积一般为5～40 m^2，浸没部分占总面积的30%～40%，转速为0.1～3 r/min。

分配头是转鼓真空过滤机的关键部件，由紧密贴合的转动盘与固定盘构成，转动盘随筒体一起转动，固定盘内侧面开有若干长度不等的弧形凹槽，各凹槽分别与真空系统和吹气系统相通。操作时转动盘与固定盘相对滑动旋转，由固定盘上相连的不同作用的管路实现滤液吸出、洗涤水吸出及空气压入的操作。即当转筒上某些扇形格浸入料浆中时，与滤液吸出系统相通，进行真空吸滤，该部分扇形格离开液面时，继续吸滤，吸走滤饼中残余液体；当转到洗涤水喷淋处，与洗涤水吸出系统相通，在洗涤过程中将洗涤水吸走并脱水。在转到与空气压入系统连接处时，滤饼被压入的空气吹并由刮刀刮下。在再生区，空气将残余滤渣从过滤介质上吹除。

转筒旋转一周，完成一个操作周期，连续旋转便构成连续的过滤操作。

2. 转鼓真空过滤机的特点

转鼓真空过滤机的优点是能连续自动操作，省人力，生产效率高，适用于处理易含过滤颗粒的浓悬浮液。对于难过滤的细、黏物料，采用助滤剂预涂的方式也比较方便。

日积月累

1. 按照过滤方式，过滤分为滤饼过滤和深层过滤两大类。

2. 过滤操作是利用一种具有众多毛细孔的物体作为介质，在介质两侧压差的推动下，使悬浮液中的液体通过介质的毛细孔，而将其中的固体微粒截留，从而达到固液两相分离目的的操作。

3. 过滤操作所处理的悬浮液称为滤浆，所用的多孔物质称为过滤介质，通过介质孔道的液体称为滤液，被介质截留的固体颗粒层称为滤渣或滤饼。

4. 板框压滤机和离心过滤机均属于加压过滤机，转鼓真空过滤机为减压过滤机，它们都属于滤饼过滤。

§6－3　膜分离设备

学习目标

知识目标

1. 掌握膜分离过程；

2. 掌握常用膜的基本原理及其应用；

3. 了解膜分离过程的分类、基本特征。

技能目标

1. 能够正确分析制药生产过程，正确选择合适的膜分离过程；
2. 熟练应用所学的理论知识，解决实际生产操作问题。

膜分离是在20世纪初出现，20世纪60年代后迅速崛起的一门分离新技术。膜分离技术兼有分离、浓缩、纯化和精制的功能，又有高效、节能、环保、分子级过滤及过滤过程简单、易于控制等特征。

一、膜分离概述

1. 膜分离过程

膜分离过程是用天然的或合成的、具有选择透过性的薄膜为分离介质，当膜两侧存在某种推动力时，原料侧液体或气体混合物中的某一或某些组分选择性地透过膜，以达到分离、分级、提纯或富集的目的。膜可以是均相的或者非均相的，对称型的或者非对称型的，固体的或者液体的，中性的或者荷电性的，其厚度可以从0.1 μm至数毫米。

膜分离过程与其他传统分离方法相比具有分离效率高、能耗较低、膜组件结构紧凑、操作方便、分离范围广等优点，不仅适用于热敏性物质的分离、分级、浓缩与富集，而且适用于从病毒、细菌到微粒等各类有机物和无机物的分离及许多理化性质相近的混合物的分离。

2. 膜的分类

按照制造材质，膜可分为有机高分子膜、无机膜；按照分离颗粒直径或质量的大小，膜可分为微孔膜、超滤膜、纳滤膜、反渗透膜和渗析膜等。

（1）有机高分子膜

有机高分子膜材料主要包括纤维素类、聚酰胺类、聚四氟乙烯、聚氯乙烯。除此之外，还有聚砜、聚碳酸酯、聚酯、聚丙烯腈、聚乙烯醇等多种滤膜材料。

（2）无机膜

无机膜材料可分为金属膜材料和陶瓷膜材料。其中陶瓷膜材料主要包括 $A1_2O_3$、TiO_2、ZrO_2、SiO_2 等氧化物，以及胺化硅、碳化硅等非氧化物。

3. 膜分离技术

微滤、超滤、纳滤、反渗透是四种较成功的膜分离技术。这些膜分离过程的设备和流程设计都相对比较成熟，在医药领域已有大规模的工业应用和市场。其中微滤、超滤、纳滤、反渗透相当于过滤技术，用以分离溶解的溶质或悬浮微粒的流体，因此也可称为膜过滤技术。

【案例分析】

高速离心技术可使中药水提液中悬浮的较大颗粒杂质如药渣、泥沙等得以沉淀分离，但药液中非固体的大分子物质需要用微滤技术除去。

分析

醇沉工艺的不足是总固体和有效成分损失严重，且乙醇用量大、回收率低、生产周期长，已逐渐被其他精细分离方法所替代。高速离心技术通过离心力的作用，使中药水提液中悬浮的较大颗粒杂质如药渣、泥沙等得以沉淀分离，是目前应用最广的分离除杂方法之一，但对药液中非固体的大分子物质，高速离心法的去除效果并不十分理想，同样存在一定的适应性和局限性。因此，在此基础上，微滤技术利用筛分原理分离大小为 0.05 ~ 10 μm 的粒子，不仅能除去液体中较小的固体粒子，而且可以截留多糖、蛋白质等大分子物质，具有较好的澄清除杂效果，并为以后的超滤或更精细的分离操作创造了条件。

二、膜分离装置

膜分离装置有不同的组装形式，用膜直接构成符合各种要求的单件的膜分离装置是很困难的，主要原因是制造技术和装备的限制。为了适应不同场合的需要，通常的做法是由专业制造厂提供几种规格化的部件或小型的单元设备，即膜组件。

膜组件是按一定技术要求将膜及其支撑材料封装在一起的组合构件。它与相应的构架或容器、泵、阀门、仪表及管路等组成膜分离装置。膜组件是膜分离装置的核心部件。

膜组件的基本要求为：流体流动速率均匀，无静水区；具有良好的机械强度、化学稳定性和热稳定性；具有尽可能高的装填密度；低制造成本；膜或膜组件的装拆、更换方便，容易维护；压力损失小，能耗低。

膜组件可分为板框式膜组件、管式膜组件、螺卷式膜组件和中空纤维式膜组件，对应相应的膜分离装置。

1. 板框式膜分离装置

板框式膜分离装置与板框式压滤机相类似，由若干板框式膜组件重叠起来组成，如图 6 – 14 所示。

板框式膜组件由板体、多孔薄板和膜三部分组成。

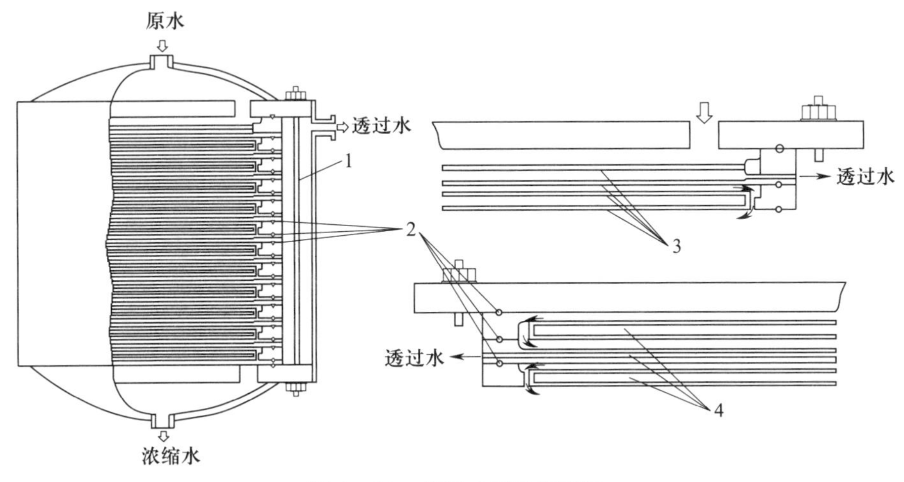

图 6 – 14　板框式膜分离装置

1—双头螺栓　2—橡胶密封件　3—膜　4—多孔薄板

板框式膜分离装置的优点是结构简单，容易制造，体积比管式的小；其缺点是装卸比较麻烦，单位体积膜的表面积小。

2. 管式膜分离装置

管式膜分离装置与多管式热交换器相类似。它是将若干根直径 10 ~ 20 mm，长 1 ~ 3 m 的反渗透管状膜组件装入多孔高压管中构成，如图 6 – 15 所示。

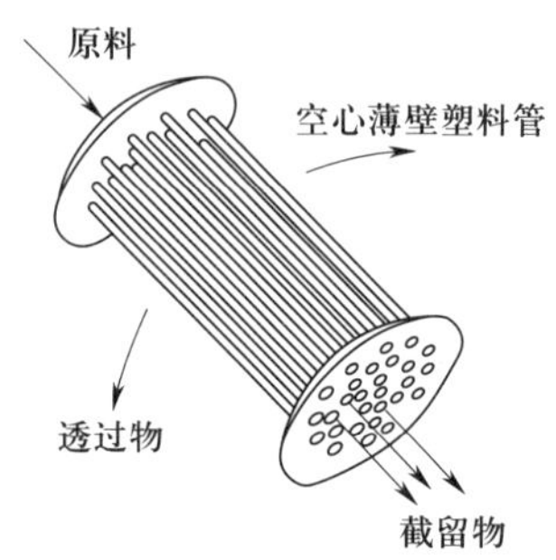

图 6 – 15　管式膜分离装置

管式膜组件是将膜和支撑体均制成管状，使两者组合，或者将膜直接刮制在支撑管的内侧或外侧，将数根膜管组装在一起。

管式膜分离装置的优点是结构简单，制造容易，安装、维修方便；水力条件好，不容易堵塞，清洗方便；能耐高压，可以处理高黏度的原液。但管式膜分离装置体积大，单位体积内膜的表面积最小，而且两头需要较多的联结部件，现在使用并不广泛。

3. 螺卷式膜分离装置

螺卷式膜分离装置主要由耐压套管、膜组件及穿孔管组成，如图 6 – 16 所示。

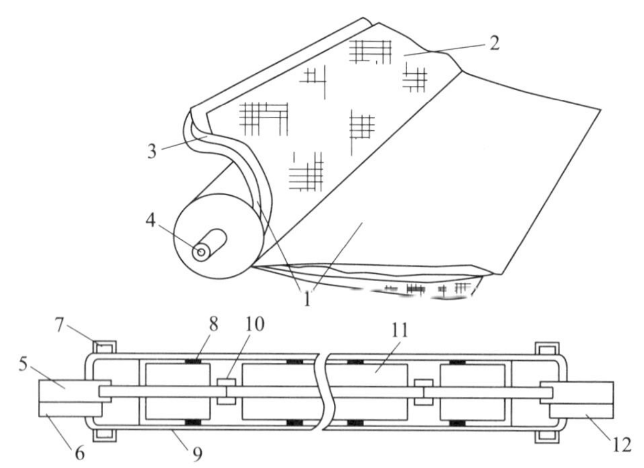

图 6 – 16　螺卷式膜分离装置

1—膜　2—格网　3—淡水垫层　4—中心集水管　5—透过水出口
6—原水入口　7—盖帽　8—密封圈　9—耐压管套　10—接头　11—膜组件　12—浓缩液出口

螺卷式膜组件由平膜、导水垫层及格网组成。

螺卷式膜分离装置的优点是结构紧凑，单位体积的膜表面积大，操作方便；其缺点是容易堵塞，不能拆洗，浓水难以循环，压力损失大。

4. 中空纤维式膜分离装置

中空纤维式膜分离装置与单管程管壳式换热器相类似，如图6－17所示。

中空纤维式膜组件用细径的中空纤维膜组装而成。

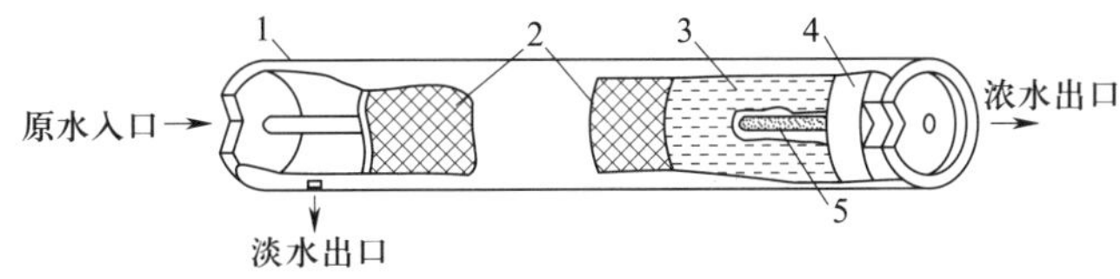

图6　17　中空纤维式膜分离装置

1—耐压容器　2—格网　3—中空纤维　4—环氧树脂管板　5—原水分布多孔管

中空纤维式膜分离装置的优点是结构简单，单位体积膜的表面积最大，液流流程短，分布均匀；其缺点是不能用于处理含有悬浮物的废水，必须预先经过过滤处理，另外难以发现损坏的膜，维护管理不便。

三、膜分离技术的应用

目前，膜分离技术已广泛应用于食品、医药、生物、环保、化工、冶金、能源、石油、水处理、电子、仿生等领域，产生了巨大的经济效益和社会效益，已成为当今分离科学中最重要的技术之一。

1. 高质量饮用水供给

随着水体的污染和人们生活水平提高，人们越来越希望得到高质量的饮用水供给。采用活性炭吸附过滤和超滤结合制取高质量饮用水，设备投资少，制水成本低，是优质饮用水制备的经济有效方法，具有广阔的市场前景。

2. 工业供水

自来水和地下水的水质不能满足许多化学工业、电子工业和纺织工业的要求，需要经过净化处理方可以使用，超滤膜技术是净化工业用水的重要技术之一。

3. 医药用水

医药针剂用水是采用多级蒸馏制备的，其工艺烦琐、能耗高，而且质量常常得不到保证。用超滤膜技术去除针剂热源和终端水热源，取得了很好效果。

4. 工艺水的处理

在工业生产过程中，往往有分离、浓缩、分级和纯化某种水溶液的需求，传统用的方法是沉淀、过滤、加热、冷冻、蒸馏、萃取和结晶等。这些方法表现出流程长、耗能多、物料损失多、设备庞大、效率低、操作烦琐等缺点，以超滤膜技术取代某种传统技术可以获得显著的经济效益。

5. 膜技术在制药工业的应用

膜技术广泛应用于生物制备和医药生产中的分离、浓缩和纯化等环节，如血液制备的分离、抗生素和干扰素的纯化、蛋白质的分级和纯化、中草药剂的除菌和澄清等。发酵是生物制药的主流技术，从发酵液中提取药物，传统工艺是溶剂萃取或加热浓缩，反复使用大量有机溶剂和酸碱溶液，耗量大，流程长，废水处理任务重。特别是许多药物热敏性强，使用传统工艺多受限制。国际先进的制药生产线，大量采用膜分离技术代替传统的分离、浓缩和纯化工艺，如用膜设备进行浓缩纯化抗生素、中药汤及中药针剂澄清等。

6. 膜技术在食品领域工业的应用

利用超滤膜技术把发酵液中产品和菌体分离，再采用其他方法精制流程。其优点是：生产效率和产品质量提高；简化了工艺流程；菌体蛋白不含外源杂质，利用价值高，实现资源综合利用。酱油和醋的澄清、果汁澄清和浓缩、乳制品生产、制糖工业等都采用了膜技术。

7. 膜技术在其他工业生产中的应用

凡是涉及分子级的浓缩和分离的过程，都有膜技术应用的机会。汽车电泳漆的在线纯化采用超滤膜除去杂质，持续保证涂漆质量；燃料工业用超滤膜技术分离和浓缩中间体。

8. 膜技术在环境保护和水资源化的应用

膜技术在废水处理、污染防治和水资源综合利用方面得到广泛应用。在许多情况下，不仅处理了废水，还能回收可用物质和能量。

日积月累

1. 膜分离过程是用天然的或合成的、具有选择透过性的薄膜为分离介质，当膜两侧存在某种推动力时，原料侧液体或气体混合物中的某一或某些组分选择性地透过膜，以达到分离、分级、提纯或富集的目的。

2. 按膜的材质，膜可分为无机膜和有机高分子膜；按截留颗粒大小，膜分为微孔膜、超滤膜和反渗透膜等。

3. 根据待分离物质颗粒大小和溶剂性质，选择适宜的膜组件。

4. 膜操作过程中要定期清洗去除污染物，避免膜堵塞。

目标检测

一、单项选择题

1. 对颗粒沉降速度起重要影响作用的因素是（　　）。

A. 颗粒密度　　B. 颗粒的直径

C. 所承受的加速　　D. 沉降距离

2. 板框式压滤机适合于（　　）的过滤。

A. 中粗颗粒　　B. 非牛顿性流体

C. 纳米颗粒　　D. 过滤直径 >0. 25 μm 的颗粒

3. 某粒径的颗粒在降尘室中沉降，若降尘室的高度增加一倍，则该降尘室的生产能力将（　　）。

A. 增加一倍　　　　B. 不变

C. 变为原来的二分之一　　　　D. 不确定

4. 碟片式离心机属于（　　）。

A. 重力沉降设备　　　　B. 离心沉降设备

C. 离心过滤设备　　　　D. 压力过滤设备

5. 过滤推动力一般是指（　　）。

A. 液体进出压滤机的压差　　　　B. 滤饼两边的压差

C. 过滤介质与滤饼构成的过滤层两边的压差　　D. 过滤介质两边的压差

二、填空题

1. 制药化工生产中所遇到的混合物分为________和________。

2. 重力沉降和离心沉降都是非均相物系常用的沉降分离方法。在外力的作用下，使密度不同的两相发生相对运动而实现分离的操作称为沉降。沉降操作的外力可以是________，也可以是________。

3. ________是评判离心分离设备的性能指标，与转鼓的半径及转速的平方成正比，其值越高，离心沉降效果越好。

4. 制药化工生产中所用的离心沉降设备主要有________、________和________。

5. 按照膜的制造材质，可分为________、________；按照分离颗粒直径或质量的大小，膜可分为________、________、________、________和________等。

三、简答题

1. 球形颗粒在静止流体中重力沉降时都受到哪些力的作用?

2. 简述评价旋风分离器性能的主要指标。

3. 简述工业上对过滤介质的要求及常用的过滤介质种类。

4. 简述膜分离技术的应用。

第七章

萃取设备

§7-1 萃取基本知识

学习目标

知识目标

1. 掌握萃取的定义、基本概念和原理以及分配定律；
2. 了解几种常见萃取工艺的基本原理和工艺流程。

技能目标

1. 能够运用萃取的基本原理操作两相的基本萃取实验；
2. 熟练应用常见的工艺流程知识，判断不同的物料适合的工艺流程。

一、萃取过程

1. 萃取

（1）萃取的定义

在任何一种溶剂中，不同物质具有不同的溶解度，利用各物质在选定溶剂中溶解度的不同以达到分离组分的方法称为萃取。其中选定的溶剂为萃取剂。用萃取剂分离固体混合物中组分的操作为固液萃取，又称提取、浸取；用萃取剂分离液体混合物中组分的操作为液液萃取。

（2）萃取法的优点

1）传质速度快，生产周期短，便于连续操作，容易实现自动控制。

2）分离效率高，生产能力强，应用普遍。

3）能量消耗较少，设备费用不高。

4）采用多级萃取可使产品达到较高纯度，便于下一步处理，减少后续工序的设备和操作费用。

2. 萃取原理

组分在两种溶剂中溶解度有差异，并遵守“相似相溶”的原理，即当组分的分子极性和溶剂的分子极性相当时溶解度最大，如两种溶剂分子极性相差较大，组分势必要从分子极性差距大的溶剂中扩散到差距小的溶剂中。如中药的水提取液中含有挥发油，当加入石油醚后，挥发油几乎都转移到石油醚中。究其原因，是由于水分子极性大，挥发油分子极性小，石油醚分子极性小，所以发生了挥发油转移到石油醚的现象。

3. 分配定律

在萃取过程结束后，组分的总数量不变，但在两种溶剂中进行了重新分配，目标组分在萃取液中的数量远远大于在萃余液中的数量。组分在两种溶剂中的数量分配遵守一定的规律。

原料液和溶剂 S 在混合器中接触传质达平衡后，静置分层并用分离器分离得到了萃取相中萃取液 L 和萃余相中萃余液 R，且只进行一次就完成了整个萃取操作过程，属于单级萃取工艺流程。设萃取过程完成后，组分在萃取液中的摩尔浓度为 c_1，在萃余液中的摩尔浓度为 c_2，则：

$$K = \frac{c_1}{c_2} \tag{7-1}$$

K 为分配常数，是萃取液中溶质浓度与萃余液中溶质浓度的比值。经研究发现，在其他条件不变的情况下，萃取过程达到平衡后，萃取液中溶质浓度与萃余液中溶质浓度的比值是常数，这个规律称为分配定律。

在多次萃取过程中，每一次萃取都服从分配定律，且每次萃取过程的分配系数都相同，即：

$$K = K_1 = K_2 = \cdots = K_n \tag{7-2}$$

所以，随着萃取次数的增加，残留在原料液中的组分越来越少，但无论进行多少次萃取，都不可能将组分从原料液中彻底萃取出来。因此在实际生产过程中，需要考虑溶剂蒸发和成本问题，对原料只进行有限次的萃取操作。例如，在中药提取生产时，经过三次萃取后，便可认为萃取完成。

二、萃取工艺

1. 单级萃取

单级萃取是多级萃取和微分萃取的基础。结合制药生产的特点，单级萃取器因为设备简单、易于操作等被广泛采用。如图 7－1 所示为单级萃取流程图。

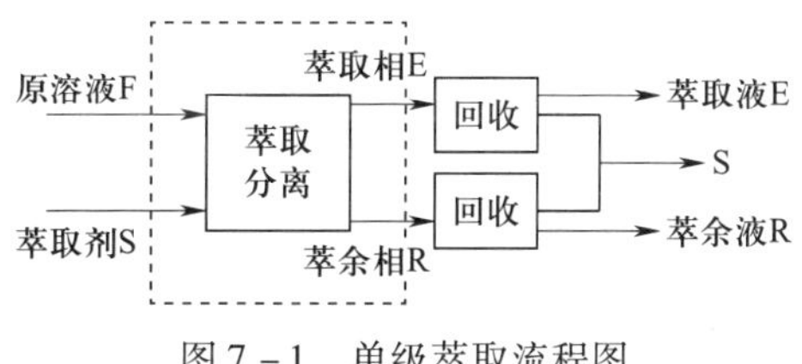

图 7－1　单级萃取流程图

2. 多级错流萃取

单级萃取所得萃余相中往往还含有较多的溶质，为了进一步萃取出其中溶质，可用多级错流萃取，将若干个单级萃取器串联使用，并在每一级中加入新鲜萃取剂，如图 7－2 所示。

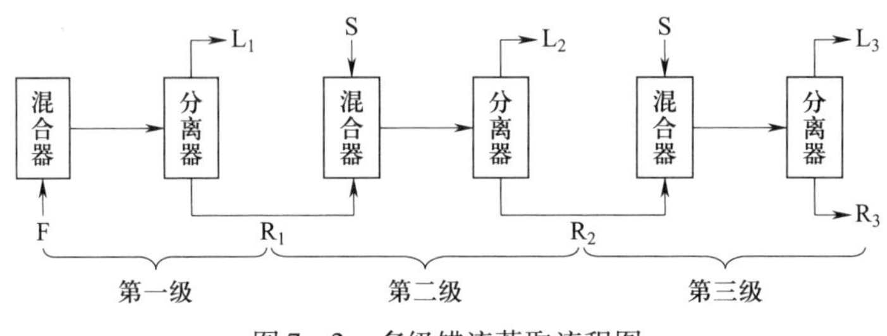

图 7－2　多级错流萃取流程图

工作原理：原料液 F 由第一级引入，每一级均加入新鲜萃取剂 S，由第一级所得的萃取混合物，经分离器分层后，所得萃余相 R_1 引入第二个萃取器，在萃取器中萃余相 R_1 与新鲜的萃取剂 S 相接触，再次进行萃取后进入第二分离器分层，所得萃余相 R_2 可再引入第三级萃取器继续与新鲜萃取剂相接触，继续进行萃取，如此直到所需第 n 级萃取器，使最后一级引出的萃余相所含溶质降低到预定的生产要求。

优点：多级错流萃取由于新鲜溶剂分别加入各级，故推动力较大、萃取效果好。

缺点：须加入较多溶剂，并消耗较多的能量以供溶剂再生。

3. 多级逆流萃取

为克服多级错流萃取的缺点，可采用多级逆流萃取，以合理使用溶剂，如图 7－3 所示。

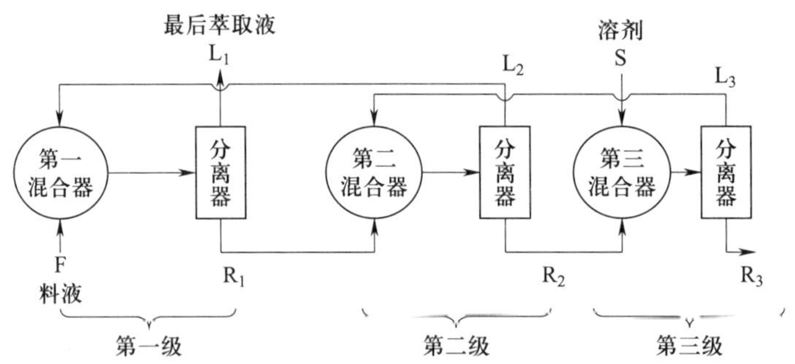

图 7－3　多级逆流萃取流程图

工作原理：物料从一端进入通过各级，最后从末端排出，溶剂从末端进入，通过各萃取器，最后从首端排出。进入末级的萃余相 R_n 中的溶质 A 的浓度虽已很低但由于与新萃取剂接触，仍具有一定的推动力，故可继续进行萃取，使溶质 A 的浓度进一步降低。同时进入第一级的萃取相 L_2，虽然其中所含 A 的浓度已较高，但在第一级中与含溶质 A 最高的原料液 F 相接触，所以萃取相中溶质 A 的浓度在第一级中还可以进一步提高。这种多级逆流接触式的操作效果好，且所消耗的萃取剂量并不多，在工业上应用最为广泛。

4. 双水相萃取

双水相萃取是利用物质在互不相溶的两水相间分配系数的差异来进行萃取的方法。与水－有机相萃取的原理相似，也是依据物质在两相间的选择性分配，但萃取体系的性质不同。

双水相萃取的优点是可以直接从细胞破碎浆液中萃取如蛋白质等物质，而不用将细胞碎片分离，只用一步操作即可达到固液分离和纯化两个目的。

两种天然或合成的亲水性聚合物水溶液相互混合，由于较强的斥力或空间位阻，相互之间无法渗透，在一定条件下，即可形成双水相体系。亲水性聚合物水溶液和一些无机盐溶液相混时，也会因盐析作用而形成双水相体系。除聚合物、无机盐外，能形成双水相体系的物质还有高分子电解质、低分子化合物。经药理检验聚乙二醇/葡聚糖和聚乙二醇/磷酸盐所形成的双水相体系是无毒的，并有良好的可调性，因此在医药工业中较常用。

双水相萃取技术在医药工业中的应用目前主要集中在三个方面：提取经生物转化的基因工程药物和抗生素；从动植物组织中提取生化药物；从天然植物中提取有效药用成分。

§7－2　萃取设备

学习目标

知识目标

1. 掌握混合设备的基本结构和工作原理；
2. 了解分离设备的基本结构和工作原理。

技能目标

1. 能够根据混合和分离设备的工作原理，判断适合萃取的物料类型；
2. 熟练应用所学的理论知识，解决实际生产操作问题。

萃取设备又称萃取器，任何一种具有良好性能的萃取设备，均能为两相提供充分混合与分离的条件。工业上萃取过程分为三个工序：①原料液和萃取剂充分混合形成乳浊液；②将乳浊液分成萃取相和萃余相；③将萃取相进行蒸馏浓缩回收萃取剂。工艺操作分为混合与分离两个环节，对应的设备有混合设备和分离设备，也可采用兼具混合和分离两种功能的设备。

一、混合设备

混合设备是真正进行萃取的设备，它要求料液与萃取剂充分混合形成乳浊液，使需要分离的生物产品自料液转入萃取剂中。在制药生产过程中，萃取用混合设备以机械搅拌式混合罐为主，有时也用管式和喷射式混合器进行萃取混合操作。

1. 混合罐

混合罐的结构与机械搅拌的密闭式反应罐类似，如图7-4所示。

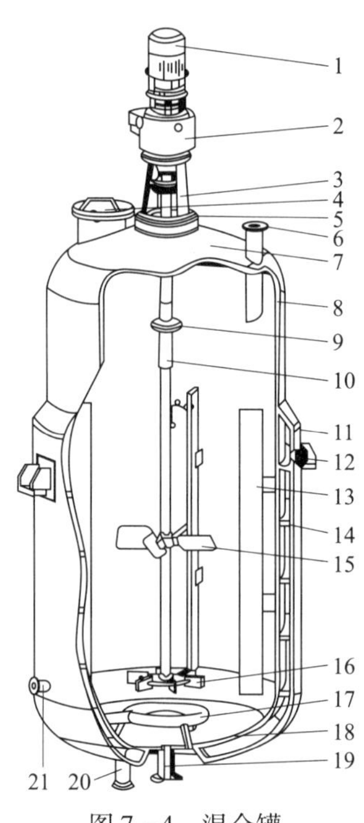

图7-4　混合罐

1—电机　2—减速器　3—机架　4—人孔　5—密封装置　6—进料口　7—上封头
8—筒体　9—联轴器　10—搅拌轴　11—夹套　12—载热介质出口
13—挡板　14—螺旋导流板　15—轴向流搅拌器　16—径向流搅拌器
17—气体分布器　18—下封头　19—出料口　20—载热介质进口　21—气体进口

混合罐的罐体呈圆柱形，上、下两底各安装了椭圆形或圆形封头。下底封头固定在圆柱形筒体上，安装有排料管、污水排放管等。为防止中心液面下凹，在罐壁内设置挡板，起增强流体湍流程度的作用。半腰位置安装了排气孔、观察窗（人孔），罐顶上有萃取剂、料液、调节pH的酸（碱）液及去乳化剂的进口管、搅拌电机等。

工作原理：混合罐的搅拌器通常采用螺旋桨式搅拌器，在旋转过程中，驱使物料做轴向和径向旋转。搅拌机内的物料同时存在轴向运动和圆周运动，因而同时存在剪切搅拌和扩散搅拌等几种搅拌形式，能够有效地对物料进行快速搅拌、混合。料液在罐内的平均混合停留时间为1~2 min。搅拌混合完毕，从罐底的出料口输送到分离器中。其缺点为间歇操作，停留时间较长，传质效率较低。但由于其装置简单，操作方便，仍广泛应用于工业中。

2. 喷射式混合器

喷射式混合器是一种用于混合和翻转液体的新型混合设备，其特点是结构可靠、无须保养、无泄漏。喷射式混合器是一种体积小、效率高的混合设备，特别适用于低黏度、易分散的料液，如图7-5所示。这种设备投资小，但需要料液在较高的压力下进入混合器。主要用于容器、储罐和中和池，完成如成品油调和、酸碱中和、防沉降、防自聚等工艺过程，克服了传统顶式及侧向式搅拌的固有弊端，如易泄漏、操作费用高等。

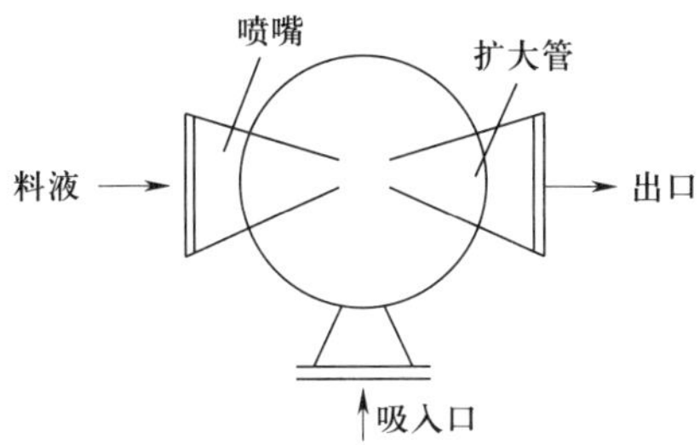

图 7－5　喷射式混合器

工作原理：从喷射式混合器喷嘴中高速喷出的液流在其周围形成局部低压，从罐中吸附并带动一股液流，使其加速，共同进入混合段，物料被充分混合后仍以较高速度出混合器，再次在出口处形成局部低压，卷吸大量罐内物料，从而达到一种宏观的混合。

一个或多个喷射式混合器合理组合，能使大容量罐中物料宏观上达到均匀混合。

3. 管式混合器

管式混合器一般为三节组成（也可根据混合介质的性能增加节数）。每节混合器有一个 180°扭曲的固定螺旋叶片，分左旋和右旋两种。相邻两节中的螺旋叶片旋转方向相反，并相错 90°。为便于安装螺旋叶片，筒体做成两个半圆形，两端均用法兰连接，筒体缝隙之间用环氧树脂黏合，保证其密封要求。混合器的螺旋叶片不动，仅是被混合的物料或介质的运动，如图 7－6 所示。

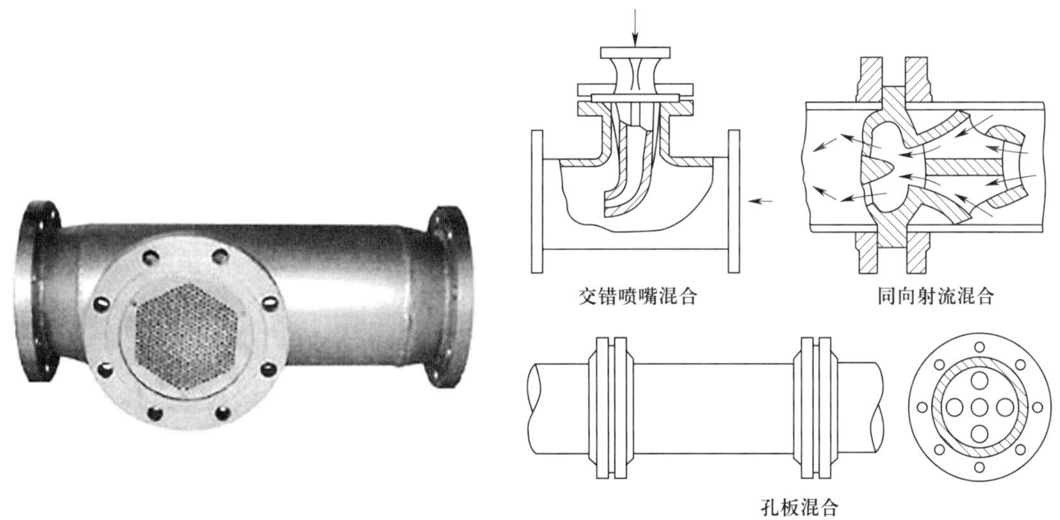

图 7－6　管式混合器

工作原理：萃取剂及料液在一定流速下进入管道一端，混合后从另一端导出，为了保证较好的萃取效果，料液在管道内应维持足够的停留时间，并使流动呈完全涡流状态，强迫料液充分混合。其内部运动主要是流动分割、径向混合及反向旋转，两种介质不断激烈掺混扩散，达到混合目的。

二、分离设备

分离设备是在离心力的作用下，将萃取后形成的萃取相和萃余相进行分离。溶剂回收设备需要把萃取液中的生物产品与萃取溶剂分离并加以回收。分离主要依靠萃取相与萃余相的密度不同（互不相溶）进行。工业上溶剂萃取分离技术一般都采用离心沉降法，分为高速离心机和超速离心机两大类。高速离心机是指碟片式离心机，典型代表是逆流离心萃取机；超速离心机是指管式离心机，典型代表是三相倾析式离心机。它们不仅用于固液分离而且还广泛应用于液液萃取分离。

1. 逆流离心萃取机（碟片式）

此类离心机适用于分离乳浊液或含少量固体的乳浊液。其结构大体可分为三部分：第一部分是机械传动部分；第二部分是由转鼓碟片架、碟片分液盖和碟片组成的分离部分；第三部分是输送部分，在机内起输送已分离好的两种液体的作用，由离心泵等组成。以 OEP－10006 离心机为例，如图 7－7 所示。

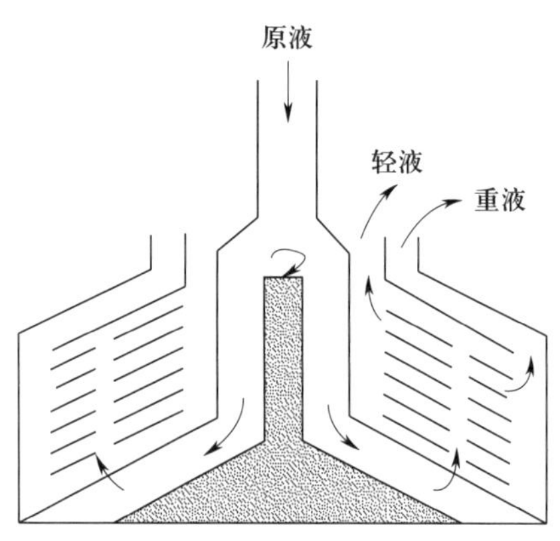

图 7－7　逆流离心萃取机

工作原理：欲分离的料液自碟片架顶加入，进入转鼓后，因离心力的作用，料液经过碟片架底部的通道流向外围，固体被甩向鼓壁。转鼓内有一叠碗盖形金属片，每片上各有两排孔，它们至中心的距离不等，这样将碟片叠起来时便形成两个通道。因离心作用，液体分流于各相邻两碟片之间的空隙中，而且在每一层空隙中，轻液流向中心，重液流向鼓壁，于是轻重液分开，最后分别借助离心泵输出。底部碟片和其他碟片不同，只有一排孔。但底片有两种，区别在于孔的位置不同，分别和其他碟片上两排孔的位置相对应。应按轻重液的比例不同而选用不同的底片。

2. 三相倾析式离心机（管式）

三相倾析式离心机可同时分离重液、轻液及固体三相，如图 7－8 所示，由圆柱－圆锥形转鼓、螺旋输送器、驱动装置、进料系统等组成。该机在螺旋转子柱的两端分别设有调节环和分离盘，以调节轻、重液相界面，轻液相出口处配有离心泵，在泵的压力作用下，将轻液排出。进料系统上设有中心套管式复合进料口，中心管和外套管出口端分别设有轻液相分布器和重液相布料孔，其位置是可调的，把转鼓顶端分为重液相澄清区、逆流萃取区和轻液相澄清区。

工作原理：料液从重液相进料管进入转鼓的逆流萃取区后受到离心力场的作用，与中心管进入的轻液相（萃取剂）接触，迅速完成相之间的物质转移和液－液－固分离。固体渣子沉积于转鼓内壁，借助于螺旋转子缓慢推向转鼓锥端，并连续排出转鼓。而萃取液则由转鼓柱端经调节环进入离心泵室，借助离心泵的压力排出。

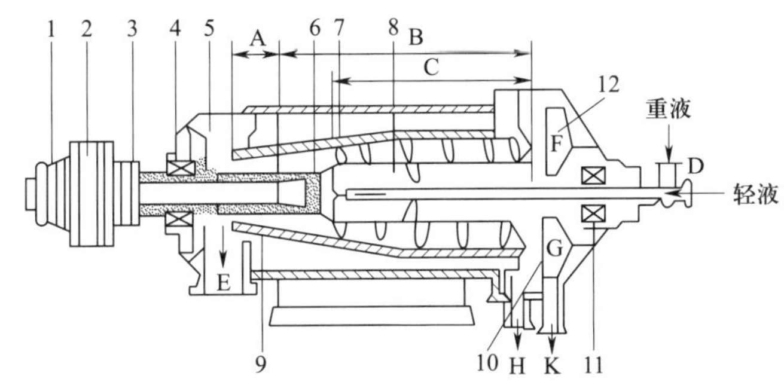

图 7－8　三相倾析式离心机结构图

1—V 带　2—差速驱动装置　3—转鼓皮带轮　4—轴承　5—外壳　6—分离盘
7—螺旋输送器　8—轻相分布器　9—转鼓　10—调节环　11—转鼓主轴承　12—离心泵
A—干燥段　B—澄清段　C—分离段　D—入口
E—排渣口　F—调节盘　G—调节管　H—重液　K—轻液

日积月累

1. 萃取设备分为混合设备和分离设备两类。

2. 混合设备有混合罐、喷射式混合器、管式混合器，分离设备有碟片式离心机、管式离心机、逆流离心萃取机、三相倾析式离心机等。

3. 离心萃取设备工作原理是依据两溶剂密度大小的差别，将其分成轻相和重相，从而达到分离效果。

§7－3　固液萃取设备

学习目标

知识目标

1. 掌握药用植物化学成分、天然产物的萃取剂等基本概念和原理；
2. 了解天然产物的萃取过程及天然产物萃取设备的结构和工作原理。

技能目标

1. 能够运用所学的基本理论知识判断和选择合适的萃取剂；
2. 能够根据所学的萃取过程以及萃取设备的基本知识判断和选择合适的萃取设备。

一、药用植物化学成分

1. 植物中的化学成分

天然药物中所含的化学成分十分复杂，概括起来可分为以下几类。

（1）有效成分是指具有生物活性且能起到防治疾病作用的单体化合物，如生物碱、蒽醌类、黄酮类化合物等。

（2）有效提取物是指含有一种主要有效成分或一组结构相近的有效成分的提取物，如人参总皂苷、银杏总黄酮等。

（3）辅助成分是指本身没有特殊疗效，但能增强或缓和有效成分作用的物质，如洋地黄中的皂苷可帮助洋地黄苷溶解及促进其吸收。

（4）无效成分是指本身无效甚至有害的成分，它们往往影响溶剂提取的效率、制剂的稳定性、外观及药效。

天然药物的提取多数情况是为了得到或分离出有效组分，浸取天然药物中活性组分，基本遵循“相似相溶”原理，本节只介绍植物药、动物药、矿物药的提取过程。

2. 天然产物的溶解性

大多数植物体中的天然有机化合物都含有生物碱、醌、苷类、香豆素、木脂素、黄酮、萜类、甾体及其挥发油、色素物质等，这部分物质一般都具有很强的药理活性，是天然药物的有效化学成分。从理化性质角度来看，这些有效成分的分子极性分布范围宽，且从强极性到非极性都有相应的物质存在，所以它们的溶解性比较复杂，它们多数不溶于水但能溶于有机溶剂，如乙醇溶液可溶解大多数天然化合物，所以在萃取时常常采用乙醇作提取溶剂。

二、天然产物的萃取剂

1. 溶剂极性

动植物中提取的有效产品主要用作医药或食品的原料，所以在提取过程中所使用的溶剂必须满足安全、高效、价廉的基本原则，对人体无任何毒理副作用，而且能最大限度地溶解目的产物，最小限度地溶解非目的产物。在实际工艺生产过程中，经常采用多种溶剂混配的方法，使所用溶剂的理化性质符合植物提取工艺的安全要求。采用溶剂进行植物提取的理论依据是相似相溶原理，如果溶剂的分子极性与目的产物相近，则所使用的溶剂能够将目的产物最大限度地提取出来。

植物提取常见溶剂的极性大小排列顺序为：

水 > 乙醇 > 丙酮 > 乙酸乙酯 > 乙醚 > 三氯甲烷 > 苯 > 甲苯 > 石油醚

（1）水

水极性大，溶解范围广，植物中多种成分都能被水溶解浸出。优点是无毒理作用，价格便宜。缺点是选择性差，非目的产物被浸出量大，给纯化操作带来困难。

（2）乙醇

乙醇为中强极性，能与水以任意比例混溶，乙醇浓度越高则极性越低。各种活性成分在乙醇中的溶解度随乙醇浓度的变化而变化，90% 的乙醇可用来浸取挥发油、有机酸、树脂、叶绿素等弱极性成分，50% ~70% 的乙醇可用来浸取生物碱、苷类等，50% 以下的乙醇可用来浸取苦味物质、蒽醌类等亲水性化合物。

（3）乙醚

乙醚是非极性溶剂，微溶于水，可与乙醇及其他有机溶剂混溶。乙醚可溶解生物碱、树脂、挥发油、某些苷类。大部分溶解于水的成分在乙醚中不溶解。乙醚的缺点是有药理副作用、易燃易爆、价格高。在提取过程中主要用于粗品的精制。

（4）三氯甲烷

三氯甲烷是非极性溶剂，在水中微溶，与乙醇、乙醚能任意混溶。可溶解生物碱、苷类、挥发油、树脂等，不能溶解蛋白质、鞣质等极性物质。三氯甲烷有强烈的药理作用，应在浸出液中尽量除去。

除此之外，丙酮和石油醚也是常用溶剂，可用于脱水、脱脂和提取。丙酮和石油醚有较强的挥发性，且易燃易爆，并具有一定的毒性，主要用于提取过程中粗品的精制。

2. 常用萃取助剂

为除去或减少某些物质，增加制剂的稳定性，提高目的产物的溶解度，常在提取溶剂中加入辅助剂。常用的辅助剂有酸、碱和表面活性剂。

酸类如硫酸、盐酸、醋酸、酒石酸等可与生物碱等天然有机化合物反应生成盐，从而提高了其在水溶液中的溶解度；同时还可使植物中的有机酸游离后，再用溶剂萃取除去。

碱类如氨水、碳酸钙、碳酸钠、碳酸氢钠等可与蒽醌等天然有机化合物发生中和反应生成盐，从而提高这些化合物在水溶液中的溶解度和稳定性，有利于目的产物的提取。在生物碱的酸提取液中加碱可使生物碱游离，便于萃取。

加入表面活性剂可降低植物材料与溶剂间的界面张力，使润湿角变小，促使溶剂和植物材料之间的润湿渗透。常用的表面活性剂有非离子型、阴离子型和阳离子型，根据植物材料和溶剂性质确定所使用的表面活性剂的类型。

三、天然产物的萃取过程

植物提取的过程本质上是固液萃取过程，是用溶剂将目的产物从细胞中萃取出来的过程。萃取液又称提取液，提取液经浓缩干燥后的提取物称为浸膏。

在植物提取过程中，当固体材料与溶剂经过长时间接触后，材料内部空隙中液体的浓度与材料周围液体的浓度相等，液体的组成不再随时间而改变，称固液萃取达到平衡状态。

一个完整的提取过程有以下几个阶段。

1. 浸润、渗透阶段

湿润作用对浸出有较大影响，若药材不能被浸出溶剂湿润，则浸出溶剂无法渗入细胞，无法实现提取。浸出溶剂能否湿润药材，由溶剂和药材的性质及两者间的界面情况所决定，其中表面张力占主导地位。毛细管被溶剂所充满的时间与毛细管的半径、毛细管的长度及毛细管的内压力等有关。

通过对植物药材的减压或对溶剂加压，以及对药材进行适当的粉碎，破坏部分细胞壁，可提高提取的速度和效率。

2. 解吸与溶解阶段

因细胞中的各种成分间有一定的亲和力，所以在溶解之前必须克服这种亲和力，才能使各种成分能够转入溶剂中，其称为解吸作用。溶剂渗入细胞后即逐渐溶解可溶性成分，溶剂种类不同，溶解的成分不同。在提取有效成分时，应选用具有较好解吸作用的溶剂，如乙醇。

3. 扩散阶段

活性成分从细胞中转移到提取溶剂中是通过扩散过程完成的。扩散过程可分为内扩散和外扩散两个阶段。溶剂溶解了细胞中活性成分后形成了浓度较高的溶液，在细胞内外产生了溶质浓度差，从而产生了渗透压。细胞内的活性成分在渗透压推动下穿过细胞膜和细胞壁，逐渐扩散到细胞壁外侧，并在细胞壁外侧积聚，这个过程称为内扩散过程。细胞壁外侧的活性成分浓度在逐渐升高，新鲜溶剂进入浓度已升高的液层中，将细胞壁外侧的活性成分从高浓度部位转移到低浓度部位，这个过程称为外扩散过程。

四、天然产物萃取设备

目前植物提取方法有煎煮法、浸渍法、渗漉法、回流法等，由于提取原理上的差异，相应地所使用的设备也互不相同。

1. 煎煮提取工艺及设备

将植物材料在水中加热煮沸提取目的产物的方法称为煎煮法，可分为常压煎煮、加压煎煮、减压煎煮等。煎煮法适合于在水中能够溶解、对热不敏感的目的产物的提取。常压煎煮法设备为夹层锅，如图 7－9 所示。

图 7－9　夹层锅

工作原理：将植物材料装入煎煮锅中，用水浸没原材料，待植物材料软化润胀后，用蒸汽加热至沸腾，然后控制蒸汽加热，保持微沸状态，经过一定时间后将药渣和煎煮液一起倒入筛网过滤，将煎煮液转入中间罐储存。再用新鲜水重复煎煮两次，合并煎煮液，静置过夜，沉淀过滤，所得滤液就是提取液，经浓缩干燥即得浸膏。

2. 浸渍提取工艺及设备

浸提罐是最常用的浸提设备，基本结构为上部有盖，下部有出液口，内部装有多孔假底并铺上滤布，目的是过滤提取液并防止药渣堵塞。为了提高浸出效率，浸提罐中一般都装有搅拌装置对物料进行搅拌或在下端出口处设置离心泵强制溶媒循环，起类似于搅拌的作用，如图 7－10 所示。

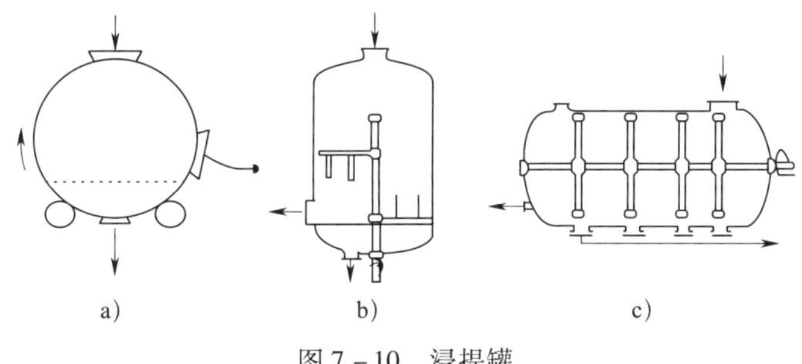

图 7－10　浸提罐

a）立式　b）卧式　c）转筒式

3. 渗漉提取工艺及设备

渗漉器一般为圆筒形设备，也有圆锥形的，上部有加料口，下部有出渣口，其底部有筛板、筛网或滤布等以支持药粉底层。大型渗漉器有夹层，可通过蒸汽加热或冷冻盐水冷却，以达到浸出所需温度，并能进行常压、加压及强制循环渗漉操作，如图 7－11 所示。

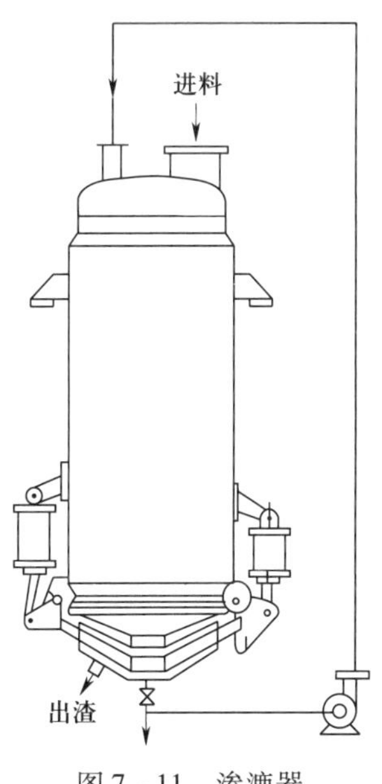

图 7－11　渗漉器

在多级逆流渗漉器中，药材按顺序装入1～5个渗漉罐，用泵将溶剂送入1号罐，1号渗漉液经加热器后流入2号罐，依次送到最后5号罐。当1号罐内的药材有效成分全部渗漉后，用压缩空气将1号罐内液体全部压出，1号罐即可卸渣装新料。此时，来自溶剂罐的新溶剂装入2号罐，最后从5号罐出液至储液罐中。待2号罐渗漉完毕后，即由3号罐注入新溶剂，改由1号罐出渗漉液，依此类推，如图7－12所示。多级逆流渗漉器克服了普通渗漉器操作周期长、渗漉液浓度低的缺点，由于渗漉液浓度高，渗漉液量少，便于蒸发浓缩，适于大批量生产。

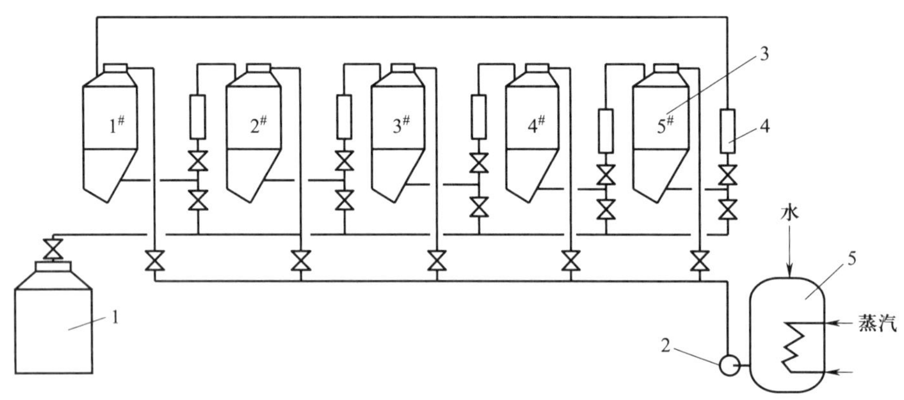

图7－12　多级逆流渗漉器

1—储液罐　2—泵　3—渗漉罐　4—加热器　5—溶剂罐

4. 回流提取工艺及设备

在天然产物提取生产中，大多数情况下都要进行加热提取。在加热提取中溶剂蒸发成蒸气，为了减少溶剂的损失，常将溶剂蒸气引入冷凝器中冷凝成液体，并再次返回到容器中浸取目的产物，这种提取方法称为回流提取法。回流提取法本质上是浸渍法，其工艺特点是溶剂循环使用，浸取更加完全彻底。缺点是由于加热时间长，不适用于热敏性物料和挥发性物料的提取。

（1）热回流循环提取浓缩机

热回流循环提取浓缩机是一种新型动态提取机组，集提取、浓缩为一体，是一套全封闭连续循环动态提取装置。该设备主要用于以水、乙醇及其他有机溶剂提取药材中的有效成分、浸出液浓缩，以及有机溶剂的回收，基本结构如图7－13所示。浸出部分包括提取罐、消泡器、提取罐冷凝器、提取罐冷却器、油水分离器、过滤器、泵；浓缩部分包括加热器、蒸发器、冷凝器、冷却器、蒸发料液罐等。

工作原理：将药材置于提取罐内，加药材量5～10倍的适宜溶剂。开启提取罐和夹套的蒸气阀，加热至沸腾20～30 min后，用泵将1/3浸出液抽入蒸发器。关闭提取罐和夹套的蒸气阀，开启加热器蒸气阀使浸出液进行浓缩。浓缩时产生二次蒸气，通过蒸发器上升管送入提取罐作为提取的溶剂和热源，维持提取罐内沸腾。二次蒸气继续上升，经提取罐冷凝器回落到提取罐内作为新溶剂。这样形成热的新溶剂回流提取，形成高的浓度梯度，药材中的有效成分更易浸出，直至有效成分完全溶出。此时，关闭提取罐与蒸发器阀门，浓缩的二次蒸气转送冷却器，浓缩继续进行，直至浓缩成需要的相对密度的药膏，放出备用。提取罐内

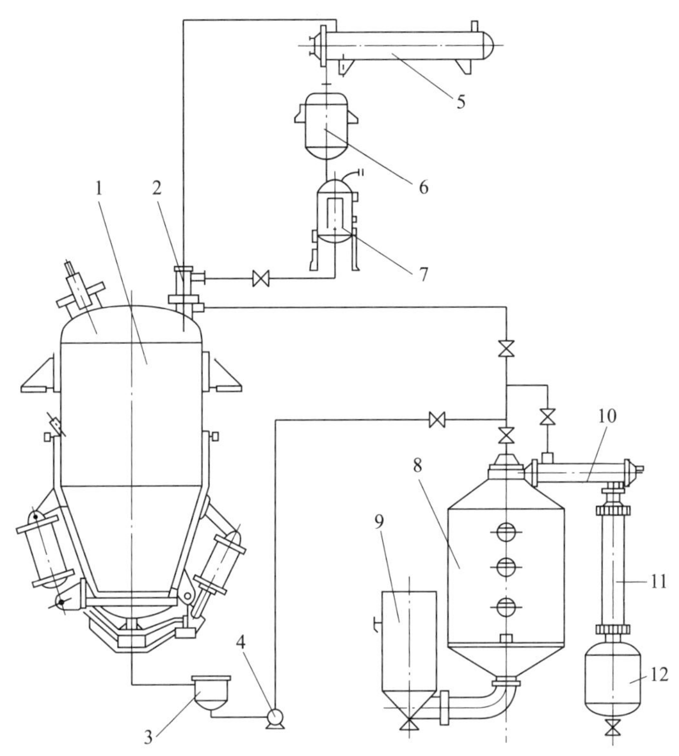

图 7－13　热回流循环提取浓缩机

1—提取罐　2—消泡器　3—过滤器　4—泵　5—提取罐冷凝器　6—提取罐冷却器　7—油水分离器　8—浓缩蒸发器　9—浓缩加热器　10—浓缩冷却器　11—浓缩冷凝器　12—蒸发料液罐

的液体，可放入储罐作为下批提取溶剂，药渣从渣门排掉。

热回流循环提取浓缩机优点如下。

1）收膏率比多功能提取罐高 10%～15%，产物中有效成分含量高 1 倍以上。

2）浸出速度快，浓缩与浸出同步进行，整个浸出周期短，一般只需 7～8 h，设备利用率高。

3）提取过程仅加 1 次溶剂，在一套密封设备内循环使用，药渣中的溶剂均能回收出来。溶剂用量比多功能提取罐少 30% 以上，消耗率可降低 50%～70%，更适于有机溶剂提取，提纯中药材中有效成分。

4）由于浓缩的二次蒸气作提取的热源，抽入浓缩器的浸出液与浓缩的温度相同，节约 50% 以上的蒸气。

5）设备占地小，节约能源与溶剂，故投资少，成本低。

（2）多功能提取罐

多功能提取罐是目前国内应用最广的密闭提取罐，适用于物料的常压、减压、水煎、温浸、热回流、强制循环、渗漉、挥发油提取及有机溶媒的回收等多种工艺操作，一般流程如图 7－14 所示。

多功能提取罐常分为正锥式、斜锥式、直筒式和蘑菇式等样式。多功能提取罐一般都安装在一个高台上，底部悬空；从罐体的上部加入待提取的物料及提取溶媒，夹层通蒸气间接

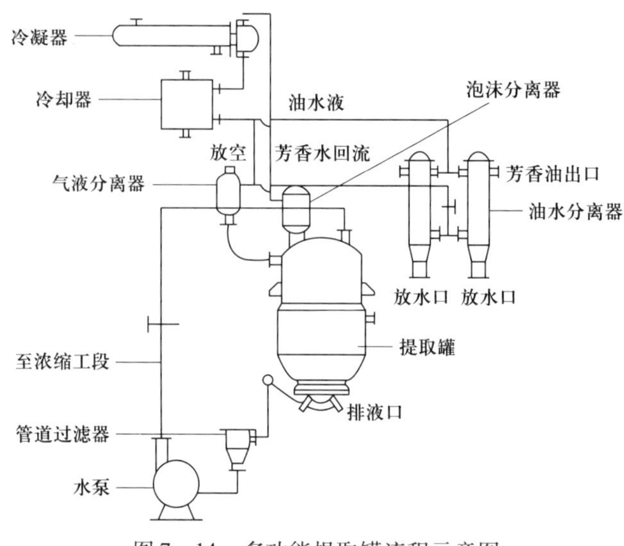

图 7-14　多功能提取罐流程示意图

加热或直接从底部通入蒸气加热提取；利用高度差，提取液从底部放出，经过滤后置于另罐储存或直接转至下一操作工序；罐底盖可以自动启闭，提取后余下的药渣借助机械力或压力排出。为了提高工作效率，减少能耗，多功能提取罐往往都是与其他设备组成相应的机组来完成一系列的工艺操作。

（3）超声提取设备

超声提取在中药制剂提取工艺中的应用越来越受到关注。超声提取设备也由小试实验室逐步向中试和大规模工业化发展，如图 7-15 所示。常见的有清洗槽式超声提取装置，分为非直接超声提取装置（图 7-16）和直接超声提取装置（图 7-17）。

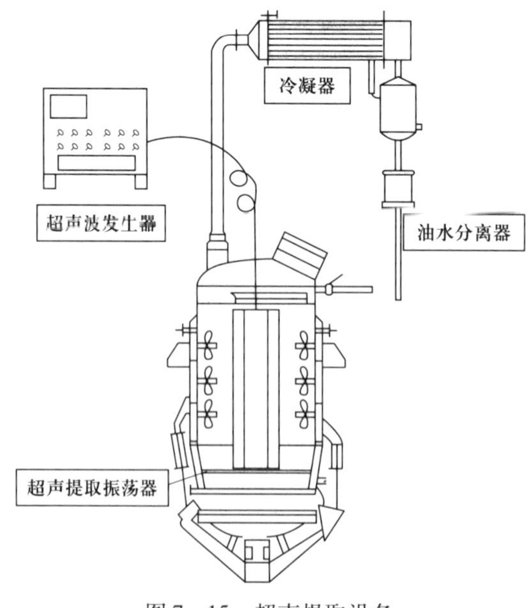

图 7-15　超声提取设备

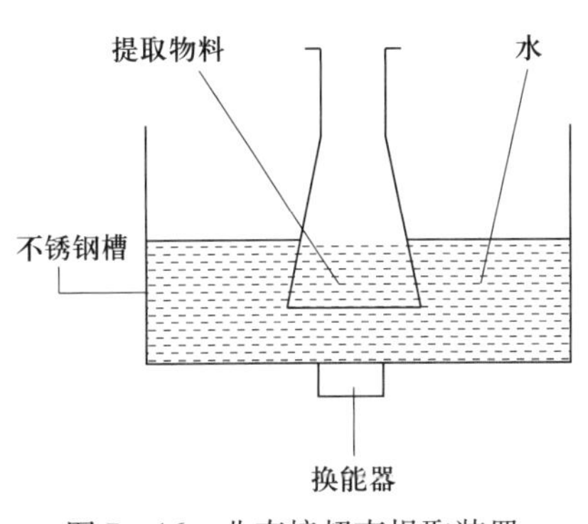

图7－16　非直接超声提取装置

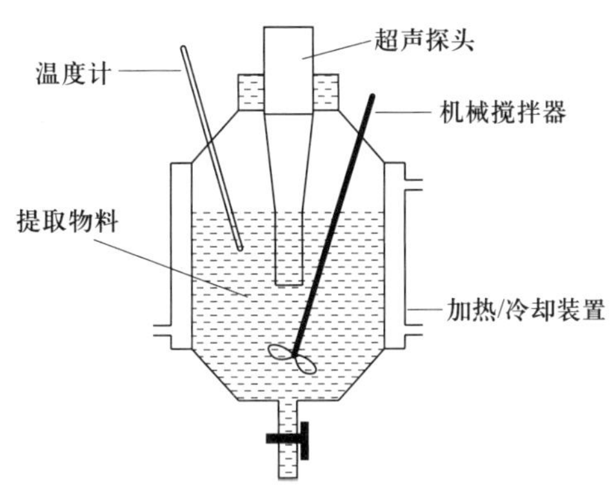

图7－17　直接超声提取装置

非直接超声提取装置的锥形瓶底部距不锈钢槽底部的距离以及萃取液在锥形瓶中的高度都需仔细调整，因萃取液与萃取器之间声阻抗相差很大，声波反射极为严重，加以使用玻璃做萃取瓶，萃取液又是水，其反射率可高达70%。

直接超声提取装置是采用变幅杆与换能器紧密相连，探头深入萃取系统中，而探头是一种变幅杆，即一类使振幅放大的器件，并使能量集中。在探头端面声能密度很高，通常大于100 W/cm^2，根据需要还可以做得更大。功率一般连续可调。

日积月累

植物中的天然活性化学成分有生物碱、苷类、醌、黄酮、香豆素、木脂素、糖类、甾体及其挥发油、色素等，可用水或者有机溶剂进行固液萃取。萃取过程可选用煎煮、浸渍、渗漉和回流提取等工艺，采用的设备有煎煮锅、渗漉罐和多种提取罐等。

§7－4　植物提取浓缩工艺流程

学习目标

知识目标

1. 掌握两种典型的纯化工艺原理、特点以及操作要点；
2. 了解两种典型的植物提取浓缩工艺流程及其特点。

技能目标

1. 能够运用所学的基本理论知识判断和选择合适的纯化工艺方法；
2. 能够运用所学的基本理论知识判断和选择合适的植物提取浓缩工艺流程。

一个完整的植物提取浓缩工艺流程包括预处理阶段、提取阶段、纯化阶段和浓缩干燥阶段。预处理阶段包括净选、切制、炒制、蒸制、干燥、粉碎等操作，本节只讨论植物提取、纯化、浓缩、干燥等工艺流程。

一、典型的纯化工艺

在植物提取液中包含非常多的杂质成分，根据这些杂质的理化性质，可选择有效的纯化操作将杂质分离出去。在对提取液进行初步纯化时，通常采用水沉淀和乙醇沉淀，也可选用金属盐和其他有机溶制进行杂质沉淀。典型的提取纯化工艺有水提醇沉法和醇提水沉法。

1. 水提醇沉法

将水提取液浓缩后，加入足量的乙醇，使杂质沉淀分离的方法称为水提醇沉法。水是极性分子，在植物提取中能萃取出多种化学成分，包括目的产物和杂质成分。植物中的蛋白质、淀粉、黏液质、树脂、果胶等生物大分子都能被提取出来。这些生物大分子在高浓度的乙醇溶液中溶解度小，极容易发生沉淀。所以，在水提取液中加入高浓度乙醇既能沉淀去除杂质，又保留了能溶于水和乙醇的有效成分，从而达到分离杂质的目的。

在实际操作中加入的乙醇量要准确，当溶液中乙醇浓度为50% ~60%时，可去除淀粉杂质；含醇量达75%时，可除去蛋白质等杂质；当含醇量为80%时，几乎可除去全部蛋白质、多糖和无机盐类。

2. 醇提水沉法

某些目的产物分子极性不高，在水中溶解度小甚至不溶，但在乙醇中有较大的溶解度，此时应采用乙醇作提取溶剂，将所得提取液浓缩后低温冷藏过滤，滤去沉淀除去杂质，这种纯化过程称为醇提水沉法。

用乙醇提取的优点是降低了提取液中蛋白质、淀粉、黏液质、树脂、果胶等生物大分子的含量，简化了后续纯化操作；操作工序少，提取液受热时间短，有效成分损失小。其缺点是不能将鞣质彻底除掉，由于脂溶性色素能溶于乙醇溶液中，故提取液颜色较水提醇沉法深，需要用硅藻土或活性炭脱色。

二、植物提取浓缩工艺流程

植物提取浓缩工艺流程包括提取、纯化、浓缩、干燥四个操作单元。根据提取溶剂的流动状态，可将提取浓缩工艺流程分为静态提取和动态提取两种。

1. 静态提取浓缩工艺流程

静态提取浓缩生产工艺的特点是，提取罐中的原材料和溶剂处于相对静止的状态，静态提取法设备投资少，维修率低，但提取效率较低溶剂消耗量大，后续溶剂回收工作量大。

静态提取浓缩生产线由提取罐、冷凝器、冷却器、振动筛、离心泵、中间罐、蒸发器、储罐、沉淀罐、浓缩罐、真空干燥器、酒精回收塔、射流真空泵等设备组成。

2. 动态提取浓缩工艺流程

植物动态提取浓缩工艺有浸提、振动筛过滤、三级离心过滤机过滤、层析柱分离纯化、解吸液蒸发浓缩、喷雾干燥等操作环节。植物动态提取浓缩生产线由多功能提取罐、板框过滤器、三足离心机、振荡筛、碟片式离心机、管式高速离心机、层析柱、真空蒸发器、喷雾干燥器等设备组成。

日积月累

将水提取液浓缩后，加入足量的乙醇，使杂质沉淀分离的方法称为水提醇沉法。若目的产物分子极性不高，在水中溶解度小甚至不溶，但在乙醇中有较大的溶解度，应采用乙醇作提取溶剂。

目标检测

一、选择题

1. 单项选择题

（1）在萃取过程中起转移溶质作用的溶剂称为（　　）。

A. 萃取剂　　B. 萃取液

C. 萃余液　　D. 溶剂

（2）萃取反应中萃取剂为弱酸性有机化合物，溶质在水相中以络离子形式存在，萃取时，水相中溶质的阳离子取代出萃取剂中的氢离子，称为（　　）。

A. 阳离子交换反应萃取　　B. 物理萃取

C. 络合反应萃取　　D. 加合反应萃取

（3）下列对传统的混合设备的描述错误的是（　　）。

A. 间歇操作　　B. 停留时间较长

C. 传质效率较高　　D. 装置简单，操作方便

（4）下列对多级逆流萃取的描述错误的是（　　）。

A. 在第一级中加入料液，萃余液顺序作为后一级的料液

B. 在最后一级加入萃取剂，萃取液顺序作为前一级的萃取剂

C. 料液的流动方向与萃取剂的流动方向相反

D. 溶剂耗量大，萃取液浓度高

（5）下列对多级错流萃取的描述错误的是（　　）。

A. 每级中都加新鲜溶剂，耗损大　　B. 得到的萃取液浓度低

C. 得到的萃取液浓度高　　D. 萃取完全

（6）下列物质常用于中药的是（　　）。

A. 树脂　　B. 黏液质

C. 果胶　　D. 挥发油

(7) 咖啡因属于 (　　)。

A. 苷类化合物　　B. 黄酮化合物

C. 生物碱　　D. 醌类化合物

(8) 醌类化合物易溶解于 (　　)。

A. 中性水溶液　　B. 酸性水溶液

C. 碱性水溶液　　D. 石油醚

(9) 萜类化合物易溶解于 (　　)。

A. 中性水溶液　　B. 酸性水溶液

C. 碱性水溶液　　D. 石油醚

(10) 提取生物碱时常用 (　　) 提取。

A. 中性水溶液　　B. 酸性水溶液

C. 三氯甲烷　　D. 石油醚

(11) 热提法中只能用水作为溶剂的方法是 (　　)。

A. 浸渍法　　B. 渗漉法

C. 煎煮法　　D. 回流法

(12) 热提法中有机溶剂用量最省的方法是 (　　)。

A. 浸渍法　　B. 渗漉法

C. 煎煮法　　D. 回流法

(13) 提取易挥发成分的最适合方法是 (　　)。

A. 温浸法　　B. 渗透法

C. 索氏提取法　　D. 压榨提取法

(14) 在植物提取过程中，控制提取速度的步骤是 (　　)。

A. 浸润渗透　　B. 解吸与溶解

C. 内扩散　　D. 外扩散

(15) 蘑菇式提取罐系统没有的部件是 (　　)。

A. 冷凝器　　B. 冷却器

C. 油水分离器　　D. 搅拌器

(16) 动态提取罐罐体上安装有 (　　)。

A. 搅拌器　　B. 气液分离器

C. 油水分离器　　D. 冷凝器

(17) 水提醇沉法所得沉淀主要是 (　　)。

A. 黄酮　　B. 木脂素

C. 多糖　　D. 生物碱

(18) 中药静态提取浓缩流程没有采用的设备是 (　　)。

A. 振荡筛　　B. 管式离心机

C. 沉淀罐　　D. 乙醇回收塔

(19) 中药动态提取浓缩流程采用碟片离心机是为了（　　）。

A. 去除药渣　　B. 去除有机溶剂

C. 去除生物大分子　　D. 收集药膏

2. 多项选择题

(1) 常见的萃取剂有（　　）。

A. 乙酸乙酯　　B. 石油醚

C. 正丁醇　　D. 甘油

E. 蓖麻油

(2) 对萃取剂选择的原则描述正确的是（　　）。

A. 对所需成分溶解度大，其他成分溶解度小，根据相似相溶原理进行选择

B. 萃取剂与料液的互溶度越小越好

C. 毒性小

D. 经济、安全、腐蚀性低、挥发性小、沸点不高、便于回收

E. 以上都正确

(3) 对分离因素的描述正确的是（　　）。

A. 分离因素是在同一萃取体系内两种溶质在同样条件下分配系数的比值

B. 分离因素越小，说明两种溶质分离效果越好

C. 分离因素等于1，这两种溶质就分不开了

D. 分离因素越大，说明两种溶质分离效果越好

E. 以上都不对

(4) 下列说法正确的是（　　）。

A. 天然药物提取过程不适用物质“相似相溶”规律

B. 乙醇可作渗漉提取用溶剂

C. 冷浸法可最大限度地保持药物有效成分的活性

D. 提取草本药材的有效成分时可选用直筒式提取罐

E. 乙醚可用于提取过程

(5) 植物静态提取工艺流程可采用的纯化方法有（　　）。

A. 铅盐沉淀法　　B. 乙醇沉淀法

C. 水沉淀法　　D. 硫酸盐法

E. 盐析法

(6) 植物动态提取工艺流程采用的纯化方法是（　　）。

A. 醇沉法　　B. 碟片离心机

C. 高速管式离心机　　D. 水沉法

E. 盐析法

(7) 在水提醇沉法中除去的杂质成分是（　　）。

A. 蛋白质　　B. 醇

C. 多糖　　　　D. 树脂

E. 生物碱

（8）常用提取罐出渣门的控制方法是（　　）。

A. 手动控制　　　　B. 液动控制

C. 气动控制　　　　D. 电磁阀控制

E. 电机控制

二、简答题

1. 为什么在中药提取液中加入乙醇可除去生物大分子？
2. 如何回收中药提取液中的乙醇？
3. 动态提取浓缩工艺流程有哪些缺点？
4. 澄清中药提取液的方法有哪些？

三、实例分析

1. 在发酵法生产青霉素的过程中以醋酸戊酯作萃取剂，采用了三级逆流萃取工艺流程，试分析其合理性。

2. 在中药藿香正气液的生产过程采用了渗漉提取法，试阐述理由。

第八章

蒸发与结晶设备

加热含有不挥发性溶质的稀溶液，溶剂会不断蒸发，溶液由不饱和变为饱和，继续蒸发，过剩的溶质就会呈晶体状析出，这个过程就是蒸发结晶。蒸发与结晶是两个步骤，既紧密相连，又有所区别，在药物生产、化工等领域被广泛采用。

§8－1　蒸发及其设备

学习目标

知识目标

1. 掌握蒸发的基本概念及原理；
2. 掌握蒸发的特点、应用及分类；
3. 了解常见蒸发操作的基本原理和工艺流程。

技能目标

1. 能够根据物料特性选择相应的蒸发设备；
2. 能够熟练使用蒸发设备；
3. 能够对蒸发设备进行简单的维护及保养。

蒸发是溶液浓缩的单元操作。蒸发是将含有不挥发性溶质的稀溶液加热沸腾，使部分溶剂汽化并使溶液得到浓缩的过程。蒸发操作的主要目的是：将稀溶液浓缩直接得到液体产品，在制药工业中，经常需将药物浓缩到一定浓度，如中药丸剂的制取；通过蒸发操作制取过饱和溶液而得到结晶产品；将溶液蒸发并将蒸气冷凝、冷却，以达到纯化溶剂的目的。

一、蒸发概述

1. 蒸发及其应用

蒸发是使挥发性的溶剂与不挥发的溶质进行分离的一种重要的单元操作。蒸发是指将溶液加热后，使其中部分溶剂汽化并被去除，从而提高溶液中溶质的浓度或使溶液浓缩至饱和而析出溶质的过程。蒸发过程的特点是：① 蒸发是一种分离过程，可使溶液中的溶质与溶剂部分分离，但溶剂与溶质分离是靠热源传递热量使溶剂沸腾汽化。② 蒸发的物料是溶有不挥发性溶质的溶液，当加热蒸气温度一定时，蒸发溶液时的传热温度差要比蒸发纯溶剂时小，溶液的浓度越大，这种影响越显著。③ 溶剂的汽化要吸收能量，热源耗量很大。如何充分利用能量和降低能耗，是蒸发操作一个十分重要的课题。④ 被蒸发的溶液本身常具有某些特性，例如，有些物料在浓缩时可能结垢或析出结晶，有些热敏性物料在高温下易分解变质，有些溶液则有较大的黏度或较强的腐蚀性等。因此，蒸发过程所需的设备和操作方式也随之有很大的差异。

在制药生产中，广泛采用蒸发操作使溶液浓缩，然后进行结晶或制成浸膏，以获得产品。在化学原料药的合成时，反应结束后，中间体或产品一般溶解于反应液中，可采用蒸发操作，使其结晶析出。在制剂及中草药提取中，蒸发操作更为常用。此外，蒸发也是化工、食品加工、冶金等领域中常用的单元操作。

课堂活动

将石棉网放在三脚架上，蒸发皿放在石棉网上，取 50 mL 食盐水倒入蒸发皿，点燃酒精灯移到三脚架下，观察蒸发皿内食盐水的变化，并记录实验现象。注意事项：①不能直接触摸正在加热和加热后没有冷却的器材。②正确使用酒精灯，盐水快干时要移开酒精灯，盖灭火焰。

2. 蒸发操作的条件

蒸发操作的目的是使溶液浓度增加，因此需要将稀溶液中的部分溶剂不断进行汽化。其中，溶剂汽化的速度取决于传热速率，因此蒸发属于传热操作范畴。由于沸腾状态下的溶液传热系数高，传热速率快，为了强化蒸发效果，在实际应用中蒸发设备大多是在沸腾状态下运行的。为了提高蒸发效率，根据操作工艺要求及物料特性而采取相应的强化传热措施十分必要。

蒸发操作进行的必要条件是：①必须供应足够的热量，来维持溶液沸腾，以及及时补充溶剂汽化所带走的热量；②保证溶剂蒸气（即二次蒸气）迅速排出，通常将用作热源的蒸气称为一次蒸气，从溶液中汽化出来的蒸气称为二次蒸气，以区别加热蒸气和汽化蒸气；③必须具备一定的热交换面积，以保证传热量。

3. 蒸发操作的分类

根据不同的分类标准，蒸发可分为不同的类型。

（1）根据蒸气利用情况

蒸发可分为单效蒸发、二效蒸发和多效蒸发。为了保证蒸发的顺利进行，需要不断地将二次蒸气移除。如果二次蒸气被移除后不再利用，则蒸发为单效蒸发；如果将二次蒸气引入另一蒸发器作为其热源而被利用，称为二效蒸发。同理，如蒸气多次被利用于串联操作，则称为多效蒸发，多效蒸发可提高初始加热蒸气的利用率。

（2）根据蒸发器内的操作压力

1）常压蒸发。特点是可采用敞口设备，工艺较简单，若不利用二次蒸气，可直接将二次蒸气排出，一般用于小批量生产，应用较少。

2）加压蒸发。加压蒸发是为了提高二次蒸气的温度，以便提高二次蒸气的利用价值。由于蒸发温度的提高，降低了溶液的黏度，增加流动性，因此能够改善传热效率，常用于多效蒸发中。

3）减压蒸发。也称真空蒸发，它是在减压或真空条件下进行的蒸发过程，真空使溶液的沸点降低。制药工业中大部分中间体或产物，受热会发生物理化学性质改变，此类热敏性物质的提取过程中，可使用减压蒸发操作。

（3）根据操作流程

蒸发可分为间歇蒸发、连续蒸发。间歇蒸发属于非稳态操作，在蒸发过程中，溶液的沸点、浓度会不断改变。连续蒸发为稳态操作，在大规模生产中应用较多。

（4）根据加热部分的结构

蒸发可分为膜式和非膜式，其中膜式蒸发速度快、传热效果好，膜式蒸发技术发展迅速。

二、常用蒸发操作

1. 单效蒸发

单效蒸发的特点是所产生的二次蒸气不用来使物料进一步蒸发，而是直接冷凝除去，其携带的能量没有被利用，因此能耗较大，只适合在小批量或间歇生产的场合下使用。对于单效蒸发，在给定生产任务和确定操作条件后，通常需要计算水分蒸发量、加热蒸气消耗量和蒸发器的传热面积。

如图 8－1 所示，为工业生产中所见的典型单效真空蒸发流程。图中左面的设备是生产流程中的主体设备——蒸发器。蒸发器的种类很多、结构各异，但目前生产上使用的大部分蒸发器均由两大部分组成，第一部分是下部的加热室，加热室相当于一个换热设备，加热介质是蒸气；构成蒸发器的另一部分是上部的蒸发室（即分离室），分离室则相当于一个气液分离设备。

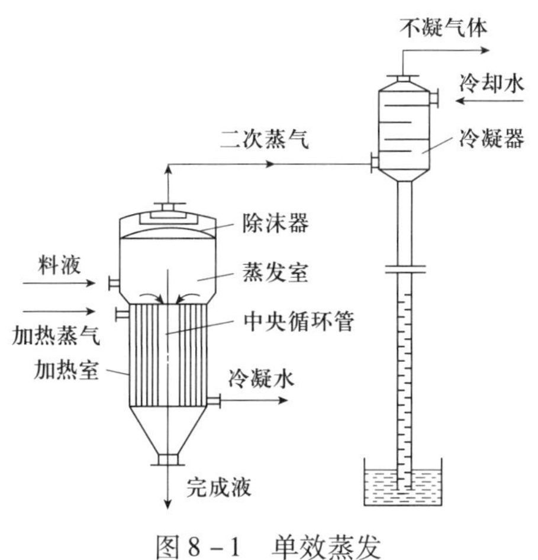

图 8－1　单效蒸发

待蒸发的原料液（稀溶液）从加热室中部进入，在通过整个加热室的过程中，料液接受热量，水分汽化，浓缩后的料液从加热室的底部排出，进入浓液储槽即为产品（常称完成液）。从料液中汽化出来的气体称为二次蒸气，二次蒸气进入冷凝器，被冷却水直接冷凝，冷凝水从底部排出，夹带空气等不凝气体从顶部排出。

2. 多效蒸发

在大规模工业生产中，往往需要蒸发大量的水分，此过程的主要消耗是蒸气及冷却二次蒸气时冷却水的能耗，为了减少加热蒸气的消耗，可采用多效蒸发。在蒸发中，二次蒸气含有大量的潜热，故应将其回收并加以利用。多效蒸发的原理是将若干蒸发器串联起来，将二次蒸气通入另一蒸发器的加热室，作为其加热蒸气，只要后者的操作压强和溶液沸点低于原蒸发器的操作压强和沸点，则通入的二次蒸气仍能起到加热作用。多效蒸发中的每一个蒸发器称为一效，将多个蒸发器连接起来一起操作，即组成了多效蒸发系统，通入加热蒸气的蒸发器为第一效，利用第一效蒸气加热的为第二效，依此类推。

根据加料方式的不同，多效蒸发操作的流程可分为三种，即并流、逆流和平流。

（1）并流

如图 8－2 所示，并流是工业上最常用的方法。在这种操作中，溶液和蒸气的流向一致，加热蒸气从第一效加入，在加热室中放出冷凝潜热，蒸发的二次蒸气引入至第二效的加热室作为加热蒸气，第二效的二次蒸气又引入至第三效的加热室作为加热蒸气，第三效的二次蒸气进入冷凝器中冷凝后排出。原料液也依次经过第一效、第二效、第三效而被连续浓缩，由末效的底部排出，此时称为完成液。

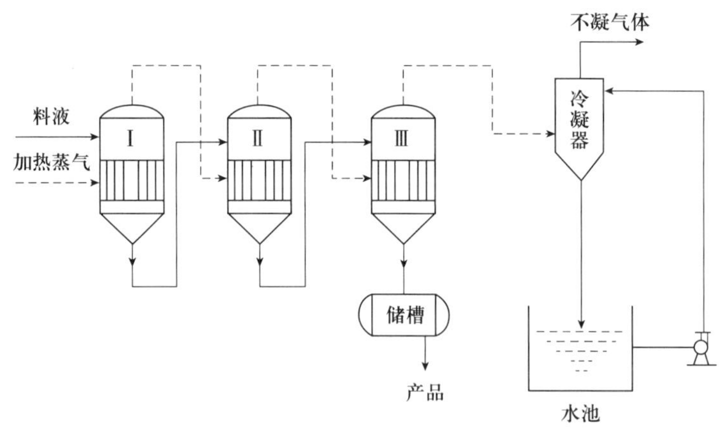

图 8－2　并流

并流的优点是：料液可借相邻二效的压力差自动流入后一效，而不需用泵输送，同时，由于前一效的沸点比后一效的高，因此当物料进入后一效时，会产生自蒸发，这可多蒸出一部分蒸气；操作也较简便，易于稳定。主要缺点是传热系数会下降，这是因为后续各效的浓度会逐渐增高，沸点反而逐渐降低，导致溶液黏度逐渐增大。

（2）逆流

如图 8－3 所示，原料液与二次蒸气流动方向相反。原料液从末效加入，利用泵将其输送至前一效，从第一效取出完成液；而蒸气则是依次流经第一效、第二效、第三效。

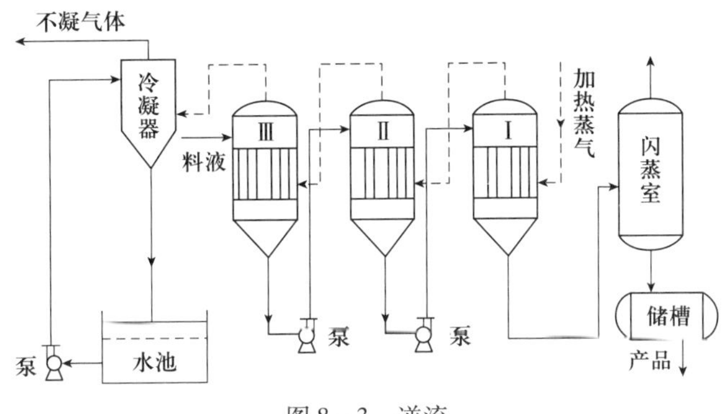

图 8－3　逆流

逆流的优点是：各效浓度和温度对溶液的黏度的影响大致相抵消，各效的传热条件大致相同，即传热系数大致相似。缺点是：料液输送必须用泵，进料也没有自蒸发。一般这种操作只有在溶液黏度随温度变化较大的场合才被采用。

（3）平流

如图 8－4 所示，蒸气的走向与并流相同，其流向仍是由第一效流至末效，但原料液和完成液则分别从各效加入和排出。这种流程适用于处理易结晶物料，如食盐水溶液的蒸发。

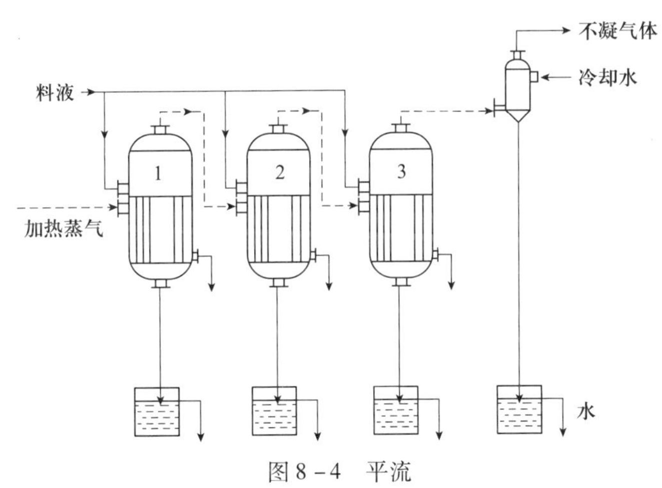

图 8－4　平流

3. 真空蒸发

真空蒸发，即减压蒸发，是在真空下进行的蒸发操作。在真空蒸发流程中，末效的二次蒸气通常在混合式冷凝器中冷凝。真空蒸发可以降低溶液沸点，故具有以下优点：①可处理高温下易分解的热敏性物料，如抗生素等。②增大传热推动力，提高蒸发器单位传热面积的蒸发量。③可利用低温热源，降低能耗。虽然真空蒸发所需温度较低，但如果操作过程时间过长，仍会对热敏物质有较大影响，另外，降温会使溶液黏度增大，导致传热系数减小。

三、常用蒸发设备

进行蒸发的主体设备是蒸发器，它主要由加热室和蒸发室组成。由于生产要求的不同，蒸发设备有多种不同的结构，根据蒸发器加热室的结构和蒸发操作时溶液在加热室壁面的流动情况，可将蒸发器分为循环型（非膜式）和单程型（膜式）两大类，此外，在制药生产中有时也采用夹套式蒸发器、板式蒸发器等，下面主要针对应用较多的循环型蒸发器和膜式蒸发器进行介绍。

1. 循环型蒸发器

循环型蒸发器在实际生产中应用十分广泛，溶液在蒸发器中做循环流动，蒸发器内溶液浓度基本相同，接近于完成液的浓度，操作稳定。根据流动推动力的提供方式可分为自然循环型和强制循环型两大类。自然循环型的流动推动力是由于溶液温度不同和气泡的生成使流体产生的密度差，其中，气泡所引起的密度差所产生的推动力为主要因素。自然循环型蒸发器主要有中央循环管式蒸发器、外热式蒸发器、列文式蒸发器等。强制循环型蒸发器的流动推动力主要由轴流泵等动力设备提供动力，液体循环速度可由轴流泵调节。

（1）中央循环管式蒸发器

中央循环管式蒸发器又称标准式蒸发器，在化学工业中应用广泛，如图 8－5 所示。中央循环管式蒸发器的工作原理：其下部的加热室由垂直管束组成，中间有一根直径较大的中央循环管。当管内液体被加热沸腾时，中央循环管内气液混合物的平均密度较大，而其余加热管内气液混合物的平均密度较小，在密度差的作用下，溶液由中央循环管下降，而由加热管上升做自然循环流动。溶液的循环流动提高了沸腾表面传热系数，强化了蒸发过程。

这种蒸发器结构紧凑，操作可靠，传热效果好。但溶液的循环速度低，传热温差小，影响了传热。在中央循环管内安装一旋桨式搅拌器即构成强制循环蒸发器，可使液体的循环速度提高 2～3 倍。

（2）外热式蒸发器

如图 8－6 所示，该型蒸发器的加热室处于蒸发室之外，即加热室和蒸发室是分开的。其采用了长加热管，液体下降管（也称循环管）不再受热。

蒸发过程中，料液进入加热室加热升温，当溶液的温度达到该状态下的饱和压强后开始沸腾，从而产生大量气泡而汽化，二次蒸气从蒸发室顶部经除沫器处理后进入冷凝器冷凝，蒸发室下部的溶液沿循环管下降。溶液得到的热量越多，阻力越小，沸腾情况越好，循环速度也越大。外热式蒸发器的加热管长径比为 50～100，常压蒸发时，溶液在循环管内的循环速度小于 1 m/s。外热式蒸发器的优点是便于清洗和更换，降低蒸发器的总高度，循环速度快，传热系数大。缺点是单位面积金属耗量大，热损失大。

（3）列文式蒸发器

列文式蒸发器的特点是在加热室的上部加一段直管作为沸腾室，如图 8－7 所示，主要结构有加热室、沸腾室、气液分离室和循环管等。

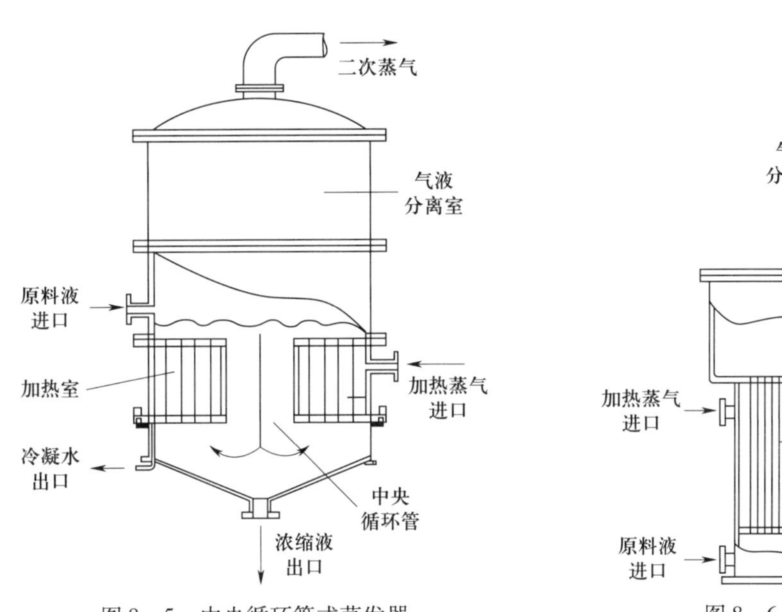

图 8-5 中央循环管式蒸发器

图 8-6 外热式蒸发器

加热管中的溶液由于受到静压的作用，溶液在加热管中达不到该状态下的沸腾条件，从而避免了溶液在加热管内沸腾。当溶液上升到沸腾室时，因其所受的压力降低而开始沸腾。由于列文式蒸发器中的溶液在沸腾室内沸腾，可避免在加热管中析出晶体和结垢，较长时间不需要清洗，传热效果较好。但由于沸腾室的增加，使蒸发器增加了阻力，循环速度有所降低。为了保证溶液在蒸发器内的良好循环，应减少循环系统的阻力。其缺点是设备庞大，消耗材料多，需要高大的厂房。

（4）强制循环型蒸发器

如图 8-8 所示，为强制循环式蒸发器的结构图，在循环管下部设置一个循环泵，蒸发器内溶液的循环不再是自然循环，它需要用输送设备来完成，通过外加机械能迫使溶液以较高的速度（一般可达 1.5~5.0 m/s）沿一定方向循环流动。溶液的循环速度可以通过调节泵的流量来控制。强制循环型蒸发器循环速度大（2~3.5 m/s），且可调节，传热系数较大，可用于蒸发黏度大、易结晶、易结垢的物料，显然，由此带来的问题是这类蒸发器的动力消耗大，每平方米传热面积消耗功率为 0.4~0.8 kW。

2. 膜式蒸发器

膜式蒸发器的特点是溶液以液膜的形式一次通过加热室，不进行循环，即单程型蒸发器。其优点是溶液停留时间短，特别适用于热敏性物料的蒸发；温度差损失较小，表面传热系数较大。但是如果设计或操作不当时，不易成膜，热流量将明显下降。应用较广的膜式蒸发器有升膜式、降膜式蒸发器等。

（1）升膜式蒸发器

如图 8-9 所示，升膜式蒸发器的原理是热的料液自蒸发器底部进入后在加热管内迅速

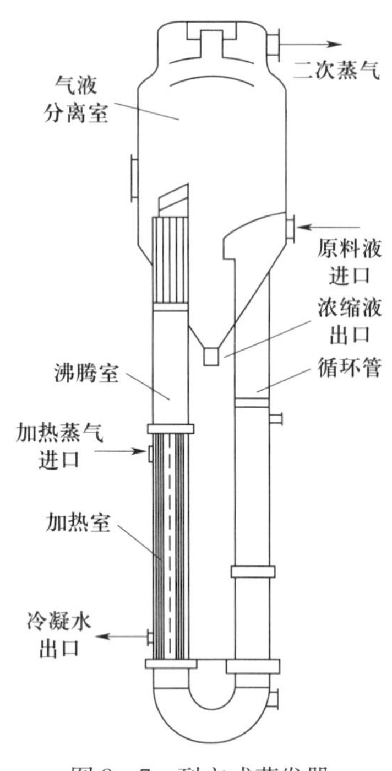

图 8－7 列文式蒸发器

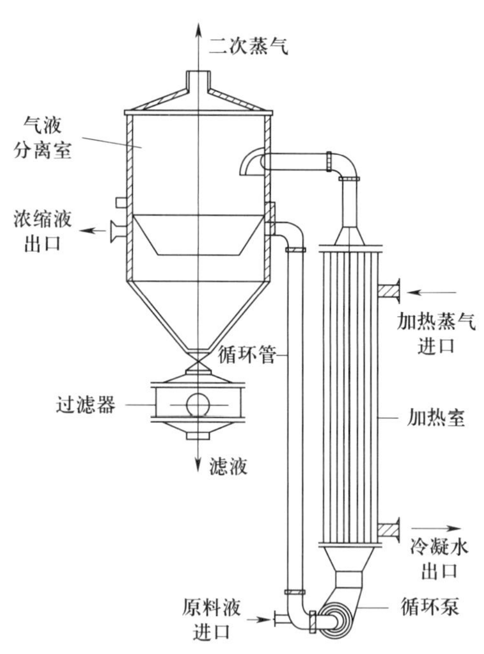

图 8－8 强制循环型蒸发器

汽化，在蒸气的带动下，溶液沿管壁呈膜状迅速上升，并继续蒸发，当到达分离室和二次蒸气分离后即可得到完成液。升膜式蒸发器适用于蒸发量较大、热敏性和易产生泡沫的溶液，不适用于较浓溶液、黏度很大的溶液和易结晶、易结垢溶液。

（2）降膜式蒸发器

如图 8－10 所示，降膜式蒸发器的结构原理与升膜式蒸发器类似。区别在于：料液在蒸发器顶部加入，底部得到完成液；加热管顶部装有液体分布器，以使液体成膜；蒸发及液膜的运动方向都是自上而下的，所以物料的停留时间较短，受热影响小，对浓度较高、黏度较大溶液也适用，特别适用于热敏性物质。其缺点是：液膜在管内分布不易均匀，传热系数相对较小，不适用于易结晶、易结垢物料，结构也较复杂。

3. 蒸发器的辅助设备

蒸发器的辅助设备主要有除沫器、冷凝器和真空装置。

（1）除沫器

除沫器又称气液分离器，可进一步除去二次蒸气中夹带的液沫，避免造成产品损失、污染冷凝器和堵塞管道。主要有折流板式除沫器、球形除沫器、离心式除沫器、丝网除沫器等。

（2）冷凝器和真空装置

冷凝器的作用是将二次蒸气冷凝成液体，有混合式（凝液需回收）、间壁式（凝液不需要回收）等；真空装置在减压操作中使用，将冷凝液中的不凝气体抽出，以保证蒸发所需的真空度，主要有喷射泵、水环真空泵等。

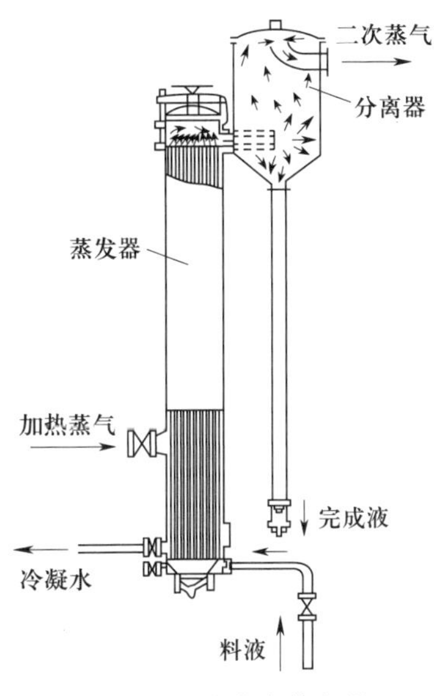

图 8－9　升膜式蒸发器

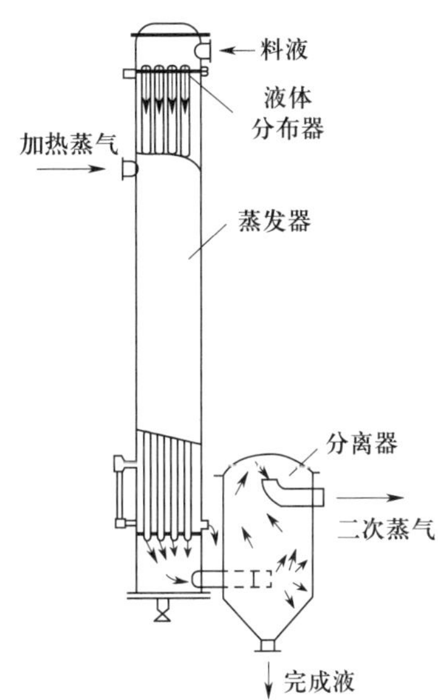

图 8－10　降膜式蒸发器

4. 蒸发器的操作与维护

工厂的蒸发操作，多年来基本采用低液面五定操作，即定气压、定各效压力、定液面、定阀门、定抽汁汽。由于低液面料液柱静压较低，沸点升高较小，有效温度差大，料液循环良好，传热效率高，从而可提高蒸发效能。

（1）蒸发系统的原始开车

原始开车包括检查、洗净、空试、接受物料和正常开车。

1）检查。对全系统按流程全面检查和确认各设备、管道、阀门、法兰和各种计量、测量等仪表是否齐全。

2）洗净。由于安装和检修后的设备、管道内比较脏，开车前必须用自来水或较清洁的工业用水清洗。

3）空试。对机械传动设备和电气设备均应进行空载和加压试车。

4）接受物料。准备工作就绪后，可按操作法规定接受物料。

5）正常开车。开车应各段蒸发器逐步开车。

向蒸发器中缓慢引入加热蒸气，打开蒸发器惰性气体放空阀，排出空气等气体；将蒸发器的溶液下流管的液封内注满水；冷凝器加足量的冷却水；溶液储槽清空准备接受溶液；向蒸发器加溶液，缓慢提真空，逐渐加负荷，调节蒸气和冷却水量。

（2）蒸发系统停车

蒸发系统停车是指逐台蒸发器停车，卸压和卸物料力求彻底，防止溶液系统结晶。

1）将各段溶液槽液位降到最低，停止蒸发器运转。

2）蒸发器加水洗涤。排放系统内溶液并加蒸气吹除。蒸发系统停车。

3）系统内冷凝液全部排入蒸气冷凝液槽，无液面时，停止外送。

4）停掉真空系统。

5）洗涤、置换、吹除完毕，切断冷却水和低压蒸气与外界总管的联系。

6）装有溶液的各储槽出口阀门挂上明显的禁动标志。

（3）蒸发器的维护

1）稳定均衡生产。企业均衡生产、加热器等稳定的抽汁汽量等都会给蒸发的五定操作带来影响，因此企业各工序应协调好，以保证五定操作顺利进行，才能做到节省加热蒸气消耗量。

2）全面抽取汁汽的管理。全面抽取汁汽是根据蒸发方案设计为依据，并结合生产实际情况，合理调整热力系统，以便达到均衡抽取汁汽的目的。

3）凝结水系统的维护

① 不含物料的凝结水送回锅炉作为锅炉给水，这就要求检查其是否含有物料。

② 利用凝结水作为热源去加热其他物料。

③ 利用凝结水自然蒸发补充低压蒸气量的不足。

④ 蒸发设备凝结水必须排出完全，否则将影响蒸发传热。

4）保持加热面清洁。加热管生成积垢会影响传热，无积垢生成是不可能的。根据检查或实际观察确定蒸发罐煮洗清除积垢操作。一般先煮碱，然后用清水煮洗 2 ~ 3 次，进行酸洗后再用清水冲洗 2 ~ 3 次，最后用人工通刷。现已采用化学清洗、加除垢剂和用高压水除垢的办法。

日积月累

1. 蒸发是指将溶液加热后，使其中部分溶剂汽化并被去除，从而提高溶液中溶质的浓度或使溶液浓缩至饱和而析出溶质的过程。

2. 常见的蒸发操作有：单效蒸发是指二次蒸气移除，不再利用；二效蒸发是指将二次蒸气引入另一蒸发器作为其热源而被利用；真空蒸发，即减压蒸发，是在真空下进行的蒸发操作。

3. 蒸发器主要由加热室和蒸发室组成。由于生产要求的不同，蒸发设备种类繁多，包括循环型蒸发器、膜式蒸发器等，应用较广。

§8－2　结晶及其设备

学习目标

知识目标

1. 掌握结晶及其特点；
2. 了解结晶分离技术基本原理；
3. 熟悉结晶过程及控制因素；

4. 熟悉常用结晶器的结构及特点。

技能目标

1. 能够运用所学的基本理论知识判断和选择合适的结晶方法；
2. 了解如何使用结晶设备；
3. 能够对结晶设备进行简单维护与保养。

在固体物质溶解的同时，溶液中还进行着一个相反的过程，即已溶解的溶质粒子撞击到固体溶质表面时，又重新变成固体而从溶剂中析出，此过程称为结晶。结晶是实现混合物分离的重要操作，有着广泛的用途，如糖、盐、染料及其中间体、肥料及药品等的分离与提纯均需要采用结晶技术。

一、结晶

1. 结晶的概念及其特点

结晶是溶解的逆过程，是从均一的溶液相中析出固体晶体的操作，是对固体物进行分离、纯化的单元过程。相对于其他化工分离操作，结晶过程有以下特点。

（1）能从杂质含量相当多的溶液或多组分的熔融混合物中，分离出高纯或超纯的晶体。

（2）对于许多难分离的混合物系，如同分异构体混合物、共沸物、热敏性物系等，使用其他分离方法难以奏效，而适合用结晶方法分离。

（3）结晶与精馏、吸收等分离方法相比，能耗低，因结晶热一般仅为蒸发潜热的 1/3 ~ 1/10。由于结晶可在较低的温度下进行，对设备材质要求较低，操作相对安全。

（4）结晶是一个很复杂的分离操作，它是多相、多组分的传热、传质过程。

2. 结晶分离技术基本原理

结晶是固体物质以晶体状态从蒸气、溶液或熔融物中析出的过程。结晶是对固体物料进行分离、纯化的单元操作过程，显然固体物质（溶质）在溶剂中的溶解度直接影响到结晶过程。溶液的过饱和度是工业结晶过程进行的主要推动力。

能够与固相处于平衡的溶液就称为该固体的饱和溶液，而此时的溶解度则是该溶质的饱和溶解度。通过溶解度平衡曲线来表现不同温度下溶质在同一溶剂的溶解度是不同的。若将过饱和溶液继续冷却，那么澄清的溶液中就会开始析出晶核，这种不稳定的状态区称为不稳区。标志溶液过饱和而欲自发地产生晶核的极限浓度曲线称为超溶解度曲线，它与溶解度平衡曲线之间的区域称为结晶的介稳区。

在工业结晶过程中只有尽量控制在介稳区才能避免自发成核以得到平均粒度较大的晶体。溶液的过饱和是发生晶析过程的必要条件。

课堂活动

点水成冰：量取 300 g 醋酸钠与 100 mL 水于烧杯中，加热，不停搅拌，直到全部溶解，然后将其冷却至常温，用搅拌棒蘸取少量醋酸钠晶体，放进溶液中，溶液迅速凝固起来，像结冰一样。

注意：醋酸钠溶液是一种过饱和溶液，是很不稳定的，当往溶液中加入少量溶质晶体或者轻微振动，都能引起溶质结晶。晶种要细小，晶形要好，这样晶体生长缓慢，现象清晰。

二、结晶过程及控制

溶质从溶液中析出的过程，可分为晶核生成（成核）和晶体生长两个阶段，两个阶段的推动力都是溶液的过饱和度。不同的环境条件对晶体各个方面生长速率的影响不同，因此，也决定了最终结晶产品的外观形态和晶型。

1. 结晶的生长过程

溶质结晶过程就是溶质质点从不规则排列状态到规则排列形成晶格的过程，只有过饱和度形成时才能发生结晶，过饱和度是其推动力。从不饱和溶液里析出晶体，一般要经过下列步骤：不饱和溶液—饱和溶液—过饱和溶液—晶核的产生—晶体生长。晶体的形成过程主要包括三个步骤。①介质达到过饱和状态：晶体从溶液中形成，不论是通过减少溶剂量还是通过降低温度，首先须使其介质达到过饱和状态；②晶核的形成：当介质达到过饱和状态后，溶液中便产生细小晶粒（称为晶核），晶核的形成是晶体生长过程必不可少的核心；③晶体的生长：在过饱和溶液中，溶质质点在过饱和度推动力的作用下，向晶核或加入的晶种运动，并在其表面有序堆积，使晶核或晶种不断长大形成晶体。

2. 过程控制

晶体产品的粒度及其分布，主要取决于晶核生成速率（单位时间内单位体积溶液中产生的晶核数）、晶体生长速率（单位时间内晶体某线性尺寸的增加量）及晶体在结晶器中的平均停留时间。溶液的过饱和度，与晶核生成速率和晶体生长速率都有关系，因而对结晶产品的粒度及其分布有重要影响。在低过饱和度的溶液中，晶体生长速率与晶核生成速率之比较大，因而所得晶体较大，晶形也较完整，但结晶速率很慢。在工业结晶器内，过饱和度通常控制在介稳区内，此时结晶器具有较高的生产能力，又可得到一定大小的晶体产品。物质的溶解、结晶过程，受到其本身浓度及外界温度的双重影响，如图 8-11 所示。稳定区：溶液未达到饱和，无结晶的可能；介稳区：在稳定区和不稳区之间，无扰动、无刺激下，结晶不能自动进行，但加入晶种，能诱导晶体产生；不稳区：即过饱和区，结晶能自发形成，速度很快。

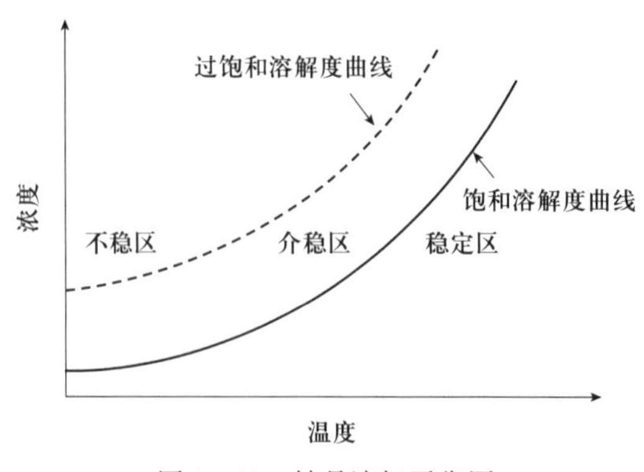

图 8-11　结晶溶解平衡图

3. 影响结晶的因素

（1）溶液的过饱和度

这个主要由温度来控制，温度越低过饱和度越大。过饱和度越大，则产生晶核越多，结晶体粒径越小。

（2）结晶时间

结晶速度过快时，通常晶体的数量多而晶粒小，并且杂质多。缓慢的结晶，可以得到较纯净的大粒晶体。小的晶体由于总表面积比大晶体大得多，对杂质吸附的机会也大得多，因此大的晶体比小的晶体纯度高。

（3）搅拌强度

结晶过程一般都在搅拌条件下进行。适当的搅拌可增加晶体与结晶母液的接触机会，使晶体均匀生长，从而避免晶体下沉造成晶粒不均匀的现象，但如果搅拌速度过快，则会增加溶质的溶解，并造成晶体的损坏和影响晶体的生长。

（4）杂质成分

杂质成分较多，则比较容易形成晶核，结晶体粒径小，可能会影响晶体的形状。

（5）溶液 pH 值的变化

溶液 pH 值的变化主要影响到溶质的溶解度，因此也就影响到溶质的结晶过程。对大多数物质来说，结晶时所选用的 pH 值与沉淀时的 pH 值大致相同。各种溶质结晶时都有一个相应的 pH 值范围。

三、结晶方法

结晶方法大体可概括为两大类：一类是采用去除一部分溶剂的方法，如蒸发浓缩而使溶液处于饱和状态以促使晶核的形成；另一类是通过降温或加入其他物质，也可使溶液处于低饱和状态，使溶质形成晶核。

1. 冷却结晶

先加热溶液，蒸发溶剂成饱和溶液，此时降低热饱和溶液的温度，溶解度随温度变化较大的溶质就会呈晶体析出，即为冷却结晶。基本原理是温度降低，物质的溶解度减小，溶液达到了过饱和，多余的即不能溶解的溶质就会析出。

2. 蒸发结晶

蒸发结晶是指蒸发溶剂，使溶液由不饱和变为饱和，继续蒸发，过剩的溶质就会呈晶体析出，是蒸发与结晶同时进行的过程。适用于溶解度随温度降低而变化不大或具有逆溶解度特性的物系，但对晶体的粒度不能有效地加以控制。例如，当 NaCl 和 KNO_3 的混合物中 NaCl 多而 KNO_3 少时，即可采用此法，先分离出 NaCl，再分离出 KNO_3。

3. 盐析结晶

盐析结晶是指向溶液中加入某些物质，以降低溶质在原溶剂中的溶解度，产生过饱和溶液。盐析剂的要求是能溶解于原溶液中的溶剂，但不（很少）溶解于被结晶的溶质，而且溶剂与盐析剂的混合物易于分离。NaCl 是一种常用的盐析剂，如在联合制碱法中，向低温的饱和氯化铵母液中加入 NaCl，利用同离子效应使母液中的氯化铵尽可能多地结晶出来，以提高结晶收率。在制药生产中，常向含有药物分子的水溶液中加入某些有机溶剂（如醇、酮、酰胺类等）的方法使产物结晶出来。

4. 重结晶

重结晶是将物质溶于溶剂或熔融后，又重新从溶液或熔融体中结晶的过程。重结晶可以使不纯净的物质获得纯化，或使混合在一起的物质彼此分离。利用重结晶可提纯固体物质。某些金属或合金重结晶后可使晶粒细化，或改变晶体晶型，从而改变其性能。在药物生产中，重结晶常用于反应后处理过程，来提纯反应产物。

5. 升华结晶

物质通过热的作用，在熔点以下由固态不经过液态直接转变为气态，而后在一定温度条件下重新再结晶，称为升华结晶。其缺点是生成速率慢，生长条件难以控制。

四、常用结晶设备

随着制药工业的进步，对固体药物产品的纯度、色泽、晶型等方面的要求越来越高，结晶器被广泛采用。按照生产作业方式，结晶器分成间歇和连续两大类；按照流动方式，结晶器分为母液循环结晶器和晶浆循环结晶器；而按照形成饱和溶液途径的不同，则将结晶器分为冷却结晶器、蒸发结晶器、真空结晶器、盐析结晶器和其他结晶器五大类，其中前两种使用较广。

1. 冷却结晶器

冷却结晶器是一种依靠降低物料温度，从而使物料产生过饱和度，最终促使物料进行结晶的设备。目前，带搅拌或外循环釜式结晶器应用较广，其冷却可采取以夹套换热或通过外换热器的方式实现，这种设备适用于处理溶解度随温度下降而显著减低的物系。

如图 8－12 所示，搅拌釜式冷却结晶器可装有冷却夹套或内螺旋管，在夹套或内螺旋管中通入冷却剂以移走热量。釜内搅拌以促进传热和传质速率，使釜内溶液温度和浓度均匀，同时使晶体悬浮，与溶液均匀接触，有利于晶体各晶面均匀成长。这种结晶器既可连续操作又可间歇操作，采用不同的搅拌速度可制得不同的产品粒度。经验表明，制备大颗粒结晶采用间歇式操作较好，制备小颗粒结晶则可采用连续式操作。这类结晶器在使用时应注意搅拌速度和搅拌器的形式，若速度太快，则会因刺激过剧烈而自然起晶，也可能使已经长大了的晶体破碎，功率消耗也随之增大；若搅拌速度太慢，晶核则会沉积。

2. 蒸发结晶器

蒸发结晶器是利用蒸发部分溶剂使溶液达到过饱和度，这使其与普通料液浓缩所用的蒸发器在原理和结构上非常相似。普通的蒸发器在操作过程中可能会有固体物沉淀，难以实现对晶粒分级的有效控制，而蒸发结晶器则解决了这一难题。

（1） DTB 型结晶器

DTB 型结晶器（导流筒结晶器）是一种高效结晶设备，物料温度可控，其独特的结构和工作原理决定了它具有传热效率高、配置简单、操作控制方便、操作环境好等特点，如图 8－13

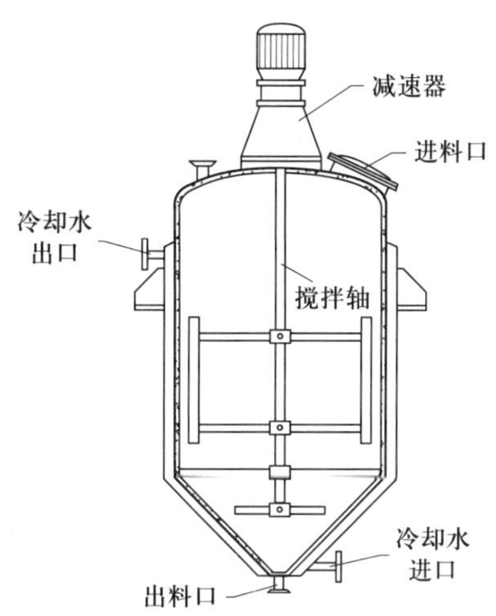

图 8－12　搅拌釜式冷却结晶器

所示。DTB 型结晶器设备主体为外筒体和导流筒，配套专用螺旋桨实现了高效内循环，而几乎不出现二次晶核，根据冷却结晶体的生长速率和晶体大小，可设计降温速度、搅拌桨转速等指标，各指标动态可调，易实现系统自控制，以适应结晶的要求。导流筒内外壁抛光，导流筒本身有高效的换热面，也可另设冷却器；晶浆过饱和度均匀，粒度分布良好，效率高，相对能耗低；下部安装出料阀可实现连续生产；转速低，变频调控，适用性强，运行可靠，故障少。

（2）Oslo 蒸发结晶器

如图 8－14 所示是一种常用的 Oslo 蒸发结晶器，属于典型的母液循环式蒸发设备。此

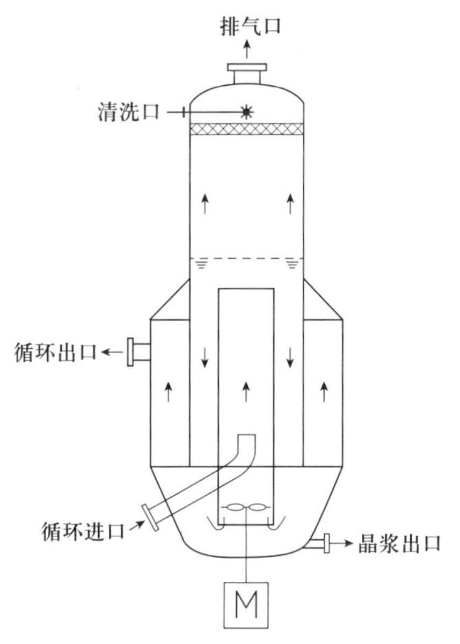

图 8－13　DTB 型结晶器

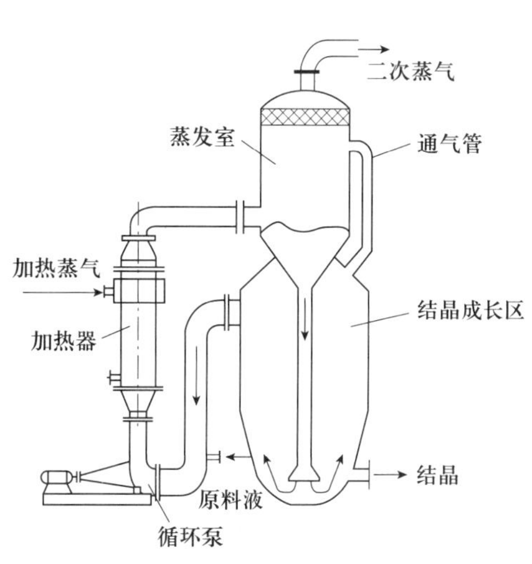

图 8－14　Oslo 蒸发结晶器

类结晶器主要由结晶器主体、蒸发室和外部加热器构成。原料液经外部循环加热后送入蒸发室蒸发浓缩，达到过饱和状态，通过中心导管下降到结晶生长槽中，大颗粒结晶发生沉降，从底部排出产品晶浆。由于料液从蒸发室下部进料，上部中心管出料，减少了短路温差损失，同时料液在蒸发室内上升的过程中还伴随微粒溶解过程，料液由不饱和变成饱和，可以减少细晶的数量，从而保证结晶粒度，因此，具有结晶分级能力。将蒸发室与真空泵相连，可进行真空绝热蒸发。与常压蒸发结晶器相比，真空蒸发结晶设备不设加热设备，进料为预热的溶液，蒸发室中发生绝热蒸发。

日积月累

1. 结晶是溶解的逆过程，也是从均一的溶液相中析出固体晶体的操作，还是对固体物进行分离、纯化的单元操作。

2. 影响结晶的因素有溶液的过饱和度、结晶时间、搅拌强度、杂质成分、溶液 pH 值的变化等。

3. 可采用除去部分溶剂、降温或加入其他物质等方法进行结晶，主要方法有冷却结晶、蒸发结晶、盐析结晶、重结晶及升华结晶等。

4. 在制药生产中，结晶器被广泛使用，尤以冷却结晶器、蒸发结晶器较为普遍。

目标检测

一、单项选择题

1. 蒸发操作中，从溶液中汽化出来的蒸气，称为（　　）。

A. 生蒸气　　B. 一次蒸气

C. 二次蒸气　　D. 额外蒸气

2. 多效蒸发操作的流程可分为三种，下列不正确的是（　　）。

A. 串流　　B. 并流

C. 逆流　　D. 平流

3. 一般来说，下列蒸发方式只适合在小批量或间歇生产的场合下使用的是（　　）。

A. 单效蒸发　　B. 并流多效蒸发

C. 平流多效蒸发　　D. 逆流多效蒸发

4. 真空蒸发可以使溶液的沸点（　　）。

A. 升高　　B. 不会造成影响

C. 降低　　D. 不确定

5. 下列不属于循环型蒸发器的是（　　）。

A. 中央循环管式蒸发器　　B. 降膜式蒸发器

C. 外热式蒸发器　　D. 列文式蒸发器

6. 对热敏性和易产生泡沫的溶液的蒸发，宜采用（　　）。

A. 中央循环管式蒸发器　　B. 强制循环型蒸发器

C. 列文式蒸发器　　D. 升膜式蒸发器

7. 中央循环管式蒸发器属于（　　）蒸发器。

A. 自然循环型　　B. 强制循环型

C. 升膜式　　D. 降膜式

8. 蒸发是将含有（　　）溶质的稀溶液加热沸腾，使部分溶剂汽化并使溶液得到浓缩的过程。

A. 易挥发性　　B. 不挥发性

C. 可溶性　　D. 不溶性

9. 一般将物质结晶溶解过程划分成三个区域，以下不属于其中之一的是（　　）。

A. 稳定区　　B. 强稳区

C. 介稳区　　D. 不稳区

10. 下列结晶方法中，属于采用去除一部分溶剂的方法是（　　）。

A. 盐析结晶　　B. 重结晶

C. 蒸发结晶　　D. 冷却结晶

11. 冷却结晶设备是采用降温方式来使溶液进入（　　），并不断降温，以维持溶液一定的过饱和浓度进行育晶，常用于温度对溶解度影响（　　）的物质结晶。

A. 过饱和状态，比较小　　B. 不饱和状态，比较大

C. 过饱和状态，比较大　　D. 不饱和状态，比较小

12. 结晶的生长过程，即溶质质点从不规则排列状态到规则排列形成晶格的过程，一般要经过的步骤是（　　）。

A. 不饱和溶液—晶核的产生—饱和溶液—过饱和溶液—晶体生长

B. 不饱和溶液—饱和溶液—晶核的产生—过饱和溶液—晶体生长

C. 不饱和溶液—过饱和溶液—晶核的产生—饱和溶液—晶体生长

D. 不饱和溶液—饱和溶液—过饱和溶液—晶核的产生—晶体生长

13. 设备主体为外筒体和导流筒的结晶器是（　　）。

A. 搅拌釜式冷却结晶器　　B. 晶浆循环结晶器

C. Oslo 蒸发结晶器　　D. DTB 型结晶器

14. 中央循环管式蒸发器属于（　　）蒸发器。

A. 自然循环型　　B. 强制循环型

C. 升膜式　　D. 降膜式

15. DTB 型结晶器是依靠（　　）结晶方法，实现操作的。

A. 蒸发结晶　　B. 盐析结晶

C. 升华结晶　　D. 冷却结晶

二、填空题

1. 根据蒸气利用情况，蒸发可分为________蒸发、________蒸发、________蒸发。

2. 蒸发器的辅助设备主要有________、________、________。

3. 蒸发器主要由________、________组成。

4. 并流蒸发中，溶液和蒸气的流向________，逆流蒸发中原料液与二次蒸气流动方向________。

5. 溶质在溶剂中的________直接影响到结晶过程，而溶液的________则是工业结晶工程进行的主要推动力。

6. 结晶是溶解的________过程，是已溶解的溶质粒子撞击到固体溶质表面时，又重新变成固体而从溶剂中________的过程。

7. 影响结晶的因素有________、________、________、________、________。

8. 溶质从溶液中析出的过程，可分为________和________两个阶段。

9. Oslo 蒸发结晶器主要由________、________、________构成。

三、简答题

1. 蒸发操作进行的必要条件是什么？

2. 根据蒸发器内的操作压力，蒸发可分为哪几类？简述其区别。

3. 简要叙述外热式蒸发器的工作原理。

4. 结晶有哪些特点？

5. 什么是蒸发结晶？

6. 简述搅拌釜式冷却结晶器的工作原理。

7. DTB 型结晶器有哪些优点？

第九章 蒸馏设备

在制药化工生产中，使用的原料或粗产品多是由若干组分组成的液体混合物，经常需要将它们进行一定程度的分离，以达到提纯或回收有用组分的目的。互溶液体混合物的分离方法很多，蒸馏是其中最为常用的方法。

§9－1 概述

学习目标

知识目标

1. 掌握蒸馏的定义、基本概念和分类；
2. 了解蒸馏的应用。

技能目标

1. 能够运用蒸馏的基本原理操作蒸馏实验；
2. 能够应用常见的工艺流程知识，判断不同的物料适合的工艺流程。

一、蒸馏的基本概念及分类

蒸馏是分离均相液体混合物的一种常用单元操作，制药生产过程中所处理的原料、中间产物、粗产品等大多是由多组分组成的液体混合物。如何能将均相液体混合物分开，应考虑组成混合物各组分在某种性质上的差异，如沸点不同或溶解度不同等，而蒸馏正是利用了液体混合物中各组分沸点不同的特点，也就是各组分挥发能力的差异，在热能驱动下，使液体混合物形成气液两相，气液两相在互相接触中传热、传质，结果易挥发组分在气相中增浓，难挥发组分在液相中浓缩，从而实现液体混合物的分离。各组分间挥发能力的差异越大，越容易分离。在制药工业中，蒸馏是分离液体均相混合物的重要单元操作之一，通过蒸馏可以达到提纯或回收组分的目的。

蒸馏的种类很多，可按不同的方式进行分类。根据操作是否连续，蒸馏可分为间歇蒸馏和连续蒸馏，其中间歇蒸馏适用于小批量生产以及某些有特殊要求的场合，连续蒸馏适用于大规模生产。根据操作方式的不同，蒸馏可分为简单蒸馏、平衡蒸馏、精馏和特殊蒸馏，其中简单蒸馏和平衡蒸馏适用于易分离物系以及分离要求不高的场合，精馏适用于较难分离的物系以及分离要求较高的场合，特殊蒸馏适用于普通蒸馏不能分离的场合。根据操作压力的不同，蒸馏可分为常压蒸馏、减压蒸馏和加压蒸馏，其中以常压蒸馏最为常用，减压蒸馏适用于高沸点以及热敏性和易氧化物系的分离，加压蒸馏适用于常压下是气相的物系。根据液体混合物中所含的组分数，蒸馏可分为双组分蒸馏和多组分蒸馏，其中双组分蒸馏是最简单、最基础的蒸馏操作。

课堂活动

如果把水和乙醇混合在一起会出现什么现象？如何把它们分离开呢？

二、蒸馏的应用

在化工制药等生产过程中常常会产生很多混合物，而且是均相混合物，要将混合物进行分离，以实现产品的提纯和回收，多数采用蒸馏操作。

蒸馏操作历史悠久，是分离过程最重要的单元操作之一，如在食品生产中从发酵的醪液提炼饮料酒，在大型的石油化工生产中石油的炼制分离汽油、煤油、柴油等，在工业生产中空气的液化分离制取氧气、氮气等，以及化学合成药品的提纯，溶剂回收和废液排放前的达标处理等，都需要经蒸馏完成。

在化工制药生产中，蒸馏被广泛地用于液体产品提纯、精制、溶剂回收或从废水中回收有机溶剂等。如在中药制药生产中，常用蒸馏法回收提取液中的乙醇，将其重新用于药材中有效成分的提取。当乙醇和水形成的二元混合液欲进行分离时，可将此溶液加热，使之部分汽化呈平衡的气液两相。常压下乙醇沸点为 78.3 ℃，水的沸点为 100 ℃，乙醇的挥发性比水强，使得乙醇更多地进入气相，所以在气相中乙醇的浓度要高于原来的溶液，而残留的液相中水的浓度增加了。这样原混合液中的两组分就实现了部分程度的分离，即为蒸馏分离。

日积月累

1. 蒸馏是分离均相液体混合物的一种常用单元操作，利用了液体混合物中各组分沸点不同的特点，也就是各组分挥发能力的差异，在热能驱动下，使液体混合物形成气液两相，气液两相在互相接触中传热、传质，结果易挥发组分在气相中增浓，难挥发组分在液相中浓缩，从而实现液体混合物的分离。

2. 根据操作是否连续，蒸馏可分为间歇蒸馏和连续蒸馏；根据操作方式的不同，蒸馏可分为简单蒸馏、平衡蒸馏、精馏和特殊蒸馏；根据操作压力的不同，蒸馏可分为常压蒸馏、减压蒸馏和加压蒸馏；根据液体混合物中所含的组分数，蒸馏可分为双组分蒸馏和多组分蒸馏。

§9－2　双组分溶液的气液平衡

学习目标

知识目标

1. 理解双组分溶液的气液平衡原理；
2. 掌握双组分理想溶液的气液平衡的表述形式；
3. 掌握双组分非理想溶液的气液平衡的情况。

技能目标

1. 能够运用相关原理进行计算；
2. 能够应用常见的工艺流程知识，判断不同的物料适合的工艺流程。

蒸馏是气液两相间的传质过程，因此常用组分在两相中的浓度（组成）偏离平衡的程度来衡量传质推动力的大小。传质过程是以两相达到平衡为极限的。由此可见，气液相平衡关系是分析蒸馏原理的理论基础。

一、双组分理想溶液的气液相平衡

所谓理想溶液，就是指在溶液中不同分子之间的吸引力 f_{AB} 与同分子之间的吸引力 f_{AA} 和 f_{BB} 一样，溶液中一种物质对另一种物质只起稀释作用。在一定的温度下，气液两相达到平衡时，溶液上方即气相中各组分的组成与该组分在溶液中的组成之间的关系称为气液相平衡关系，可用以下几种形式表示。

1. 以饱和蒸气压的形式表示

若气相组成以分压表示，则在一定的温度下，气液两相达到平衡时，溶液上方即气相中各组分的分压与溶液中该组分摩尔分数之间的关系服从拉乌尔定律：

$$p_A = p_A^o x_A, \quad p_B = p_B^o x_B \tag{9-1}$$

式中　p_A^o——一定温度下 A 组分的饱和蒸气压，Pa；

p_B^o——一定温度下 B 组分的饱和蒸气压，Pa；

x——液相中组分的摩尔分数，下标 A 表示易挥发组分，下标 B 表示难挥发组分。

根据 $P = p_A + p_B = p_A^o x_A + p_B^o x_B$ 得出

$$x_A = \frac{P - p_B^o}{p_A^o - p_B^o} \tag{9-2}$$

$$y_A = \frac{p_A}{P} = \frac{p_A^o x_A}{P} \tag{9-3}$$

式中 P——溶液上方总的蒸气压，Pa；

p_A——溶液上方 A 组分的平衡分压，Pa；

p_B——溶液上方 B 组分的平衡分压，Pa；

y——气相中组分的摩尔分数，下标 A 表示易挥发组分，下标 B 表示难挥发组分。

2. 以相图的形式表示

在压强一定的条件下，气液两相的平衡关系可用温度组成图（$t-y-x$ 图）和气液平衡图（$y-x$ 图）表示，y 是轻组分（易挥发组分）在气相中的摩尔分数，x 是轻组分在液相中的摩尔分数。

（1）温度组成图（$t-y-x$ 图）

常压（101.3 kPa）下，苯和甲苯溶液的温度组成图如图 9－1 所示。图中以温度为纵坐标，苯的液相或气相组成为横坐标。位于上方的曲线为 $t-y$ 线，表示平衡时气相组成 y 与温度 t 之间的关系，由于线上各点所对应的气相均为饱和蒸气，故该线称为饱和蒸气线。位于下方的曲线为 $t-x$ 线，表示平衡时液相组成 x 与温度 t 之间的关系，由于线上各点所对应的液体均为饱和液体，故该线称为饱和液体线。上述两条曲线将 $t-y-x$ 图分成三个区域。饱和液体线以下的区域，其温度低于饱和温度，即液体尚未沸腾，故称为液相区。饱和蒸气线以上的区域，其温度高于饱和蒸气温度，即蒸气处于过热状态，故称为过热蒸气区。而两曲线所包围的区域表示气液两相同时存在，故称为气液共存区。

若将温度为 t_1、组成为 x（A 点）的溶液加热，当温度升至 t_2（B 点）时，溶液开始沸腾，产生第一个气泡，相应的温度 t_2 称为泡点温度，故饱和液体线又称为泡点线。同理，若将温度为 t_4、组成为 y（C 点）的过热蒸气冷却，当温度到达 t_3（D 点）时，混合气体开始冷凝，产生第一滴液体，相应的温度 t_3 称为露点温度，故饱和蒸气线又称为露点线。

由图 9－1 可知，气液两相达到平衡时，气液两相的温度相同，但气相组成大于液相组成。当气液两相的组成相同时，气相的露点温度总是大于液相的泡点温度。

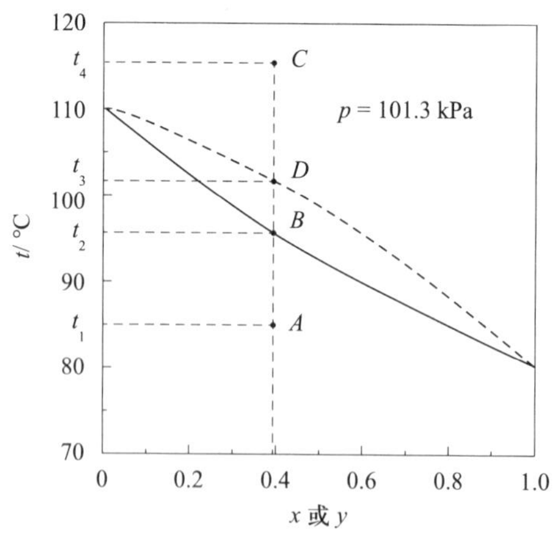

图 9－1 苯和甲苯溶液的 $t-y-x$ 图

（2）气液平衡图（$y-x$ 图）

常压（101.3 kPa）下，苯和甲苯溶液的气液平衡图如图 9－2 所示。图中以苯的气相组成为纵坐标，液相组成为横坐标，除气液平衡线外，还有一条辅助对角线。气液平衡线上的任一点均表示平衡时的气液相组成，但不同点的温度是不同的。利用气液平衡图可判断物系能否用精馏方法加以分离，以及分离的难易程度。大多数溶液达到平衡时，气相中易挥发组分的浓度总是大于液相中易挥发组分的浓度，即平衡线位于对角线的上方，表示该溶液可用精馏法进行分离。平衡线偏离对角线越远，溶液越容易分离。若平衡线落在对角线上，则溶液达到平衡时的两相组成完全相同，表明该溶液不能采用精馏法进行分离。

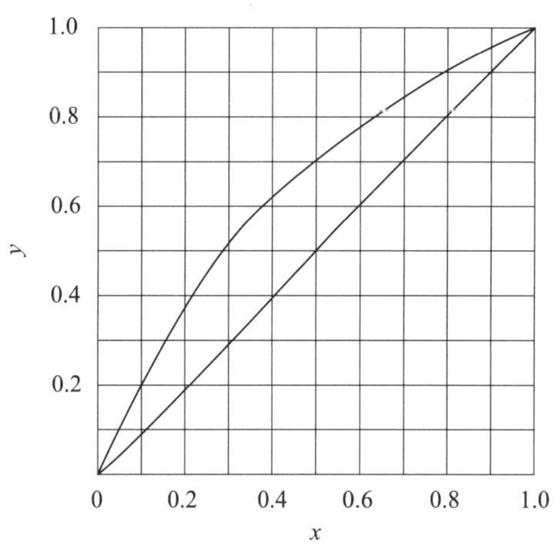

图 9－2　苯和甲苯溶液 $y-x$ 图

3. 以相对挥发度表示的气液相平衡方程

挥发度表示某种液体挥发难易的程度，对于纯液体，挥发度以在一定温度下的饱和蒸气压表示，即温度相同，饱和蒸气压越大的液体其挥发度越大。溶液中各组分的蒸气压因组分间的影响要比纯态时低，故溶液中各组分的挥发度 $\boldsymbol{v}$ 表示为在一定温度下气相中的分压 p 与平衡液相中的摩尔分数 x 之比。

$$\boldsymbol{v}_A = \frac{p_A}{x_A},\ \boldsymbol{v}_B = \frac{p_B}{x_B} \tag{9-4}$$

对于理想溶液

$$p_A = p_A^{\circ} x_A,\ p_B = p_B^{\circ} x_B$$

$$\boldsymbol{v}_A = \frac{p_A}{x_A} = \frac{p_A^{\circ} x_A}{x_A} = p_A^{\circ} \tag{9-5}$$

所以

$$\boldsymbol{v}_B = \frac{p_B}{x_B} = \frac{p_B^{\circ} x_B}{x_B} = p_B^{\circ} \tag{9-6}$$

因此，对于理想溶液，可以用纯组分的饱和蒸气压来表示它在溶液中的挥发度，溶液中各组分挥发度的差别可以用其他挥发度的比值 α 表示，即相对挥发度。

$$\alpha = \frac{\boldsymbol{v}_A}{\boldsymbol{v}_B} = \frac{\dfrac{p_A}{x_A}}{\dfrac{p_B}{x_B}} \tag{9-7}$$

理想溶液中

$$\alpha = \frac{p_A^o}{p_B^o}$$

对于双组分溶液 $y_B = 1 - y_A$，$x_B = 1 - x_A$，可以得出用相对挥发度表示的气液相平衡方程式。

$$y = \frac{\alpha x}{1 + (\alpha - 1)x} \tag{9-8}$$

若混合溶液接近于理想溶液，则 α 值的变化是很小的，可以把 α 取为定值，常取操作最高温度和最低温度下相对挥发度 α_1、α_2 的平均值。

$$\alpha = \frac{1}{2}(\alpha_1 + \alpha_2) \tag{9-9}$$

从气液相平衡方程看出，若 $\alpha > 1$，则 $y > x$，α 值越大，平衡线离对角线越远，越有利于分离。所以 α 值的大小可以用于判断混合液能否用蒸馏方法分离，以及分离的难易程度。

课堂活动

已知苯（A）与甲苯（B）的饱和蒸气压可用安托因公式计算，即

$$\lg p_A^o = 6.031 - \frac{1\ 211}{t + 220.8}$$

$$\lg p_B^o = 6.080 - \frac{1\ 345}{t + 219.5}$$

式中 p 的单位为 kPa，t 的单位为℃。若总压为 101.3 kPa，且苯－甲苯溶液可视为理想溶液，试分别用拉乌尔定律和相对挥发度计算温度为 85 ℃及 100 ℃时的气液平衡数据。

二、双组分非理想溶液的气液相平衡

对于非理想溶液而言，由于一种液体溶入另一种液体，其不同分子之间的吸引力 f_{AB} 与同分子之间的吸引力 f_{AA} 和 f_{BB} 不等，气液相平衡关系不再符合拉乌尔定律，气液平衡数据主要依靠实验测试得到。主要有以下两种情况。

1. 具有正偏差的非理想溶液

若 $f_{AB} < f_{AA}$ 及 $f_{AB} < f_{BB}$，则混合后溶液分子更容易汽化，从而使溶液上方各组分的蒸气压较理想溶液的大，这种混合液称为对拉乌尔定律具有正偏差的溶液，如乙醇－水、正丙醇－水等物系。

如图 9－3 所示是乙醇－水溶液的 $t-y-x$ 图。图中气相线与液相线在 M 点相切，切点的温度为 78.15 ℃，称为恒沸点；切点的乙醇摩尔分数为 0.894，称为恒沸组成，具有这种组成的溶液称为恒沸液。在 M 点处，气相组成与液相组成相等。若将 M 点所对应的液体加热，则液体将在恒沸点下沸腾，所产生的蒸气组成与液相组成完全相同。由于恒沸点较纯乙醇的沸点（78.3 ℃）及水的沸点（100 ℃）都要低，故这种具有正偏差的非理想溶液又称为具有最低恒沸点的恒沸液。如图 9－4 所示是乙醇－水溶液的 $y-x$ 图，图中平衡线与对角线相交于 M 点。

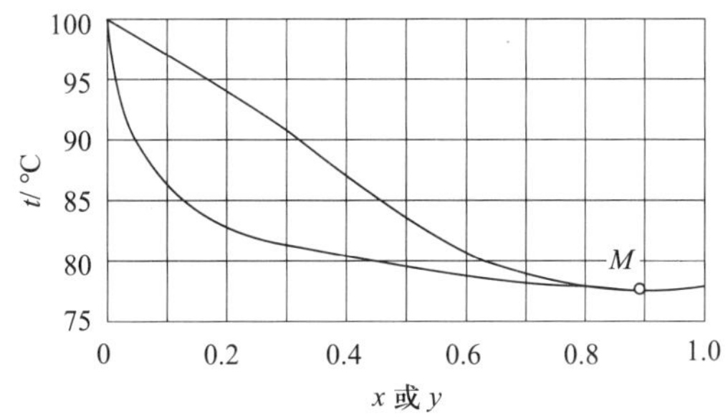

图 9－3　常压下乙醇－水溶液的 $t-y-x$ 图

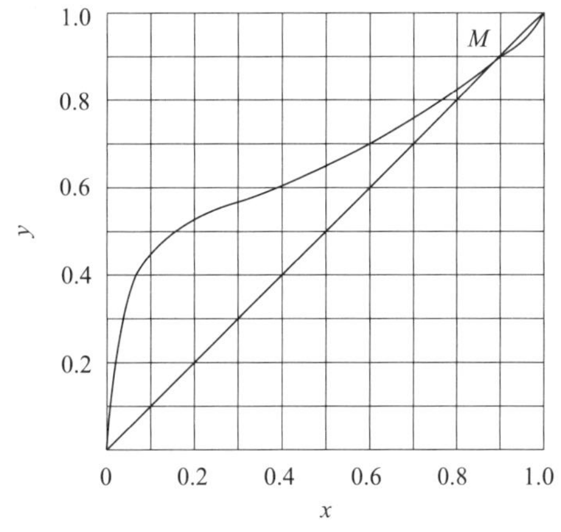

图 9－4　常压下乙醇－水溶液的 $y-x$ 图

2. 具有负偏差的非理想溶液

若 $f_{AB}>f_{AA}$ 及 $f_{AB}>f_{BB}$，则混合后溶液分子难以汽化，从而使溶液上方各组分的蒸气压较理想溶液的小，这种混合液称为对拉乌尔定律具有负偏差的溶液，如硝酸水、氯仿丙酮等物系。

如图 9－5 所示是硝酸水溶液的 $t-y-x$ 图。该图与图 9－3 相似，但恒沸点 M 处的温度（121.9 ℃）较纯硝酸的沸点（86 ℃）及水的沸点（100 ℃）都要高，故这种具有正偏差的非理想溶液又称为具有最高恒沸点的恒沸液。如图 9－6 所示是硝酸水溶液的 $y-x$ 图，图中平衡线与对角线相交于 M 点。

对于具有恒沸点的溶液，用普通精馏方法不能同时得到两个几乎纯的组分。若溶液组成小于恒沸组成，则可得到较纯的难挥发组分及恒沸液；若溶液组成大于恒沸组成，则可得到较纯的易挥发组分及恒沸液。

由于恒沸组成随压力而变，因此理论上可通过改变操作压力的办法来分离恒沸液，但在实际应用中，还需考虑过程的经济性和可行性。此外，具有恒沸点的溶液常采用恒沸精馏、萃取精馏等特殊精馏技术进行分离。

日积月累

1. 气液平衡是指溶液在一定条件下与其上方的蒸气达到平衡时，气液两相间各组分组

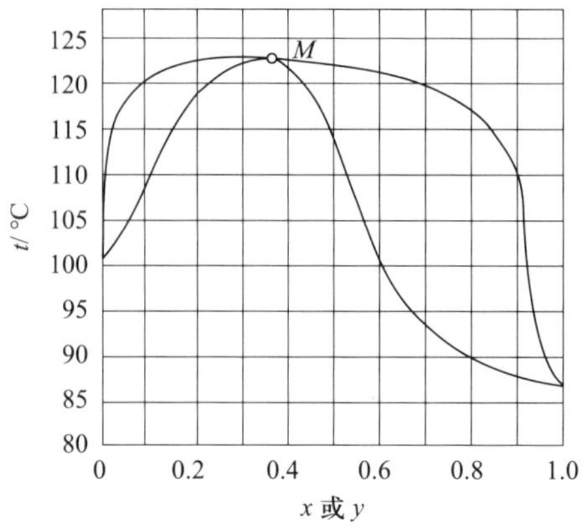

图 9－5　常压下硝酸水溶液的 $t-y-x$ 图

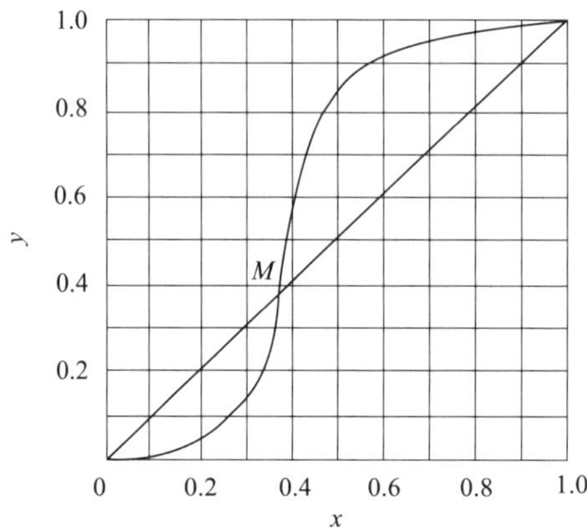

图 9－6　常压下硝酸水溶液的 $y-x$ 图

成之间的关系。气液两相达到平衡时，溶液中任一组分的汽化速率与气相中该组分返回液相中的速率相等，因此气液平衡是一种动态平衡，其组成保持不变。

2. 理想溶液中各组分分子大小形状及作用力彼此相似。即认为溶质与溶剂混合成为溶液时，既不放热，也不吸热，溶液体积恰为溶质和溶剂的体积之和。理想溶液是人们假设的溶液，以简化化学计算，并不实际存在。

§9－3　蒸馏原理及流程

学习目标

知识目标

1. 了解蒸馏的原理及流程；

2. 理解简单蒸馏的原理；
3. 理解平衡蒸馏的原理；
4. 掌握精馏的原理及流程。

技能目标

1. 能够运用蒸馏的基本原理操作蒸馏和精馏实验；
2. 能够应用常见的工艺流程知识，判断不同的物料适合的工艺流程。

蒸馏按其操作方式可分为简单蒸馏、平衡蒸馏、精馏等。蒸馏是仅进行一次部分汽化和冷凝的过程，故只能部分地分离液体混合物；精馏则是进行多次部分汽化和部分冷凝的过程，可使混合液得到几乎完全的分离。

一、简单蒸馏的原理及流程

简单蒸馏是使混合液在蒸馏罐中渐次地部分汽化，并不断将生成的蒸气移去，使组分部分分离的操作。其装置由蒸馏罐、气相管、冷凝器、低沸受器、正沸受器、高沸受器组成。

在蒸馏单元操作中混合液的双组分中较易挥发的称为易挥发组分（或轻组分），较难挥发的称为难挥发组分（或重组分）。将待分离的混合液放在蒸馏釜中进行加热，当达到溶液的沸点时，溶液开始汽化，随着加热的进行，高于溶液的泡点时出现平衡的气液两相，将气相引入冷凝器进行冷凝，按时间段收集起来，得到高于原来溶液易挥发组分组成的溶液，对蒸馏釜里的液相继续加热蒸馏，得到难挥发组分含量较高的溶液。

简单蒸馏的流程如图 9 -7 所示。原料液直接加入蒸馏釜 1 中至一定量后停止，蒸馏釜内料液在恒压下以间接蒸气加热至沸腾汽化，所产生的蒸气从釜顶引出至冷凝器 2 中全部冷凝，即得到一定温度的馏出液，可按不同组成范围导入接受罐 3 中。当釜中溶液浓度下降至规定要求时，即停止加热，将釜中残液排出后，再将新料液加入釜中重复上述蒸馏过程。

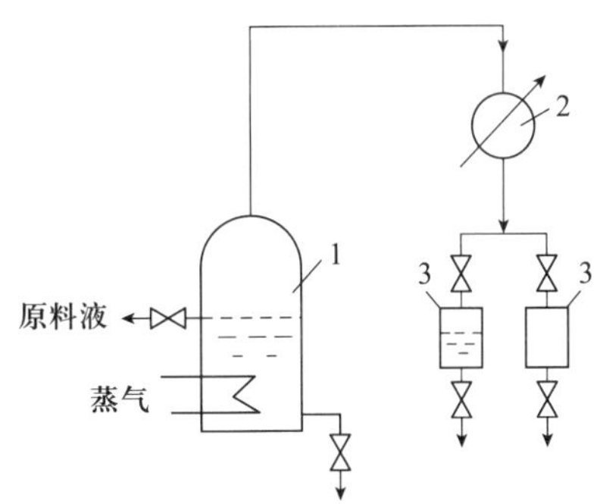

图 9 -7　简单蒸馏操作流程

1—蒸馏釜　2—冷凝器　3—接受罐

开始时产生的蒸气中易挥发组分含量最高，随着蒸馏过程的进行，釜内溶液中易挥发组分含量越来越低，产生的蒸气中易挥发组分含量也越来越低，生产中往往要求得到不同浓度范围的产品，可用不同的接受罐收集不同时间的产品。简单蒸馏属于间歇操作，一次性加入物料，进行蒸馏，到规定指标后排放釜液，适于产量较小的间歇生产。由于液体混合物仅进行一次部分汽化，不能实现组分之间的完全分离，所以主要用于粗分离和分离精度要求不高的场合，可用于对混合液进行初步分离。简单蒸馏过程的流程、设备和操作控制都比较简单，只适用于分离挥发度相差较大，对分离程度要求不高的场合，要实现混合液的高纯度分离要求，需采用精馏方式操作。

二、平衡蒸馏的原理及流程

平衡蒸馏又称闪蒸，常以连续方式进行。原料液加热到一定温度后经节流阀减压到规定的压力，部分液体迅速汽化，产生气液两相，并在分离器中分开，从而在塔顶和塔底分别得到易挥发组分浓度较高的塔顶产品和易挥发组分浓度较低的塔底产品。由于气液两相成平衡状态，所以称为平衡蒸馏。

闪蒸是一种连续、稳态的单级蒸馏操作，其流程简图如图 9－8 所示。操作时，被分离的混合液先经加热器 1 升温，使料液的温度高于闪蒸塔 3（又称分离器）内的压力下料液的泡点，然后通过减压阀 2 将压力减至规定值，由于压力降低使过热的液体混合物在进入闪蒸塔 3 后发生自蒸发，这时部分液体汽化。气相中含较多的易挥发组分，气相上升至塔顶冷凝器后全部被冷凝成塔顶产品，未汽化的液相中难挥发组分含量较高，此液相从塔底排出，成为塔底产品，从而得到一定程度的分离。

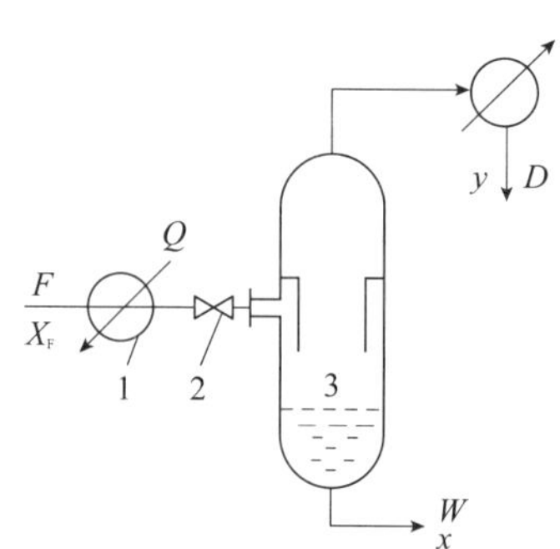

图 9－8　闪蒸操作流程

1—加热器　2—减压阀　3—闪蒸塔

闪蒸可认为是绝热过程，汽化所需的潜热由物料本身的显热提供。因此，过程完成后系统的温度下降。

闪蒸生产能力大，产物含量不随时间变化。因受相平衡关系的制约，闪蒸的分离程度不高。工业上多用来对组分间沸点相差较大的液体混合物进行初分，如原油的稳定（脱除轻烃、硫化氢）、炼油过程的初分等。

三、精馏的原理及流程

精馏是根据溶液中各组分挥发度（或沸点）的差异，使各组分得以分离。它通过气液两相的直接接触，完成部分汽化和部分冷凝，使易挥发组分由液相向气相传递，难挥发组分由气相向液相传递，经过多次部分汽化和多次部分冷凝完成气液两相之间传递过程，精馏操作通常是在装有若干层塔板或一定高度填料的塔设备中进行，塔板或填料表面是气液进行传热和传质的场所。同时，精馏塔须配有塔底再沸器、塔顶冷凝器、原料预热器等附属设备，才能实现整个操作。原料液经预热器加热到指定的温度后，送入塔内的进料板，与上一块塔板下降的液体汇合后与下一块板上升的蒸气进行充分接触，完成部分汽化和部分冷凝的相际间传质过程，液体继续下到下一块板，与此板上上升的蒸气相遇，完成部分汽化，汽化上升的蒸气继续与上一块板下降的液体接触，完成部分冷凝，依此类推，下降的液体最后流入塔底再沸器中，操作时，连续地从再沸器中取出部分液体作为塔底产品（残液）。再沸器中液体部分汽化产生上升蒸气，依次通过各层塔板，到达塔顶进入冷凝器中被全部冷凝，将部分冷凝液送回塔内作为回流液体，其余部分经冷却器冷却后作为塔顶产品（馏出液）送出。精馏流程和气液接触情况如图 9 －9 和图 9 －10 所示。

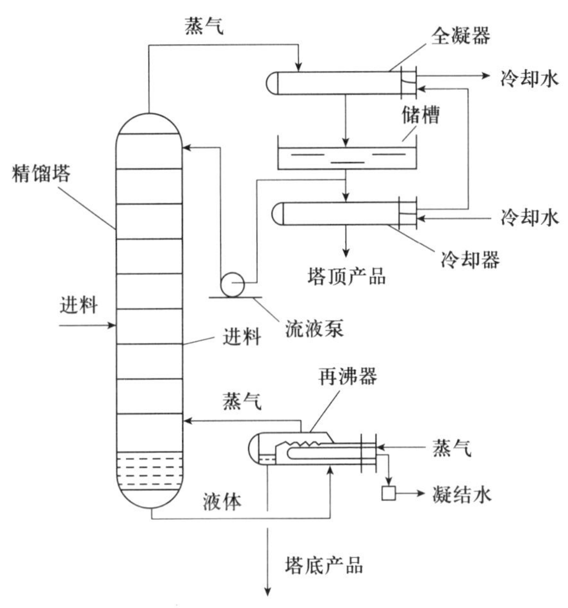

图 9 －9　连续精馏流程示意图

由加料板将塔体分为两部分，加料板以上为精馏段，加料板以下为提馏段。生产时，原料液不断地经预热器预热到指定温度后进入加料板，与精馏段的回流液汇合逐板下流，并与上升蒸气密切接触，不断地进行传质和传热过程，最后进入再沸器的液体几乎全为难挥发组分，引出一部分作为釜残液送预热器回收部分热能后送往储槽。剩余的部分在再沸器中用间接蒸气加热汽化，生成的蒸气进入塔内逐板上升，每经一块塔板时，都使蒸气中易挥发组分增加，难挥发组分减少，经过若干块塔板后进入塔顶冷凝器全部冷凝，所得冷凝液一部分作回流液，另一部分经冷却器降温后作为塔顶产品（也称馏出液）送往储槽。

每层塔板上相接触的气液组成应接近，这样才可能存在露点与沸点间的温度差，这些在精馏过程中系统会自动地调节和适应。最上一层塔板的蒸气必须与其组成接近的液体相接触，因而塔顶必须从外界供应与馏出液组成相近的液体。这可由塔顶引出的蒸气全部冷凝后

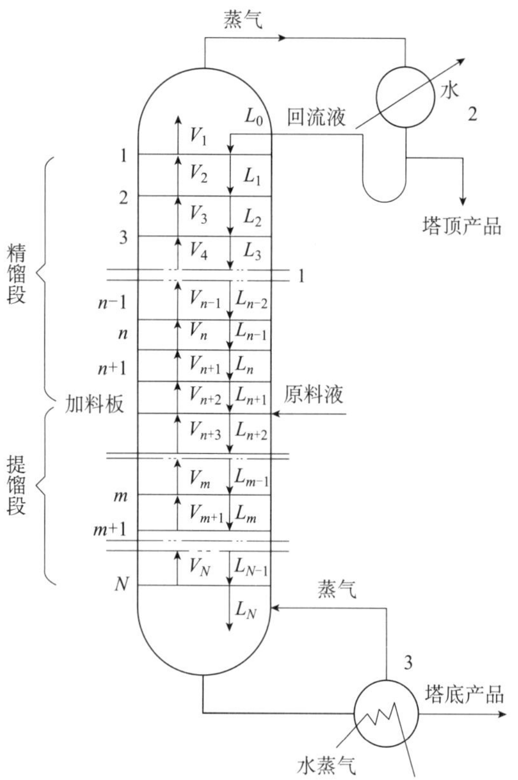

图 9-10　连续精馏过程和塔内物料流动示意图
1—精馏塔　2—全凝器　3—再沸器

的部分冷凝液引回，称为回流。没有回流，塔内部分汽化和部分冷凝就不能发生，精馏操作无从进行。从塔底应提供蒸气，而蒸气的组成应与塔底釜残液相近，这由在塔底安装的再沸器使釜残液部分汽化来解决。

进料组成介于馏出液和釜残液之间，因而进料应在塔体中部的某一适宜的塔板上，该板称为进料板，在这层塔板上的液体的组成与进料相接近。

对精馏塔而言，自塔底向塔顶方向，蒸气中易挥发组分（轻组分）的含量越来越高，自塔顶向塔底方向，液体中难挥发组分（重组分）的含量越来越高，而温度分布是塔顶的温度最低，依次向下逐渐升高，塔底温度最高。

日积月累

1. 简单蒸馏是使混合液在蒸馏罐中渐次地部分汽化，并不断将生成的蒸气移去，使组分部分分离的操作。

2. 平衡蒸馏又称闪蒸，是指液体的一次部分汽化或蒸气的一次部分冷凝的蒸馏操作，由于过程中气液两相成平衡状态，所以称为平衡蒸馏。

3. 精馏是根据溶液中各组分挥发度（或沸点）的差异，使各组分得以分离。它通过气液两相的直接接触，完成部分汽化和部分冷凝，使易挥发组分由液相向气相传递，难挥发组分由气相向液相传递，经过多次部分汽化和多次部分冷凝完成气液两相之间传递过程。

§9－4　特殊蒸馏

学习目标

知识目标

了解常见几种特殊蒸馏工艺的基本原理和工艺流程。

技能目标

1. 能够运用特殊蒸馏的基本原理操作特殊实验；
2. 能够应用常见的工艺流程知识，判断不同的物料适合的工艺流程。

在制药化工生产中，除了连续精馏外，还有一些混合物用普通的精馏方法达不到分离要求，如某些有机液体的沸点较高，即使采用减压蒸馏，操作温度仍较高，工业加热很难达到要求，还有些热敏性物料，不能采用过高的操作温度等，以下介绍几种特殊的蒸馏。

一、水蒸气蒸馏

1. 水蒸气蒸馏的原理

水蒸气蒸馏是指将含有挥发性成分的药材与水一起蒸馏，使挥发性成分随水蒸气一并馏出，经冷凝后分取挥发性成分的浸提方法。水蒸气蒸馏是基于不互溶液体的独立蒸气压原理，根据道尔顿定律，相互不溶也不起化学作用的液体混合物的蒸气总压，等于该温度下各组分饱和蒸气压（即分压）之和，因此尽管各组分本身的沸点高于混合液的沸点，但当分压总和等于大气压时，液体混合物即开始沸腾并被蒸馏出来。即在相同外压下，不互溶物质的混合物的沸点要比其中沸点最低组分的沸腾温度还要低。

当水与比其沸点高的有机液体体系混合时，混合的液相上方会有一个共同的气相，当混合液上方的蒸气压之和等于外压时，两液相均处于沸腾状态，此时的沸腾温度显然低于每个纯组分的沸点，也就是说沸点远高于水的沸点的有机液体也可以与水同时沸腾汽化，使汽化的蒸气全部冷凝，两种液体又会分层，分掉水层就可以得到较纯的有机液体。

水蒸气蒸馏常用于分离在常压下沸点较高或在沸点时易分解的物质以及高沸点物质与不挥发性杂质的分离，或者说水蒸气蒸馏只适用于具有挥发性的、能随水蒸气蒸馏而不被破坏、与水不发生反应且难溶或不溶于水的成分的提取。此类成分的沸点多在 100 ℃以上，与水不相混溶或仅微溶，并在 100 ℃左右有一定的蒸气压。操作时，在待分离的混合物中直接通入水蒸气，当与水在一起加热，其蒸气压和水的蒸气压总和为一个大气压时，液体就开始沸腾，水蒸气将挥发性物质一并带出。如中草药中的挥发油，某些小分子生物碱如麻黄碱、萧碱、槟榔碱、牡丹酚等，都可应用本法提取。

水蒸气蒸馏主要有两种加热方式：一是可以直接通入水蒸气作为加热剂，水蒸气部分冷凝放出冷凝潜热而供给蒸馏所需要的热量，由于有水蒸气的冷凝，在蒸馏釜中必有水层存在；二是直接通入过热的水蒸气作为加热剂，或者在通入直接水蒸气的同时，再通过间壁在蒸馏釜外进行加热，这样混合物中的水蒸气就不致冷凝，在蒸馏釜中只有一层被蒸馏的混合液而无水层存在。

水蒸气蒸馏的优点是能够降低蒸馏温度，对高温下易分解的热敏性物料比较适宜，水蒸气蒸馏是中药制药生产中提取和纯化挥发油的主要方法，《中国药典》（2020 年版）中也规定水蒸气蒸馏是测定中药材中挥发油含量的方法。

2. 水蒸气蒸馏方式与设备

水蒸气蒸馏的常规方法大致可分为三种形式，即水中蒸馏、水上蒸馏与直接蒸馏，如图 9 – 11 所示。这三种蒸馏形式又可以根据原料的特性或产品的质量的要求，选择在常压、减压或加压下进行。为了节约能源，常采用加压直接蒸气蒸馏过程中几锅串联的串蒸方式。

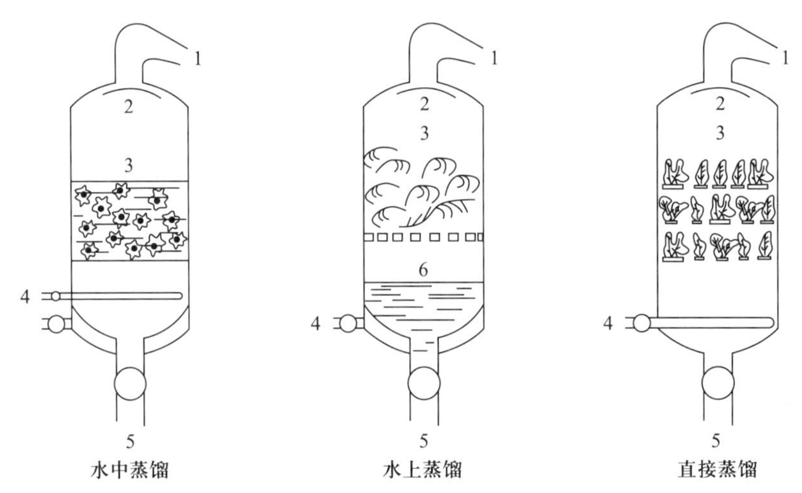

图 9 – 11　三种蒸馏方式原理简图

1—冷凝器　2—挡板　3—原料　4—水蒸气　5—出液口　6—水

（1）水中蒸馏

一般是先将原料放入蒸馏锅内，然后加入清水或上一锅馏出水，加水高度一般是刚好浸过料层。有的在锅底上部设置筛板，而加大锅底阀，出料时连水和料一起从锅底冲出，如图 9 – 12 所示。

（2）水上蒸馏

水上蒸馏又称隔水蒸馏。这种蒸馏方式是把原料置于蒸馏锅内筛板上，筛板下锅底层部位能盛放一定水量，这一水量必须能满足蒸馏操作所需的足够的饱和蒸气，筛板下水层高度以水沸腾时不溅湿筛板上料层为原则。水上蒸馏流程和水上蒸馏设备如图 9 – 13 和图 9 – 14 所示。

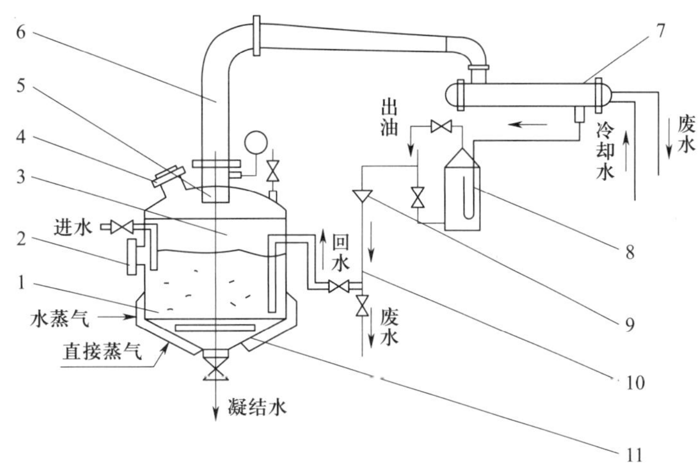

图 9－12　水中蒸馏流程示意图

1—直接蒸气喷管　2—液位视镜　3—锅体　4—加料门　5—挡板　6—蒸出管　7—换热器　8—油水分离器　9—回水漏斗　10—回流装置　11—加热器

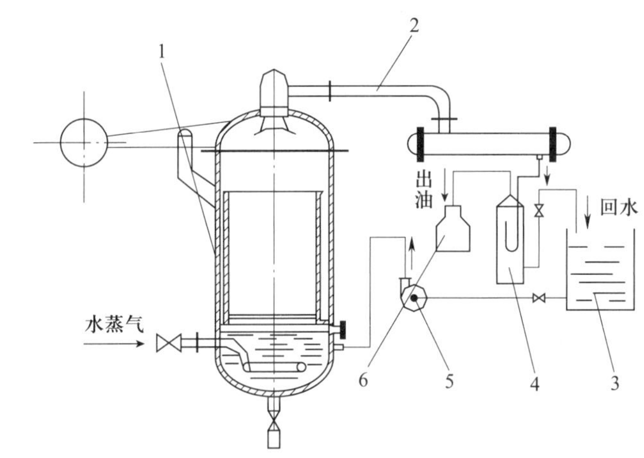

图 9－13　水上蒸馏流程示意图

1—蒸馏锅　2—冷凝器　3—回水储槽　4—油水分离器　5—水泵　6—精油受器

（3）直接蒸馏

这种蒸馏方式是由外来的锅炉蒸气直接进行蒸馏的。通常在筛板下锅底部位装有一条开有许多小孔的环行管，外来蒸气通过小孔直接喷出。直接蒸气蒸馏流程和蒸馏锅如图 9－15 和图 9－16 所示。

（4）减压或加压蒸气蒸馏

减压蒸气蒸馏方式常在水中蒸馏时结合进行。减压蒸馏能降低蒸馏温度，以减轻因热而聚合的现象。减压常在冷凝器馏出段处进行，由于减压加快了蒸馏速度。

加压蒸馏一般采用加压直接蒸气蒸馏的方式。由于压力升高，锅内温度也随之升高，而水的蒸气压力升高并不随温度升高而成正比增长，油的蒸气压力却随温度升高成正比增长，于是这就加大了油水比例中油的比例。同时，在加压过程中，由于蒸馏温度升高，加快了

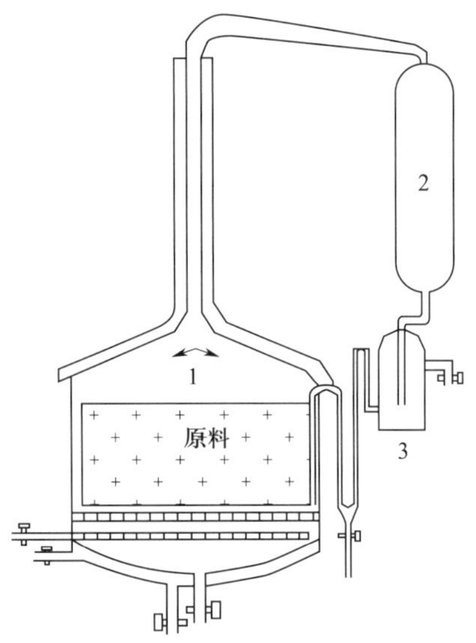

图 9－14　水上蒸馏设备示意图

1—蒸馏锅　2—冷凝器　3—油水分离器

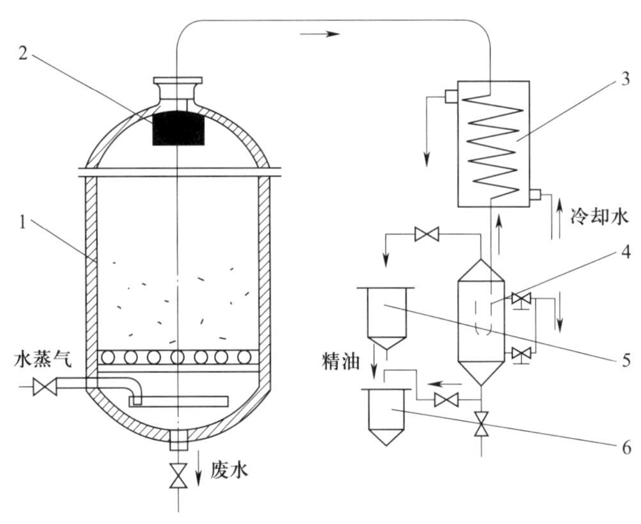

图 9－15　直接蒸馏流程示意图

1—蒸馏锅　2—捕集器　3—冷凝器　4—轻重油水分离器　5—轻油受器　6—重油受器

“水散”作用，使精油中黏度大、沸点高的以及挥发性低的成分得以扩散和蒸出，从而也缩短了蒸馏时间。

二、恒沸精馏

普通精馏过程是以均相混合液中各组分的挥发度差异为分离依据的，组分间的挥发度差别越大越容易分离。但欲分离组分间的相对挥发度接近于 1 或形成恒沸物时，如含乙醇 89.4%（摩尔分数）的乙醇－水混合液，常压下恒沸点为 78.15 ℃，普通精馏方法不适宜，

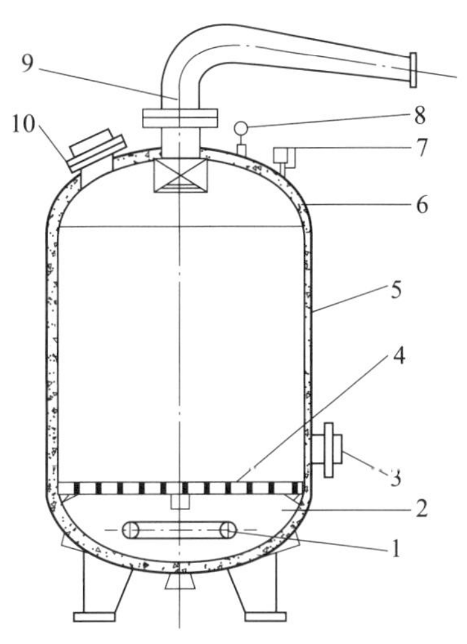

图 9－16　蒸馏锅示意图

1—加热蒸气管　2—锅底　3—出料门　4—承料格栅　5—锅壁
6—锅盖　7—安全阀　8—压力表　9—蒸出管　10—加料门

则可采用恒沸精馏。

恒沸精馏是在分离操作时，在混合物中加入第三组分，称为挟带剂，该组分能与原料液中的一个或两个组分形成沸点更低的新恒沸液，从而使组分间的相对挥发度增大，可用精馏法进行分离。恒沸精馏可以分离具有最低恒沸点、最高恒沸点或沸点相近的物系，制药生产中以苯为挟带剂用工业乙醇来制取无水乙醇，就是恒沸精馏的典型例子。在乙醇和水的恒沸物原料液中加入苯后，可形成苯、乙醇及水的三元最低恒沸物，常压下其沸点为 64.6 ℃，恒沸精馏流程如图 9－17 所示，原料液与苯进入恒沸精馏塔中，塔底得到无水乙醇产品，塔顶蒸出苯－乙醇－水三元恒沸物，进入冷凝器中冷凝后，部分液相回流到塔内，其余的进入分层器中，上层为富苯层，返回恒沸精馏塔作为补充回流，下层为含少量苯的富水层，富水层进入苯回收塔顶部，苯回收塔顶部引出的蒸气也进入冷凝器中，底部的稀乙醇溶液进入乙醇回收塔中，乙醇回收塔中的塔顶产品为乙醇－水恒沸液，送回恒沸精馏塔作为原料，塔底则把水引出。在精馏过程中，苯是循环使用的，要及时补充。

恒沸精馏的关键是选择合适的挟带剂，基本的要求如下。

1. 挟带剂应能与被分离组分形成新的恒沸物，与被分离组分的沸点差要大，一般两者沸点差在 10 ℃以上。

2. 新恒沸物中所含挟带剂百分数越少越好，可减少用量及汽化量，热量消耗少。

3. 形成的新恒沸物应容易分离，宜为非均相混合物，可用分层法分离挟带剂，有利于回收和循环使用。

4. 挟带剂的化学稳定性好，使用安全，且价格便宜，容易得到。

选择的挟带剂要同时满足上述要求比较困难，应根据具体情况综合考虑，抓主要矛盾。在选择时，可先从恒沸物数据手册中查出能与被分离组分形成恒沸物的各种物质，再对照上述要求进行选择。

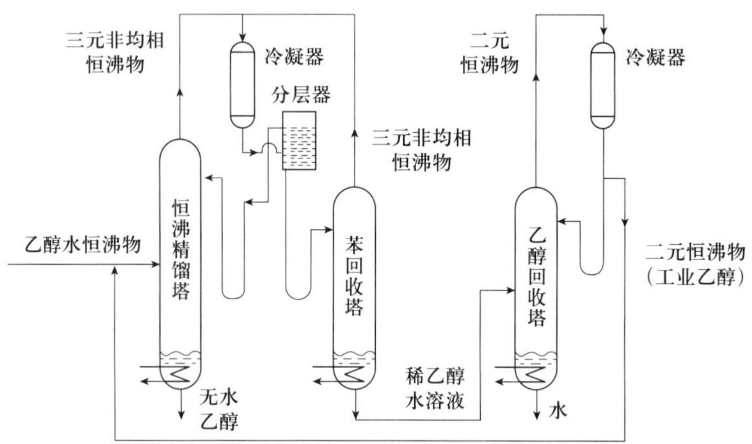

图 9－17　用工业乙醇制取无水乙醇的恒沸精馏流程示意图

恒沸精馏分为形成非均相恒沸物和形成均相恒沸物两大类。前者如以苯为挟带剂分离乙醇－水恒沸物，加入挟带剂形成的最低恒沸物与原溶液易挥发组分冷凝后液相分层且各液相均为最低恒沸物的精馏。后者如以甲醇为挟带剂分离正庚烷－甲苯恒沸物，塔顶液相产品不分层，形成均相恒沸物的精馏，生产中常用的是形成非均相恒沸物的恒沸精馏。

三、萃取精馏

与恒沸精馏相似，萃取精馏常用来分离沸点相差很小的溶液。操作时，也是向原料液中加入第三组分，称为萃取剂，以改变原组分间的相对挥发度而得到分离，与恒沸精馏不同的是萃取剂并不与原料液中的任何组分形成共沸液，萃取剂具有较高的沸点，但能与原料液中某个组分有较强的吸引力，降低该组分的蒸气压，从而加大了原料液中原有组分的相对挥发度，使原料液中的各组分易于分离。萃取精馏常用于分离相对挥发度近于 1 的物系，如用糠醛（沸点为 161. 7 ℃）做萃取剂来分离苯（80. 1 ℃）与环己烷（80. 73 ℃）混合物，由于糠醛分子与苯分子的结合力较强，从而使环己烷和苯间的相对挥发度增大。萃取剂沸点高且不与原料液中的任一组分形成恒沸物，故在萃取精馏过程中，从塔顶可以得到一个纯组分，萃取剂与另一组分从塔底排出，再回收萃取剂。

如图 9－18 所示，原料液进入萃取精馏塔 1 中，萃取剂（糠醛）由塔 1 顶部加入，以便在每层板上都与苯相结合。塔顶蒸出的为环己烷蒸气。为回收微量的糠醛蒸气，在塔 1 上部设置回收段 2（若萃取剂沸点很高，也可以不设回收段）。塔底釜液为苯－糠醛混合液，再将其送入苯回收塔 3 中。由于常压下苯沸点为 80. 1 ℃，糠醛的沸点为 161. 7 ℃，故两者很容易分离。塔 3 中釜液为糠醛，可循环使用。

萃取精馏中萃取剂的选择主要考虑以下因素。

1. 选择性要好，即加入的萃取剂应使原料液组分间的相对挥发度有显著提高。
2. 萃取剂与被分离混合物的互溶性好，避免塔内液流分层。
3. 萃取剂的沸点应与被分离的组分的沸点差较大，易于回收，不与原组分形成恒沸物。

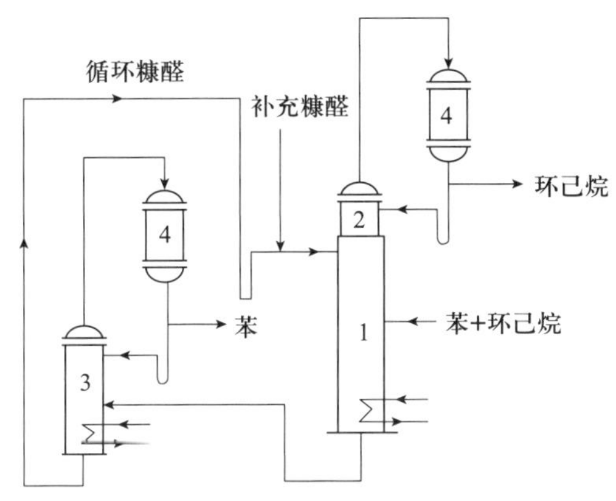

图 9－18　苯－环己烷萃取精馏流程示意图
1—萃取精馏塔　2—萃取剂回收段　3—苯回收塔　4—冷凝器

4. 物理性能或化学稳定性好，使用安全，价格低廉。

萃取精馏与恒沸精馏的特点比较如下。

1. 萃取剂比挟带剂易于选择。

2. 萃取剂在精馏过程中基本上不汽化，故萃取精馏的耗能量较恒沸精馏的为少。

3. 萃取精馏中，萃取剂加入量的变动范围较大，而在恒沸精馏中，适宜的挟带剂量多为一定，故萃取精馏的操作较灵活，易控制。

4. 萃取精馏不宜采用间歇操作，而恒沸精馏则可采用间歇操作方式。

5. 恒沸精馏操作温度较萃取精馏的为低，故恒沸精馏较适用于分离热敏性溶液。

日积月累

1. 水蒸气蒸馏是指将含有挥发性成分的材料与水一起蒸馏，使挥发性成分随水蒸气一并馏出，经冷凝分取挥发性成分的浸提方法。

2. 恒沸精馏是指若在两组分恒沸液中加入第三组分（称为挟带剂），该组分能与原料液中的一个或两个组分形成新的恒沸液，从而使原料液能用普通精馏方法分离的精馏操作。

3. 萃取精馏是在被分离的混合液中加入第三组分（称为萃取剂），改变原溶液中各组分间的相对挥发度而达到分离的目的。

§9－5　塔设备

学习目标

知识目标

1. 掌握板式塔相关知识及操作要点；

2. 掌握填料塔相关知识及操作要点。

技能目标

能够运用所学的基本理论知识，判断和选择合适的蒸馏、精馏工艺方法及相应的设备。

在蒸馏过程中所用的传热和传质设备主要是塔设备，一般分为板式塔和填料塔。板式塔是沿着塔的整个高度内装有许多块塔板，相邻两板有一定的板间距，气液两相在塔板上互相接触进行传热和传质。填料塔是在塔内装有填料，气液两相在润湿的填料表面进行传热和传质。

一、板式塔

板式塔为逐级接触式气液传质设备，它主要由圆柱形壳体、塔板、溢流堰、降液管及受液盘等部件构成，如图9－19所示。

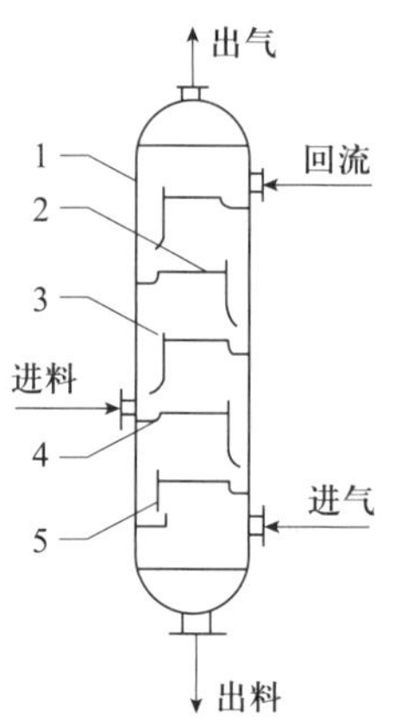

图9－19　板式塔结构简图

1—塔壳体　2—塔板　3—溢流堰　4—受液盘　5—降液管

操作时，塔内液体依靠重力作用，由上层塔板的降液管流到下层塔板的受液盘，然后横向流过塔板，从另一侧的降液管流至下一层塔板。溢流堰的作用是使塔板上保持一定厚度的液层。气体则在压力差的推动下，自下而上穿过各层塔板的气体通道（泡罩、筛孔或浮阀等），分散成小股气流，鼓泡通过各层塔板的液层。在塔板上，气液两相密切接触，进行热量和质量的交换。在板式塔中，气液两相逐级接触，两相的组成沿塔高呈阶梯式变化，在正常操作下，液相为连续相，气相为分散相。

一般来说，板式塔的空塔速度较高，因而生产能力较大，塔板效率稳定，操作弹性大，且造价低，检修、清洗方便，故工业上应用较为广泛。

1. 塔板的类型

塔板可分为有降液管式塔板（也称溢流式塔板或错流式塔板）及无降液管式塔板（也称穿流式塔板或逆流式塔板）两类，在工业生产中，以有降液管式塔板应用最为广泛，在此只讨论有降液管式塔板。

（1）泡罩塔板

泡罩塔板是工业上应用最早的塔板，其结构如图 9－20 所示，它主要由升气管及泡罩构成。泡罩安装在升气管的顶部，分圆形和条形两种，以前者使用较广。泡罩的下部周边开有很多齿缝，齿缝一般为三角形、矩形或梯形。圆形泡罩在塔板上为正三角形排列。

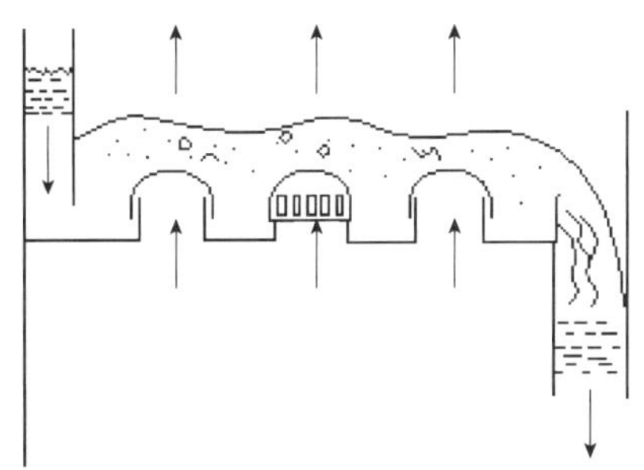

图 9－20　泡罩塔板

操作时，液体横向流过塔板，靠溢流堰保持板上有一定厚度的液层，齿缝浸没于液层之中而形成液封。升气管的顶部应高于泡罩齿缝的上沿，以防止液体从中漏下。上升气体通过齿缝进入液层时，被分散成许多细小的气泡或流股，在板上形成鼓泡层，为气液两相的传热和传质提供大量的界面。

泡罩塔板的优点是操作弹性较大，塔板不易堵塞；缺点是结构复杂、造价高，板上液层厚，塔板压降大，生产能力及板效率较低。泡罩塔板已逐渐被筛板、浮阀塔板所取代，在新建塔设备中已很少采用。

（2）筛孔塔板

筛孔塔板简称筛板，其结构如图 9－21 所示。塔板上开有许多均匀的小孔，孔径一般为 3～8 mm。筛孔在塔板上为正三角形排列。塔板上设置溢流堰，使板上能保持有一定厚度的液层。

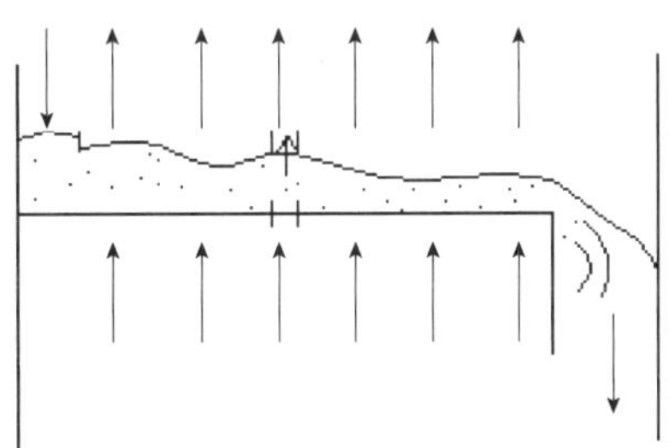

图 9－21　筛孔塔板

操作时，气体经筛孔分散成小股气流，鼓泡通过液层，气液间密切接触进行传热和传质。在正常的操作条件下，通过筛孔上升的气流，应能阻止液体经筛孔向下泄漏。

筛板的优点是结构简单、造价低，板上液面落差小，气体压降低，生产能力大，传质效率高。其缺点是筛孔易堵塞，不宜处理易结焦、黏度大的物料。

筛板塔的设计和操作精度要求较高，过去工业上应用较为谨慎。近年来，由于设计和控制水平的不断提高，可使筛板塔的操作非常精确，故应用日趋广泛。

（3）浮阀塔板

浮阀塔板具有泡罩塔板和筛孔塔板的优点，应用广泛。浮阀的类型很多，国内常用的有如图 9－22 所示的 F1 型、V－4 型及 T 型等。

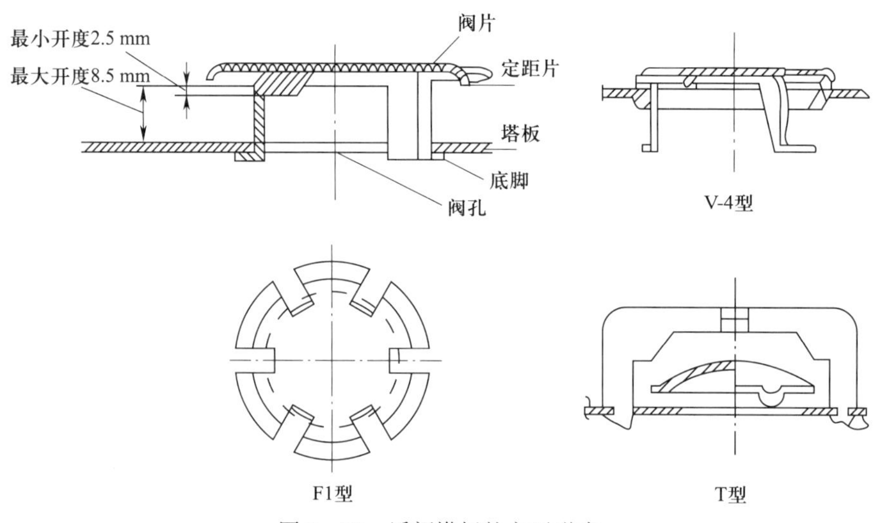

图 9－22　浮阀塔板的主要形式

浮阀塔板的结构特点是塔板上开有几个阀孔，每个阀孔上都装有一个可上下浮动的阀板。阀板本身与多个阀腿连接。插入阀孔后，将阀脚旋转 90°，以限制阀板的最大高度，并防止阀体将阀板吹走。在阀板周围冲出几个略微向下弯曲的定距片。当气速很低时，由于隔片的作用，阀板与塔板点接触，位于阀孔上，在一定程度上可以防止阀板与板表面的黏结。

在操作过程中，从阀孔上升的气流通过阀板和塔盘之间的间隙沿水平方向进入液体层，这增加了气液接触时间。浮阀的开度随气体负载而变化。在低气体体积时，开口小，气体仍能以足够的气体速度通过间隙，以避免过度液体泄漏；气量大时，阀板自动上浮，开度增大，气速不会太大。

浮阀塔板具有结构简单、成本低、生产能力大、操作灵活性大、塔板效率高等优点。其缺点是在处理易结焦、黏度高的物料时，阀板容易与塔板黏结；在操作过程中，有时阀板会脱落或卡住，降低塔板效率和操作灵活性。

（4）喷射型塔板

上述几种塔板，气体是以鼓泡或泡沫状态和液体接触，当气体垂直向上穿过液层时，使分散形成的液滴或泡沫具有一定向上的初速度。若气速过高，会造成较为严重的液沫夹带，使塔板效率下降，因而生产能力受到一定的限制。为克服这一缺点，近年来开发出喷射型塔板，大致有以下几种类型。

1）舌型塔板。舌型塔板的结构如图 9－23 所示，在塔板上冲出许多舌孔，方向朝塔板液体流出口一侧张开。舌片与板面成一定的角度，有 18°、20°、25°三种（一般为 20°），舌片尺寸有 50 mm×50 mm 和 25 mm×25 mm 两种。舌孔按正三角形排列，塔板的液体流出口一侧不设溢流堰，只保留降液管，降液管截面积要比一般塔板设计得大些。

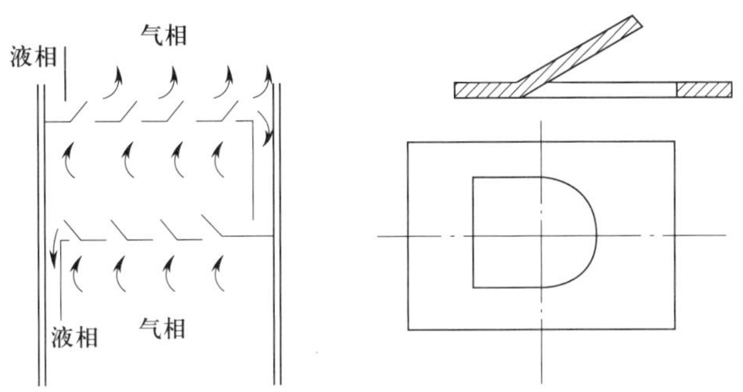

图 9－23　舌型塔板

操作时，上升的气流沿舌片喷出，其喷出速度可达 20～30 m/s。当液体流过每排舌孔时，被喷出的气流强烈扰动而形成液沫，被斜向喷射到液层上方，喷射的液流冲至降液管上方的塔壁后流入降液管中，流到下一层塔板。

舌型塔板的优点是生产能力大，塔板压降低，传质效率较高；缺点是操作弹性较小，气体喷射作用易使降液管中的液体夹带气泡流到下层塔板，从而降低塔板效率。

2）浮舌塔板。如图 9－24 所示，与舌型塔板相比，浮舌塔板的结构特点是其舌片可上下浮动。因此，浮舌塔板兼有浮阀塔板和固定舌型塔板的特点，具有处理能力大、压降低、操作弹性大等优点，特别适宜于热敏性物系的减压分离过程。

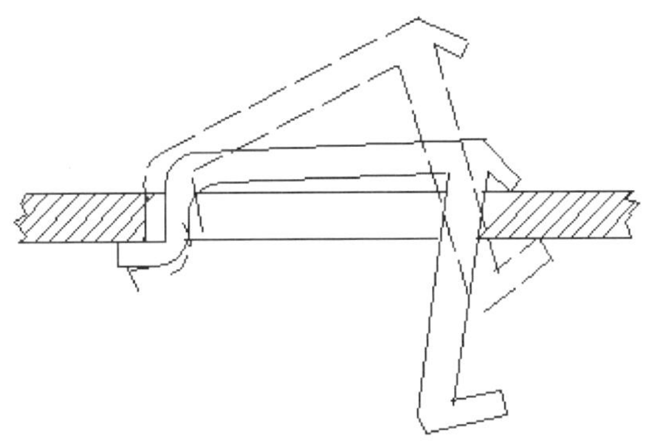

图 9－24　浮舌塔板

3）斜孔塔板。斜孔塔板的结构如图 9－25 所示。在板上开有斜孔，孔口向上与板面成一定角度。斜孔的开口方向与液流方向垂直，同一排孔的孔口方向一致，相邻两排开孔方向相反，使相邻两排孔的气体向相反的方向喷出。这样，气流不会对喷，既可得到水平方向较大的气速，又阻止了液沫夹带，使板面上液层低而均匀，气体和液体不断分散和聚集，其表面不断更新，气液接触良好，传质效率提高。

斜孔塔板克服了筛孔塔板、浮阀塔板和舌型塔板的某些缺点。斜孔塔板的生产能力比浮阀塔板强 30% 左右，效率与之相当，且结构简单，加工制造方便，是一种性能优良的塔板。

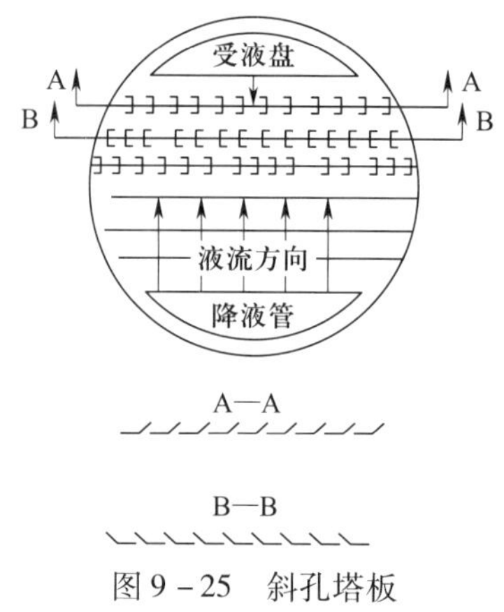

图 9-25　斜孔塔板

2. 塔板的流体力学性能

气液两相的传热和传质与其在塔板上的流动状况密切相关，板式塔内气液两相的流动状况即为板式塔的流体力学性能。

（1）塔板上气液两相的接触状态

塔板上气液两相的接触状态是决定板上两相流体力学及传质和传热规律的重要因素。如图 9-26 所示，当液体流量一定时，随着气速的增加，可以出现四种不同的接触状态。

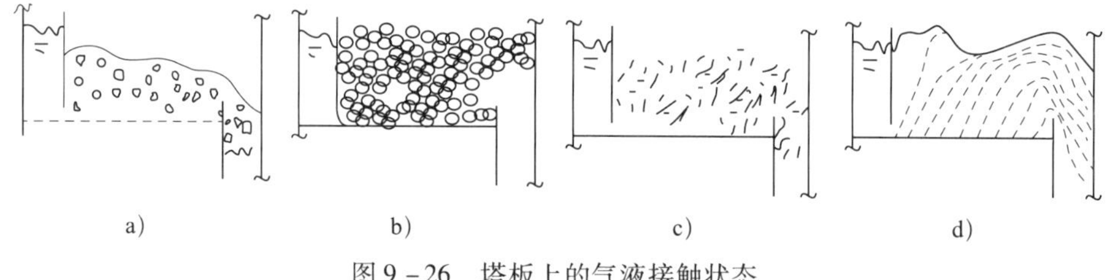

图 9-26　塔板上的气液接触状态

a）鼓泡接触状态　b）蜂窝接触状态　c）泡沫接触状态　d）喷射接触状态

1）鼓泡接触状态。当气体流速较低时，气体以鼓泡的形式通过液体层。由于气泡数量少，气液混合物基本为液体，气液两相接触表面积小，传质效率很低。

2）蜂窝接触状态。在蜂窝接触状态下，气泡的数量随着气体流速的增加而增加。当气泡的形成速度大于气泡的漂浮速度时，气泡在液层中积聚。气泡相互碰撞形成各种多面体的大气泡，以气体为主的气液混合物在平板上。由于气泡不易破裂，表面无法更新，因此这种状态不利于传热传质。

3）泡沫接触状态。当气体速度继续增加时，气泡数量急剧增加，气泡继续碰撞和破裂。此时，板上大部分液体以液膜形式存在，形成一些直径小、扰动非常强烈的动态气泡，在板上只能看到一薄层液体。由于大的表面积和不断更新的泡沫接触状态，为两相传热传质提供了良好的条件，是一种良好的接触状态。

4）喷射接触状态。在喷射接触状态下，当气体速度继续增加时，由于气体的巨大动能，板上的液体向上喷射成不同尺寸的液滴。直径较大的液滴在重力作用下回落到板上，直径较小的液滴被气体带走，形成液滴夹带。此时，塔盘上的气体为连续相，液体为分散相。两相传质的区域是液滴的外表面。随着液滴返回托盘并分散，这些液滴的反复形成和聚集大大增加了传质面积，表面不断更新，有利于传质和传热，同时也是良好的接触状态。

如上所述，泡沫接触状态和喷射接触状态是良好的接触状态。由于喷射接触状态下的气体速度高于泡沫接触状态下的气体速度，因此喷射接触状态下的生产能力较强。但喷射接触状态下的液体夹带量较大，如果控制不好，传质过程将被破坏，因此大多数塔控制在泡沫接触状态下。

（2）气体通过塔板的压降

气体通过塔板的压降（塔板的总压降）包括塔板的干板阻力（即板上各部件所造成的局部阻力），板上充气液层的静压力及液体的表面张力。

塔板压降是影响板式塔操作特性的重要因素。塔板压降增大，一方面塔板上气液两相的接触时间随之延长，板效率提升，完成同样的分离任务所需实际塔板数减少，设备费降低；另一方面，塔釜温度随之升高，能耗增加，操作费增多，若分离热敏性物系时易造成物料的分解或结焦。因此，进行塔板设计时，应综合考虑，在保证较高效率的前提下，力求减小塔板压降，以降低能耗和改善塔的操作。

（3）塔板上的液面落差

当液体横向流过塔板时，为克服板上的摩擦阻力和板上部件（如泡罩、浮阀等）的局部阻力，需要一定的液位差，则在板上形成由液体进入板面到离开板面的液面落差。液面落差也是影响板式塔操作特性的重要因素，液面落差将导致气流分布不均，从而造成漏液现象，使塔板的效率下降。因此，在塔板设计中应尽量减小液面落差。

液面落差的大小与塔板结构有关。泡罩塔板结构复杂，液体在板面上流动阻力大，故液面落差较大；筛板板面结构简单，液面落差较小。除此之外，液面落差还与塔径和液体流量有关，当塔径或流量很大时，也会造成较大的液面落差。因此，对于直径较大的塔，设计中常采用双溢流或阶梯溢流等溢流形式来减小液面落差。

（4）塔板的异常操作现象

塔板的异常操作现象包括漏液、液沫夹带和液泛等，是使塔板效率降低甚至使操作无法进行的重要因素，因此，应尽量避免这些异常操作现象的出现。

1）漏液。在正常操作的塔板上，液体横向流过塔板，然后经降液管流下。当气体通过塔板的速度较小时，气体通过升气孔道的动压不足以阻止板上液体经孔道流下，便会出现漏液现象。漏液的发生导致气液两相在塔板上的接触时间减少，塔板效率下降，严重时会使塔板不能积液而无法正常操作。通常，为保证塔的正常操作，漏液量应不大于液体流量的10%。漏液量达到10%的气体速度称为漏液速度，它是板式塔操作气速的下限。

造成漏液的主要原因是气速太小和板面上液面落差所引起的气流分布不均匀。在塔板液体入口处，液层较厚，往往出现漏液，为此常在塔板液体入口处留出一条不开孔的区域，称为安定区。

2）液沫夹带。上升气流穿过塔板上液层时，必然将部分液体分散成微小液滴，气体夹带着这些液滴在板间的空间上升，如液滴来不及沉降分离，则将随气体进入上层塔板，这种现象称为液沫夹带。

液滴的生成虽然可增大气液两相的接触面积，有利于传质和传热，但过量的液沫夹带常造成液相在塔板间的返混，进而导致板效率严重下降。为维持正常操作，需将液沫夹带限制在一定范围。

影响液沫夹带量的因素很多，最主要的是空塔气速和塔板间距。空塔气速减小及塔板间距增大，可使液沫夹带量减小。

3）液泛。塔板正常操作时，在板上维持一定厚度的液层，和气体进行接触传质。如果由于某种原因，导致液体充满塔板之间的空间，使塔的正常操作受到破坏，这种现象称为液泛。

当塔板上液体流量很大，上升气体的速度很高时，液体被气体夹带到上一层塔板上的量剧增，使塔板间充满气液混合物，最终使整个塔内都充满液体，这种由于液沫夹带量过大引起的液泛称为夹带液泛。

当降液管内液体不能顺利向下流动时，管内液体必然积累，致使管内液位增高而越过溢流堰顶部，两板间液体相连，塔板产生积液，并依次上升，最终导致塔内充满液体，这种由于降液管内充满液体而引起的液泛称为降液管液泛。

液泛的形成与气液两相的流量相关。对一定的液体流量，气速过大会形成液泛；反之，对一定的气体流量，液量过大也可能发生液泛。液泛时的气速称为泛点气速，正常操作气速应控制在泛点气速之下。

影响液泛的因素除气液流量外，还与塔板的结构，特别是塔板间距等参数有关，设计中采用较大的板间距，可提高泛点气速。

【案例分析】

某厂回收生产过程中产生的废乙醇用于生产，在交接班时，上一班工人已将釜内料渣清出，并已将釜冷却；当班人员接班后开始抽料、升温，出料阀处于关闭状态。15 min 后乙醇回收塔突然爆炸，造成伤亡事故。

分析

乙醇回收塔出料阀没有开启是造成这起事故的直接原因。由于出料阀未打开，当开通蒸气升温后乙醇蒸发，使蒸馏塔从常压状态变为受压状态；当塔内乙醇蒸气压力超过塔盖螺栓的密封力时，将釜盖冲开，大量乙醇蒸气冲出后与空气迅速混合，形成爆炸混合物，遇火源瞬间燃烧爆炸。

二、填料塔

填料塔是在塔内装有填料，气液两相在润湿的填料表面进行传热和传质。

1. 填料塔的结构特点

在塔体内充填一定高度的填料，其下方有支撑板，上方为填料压板及液体分布装置。液体自填料层顶部分散后沿填料表面流下而润湿填料表面；气体在压强差推动下，通过填料间的空隙由塔的一端流向另一端。气液两相间的传质通常是在填料表面的液体与气相间的界面上进行的，如图 9－27 所示。

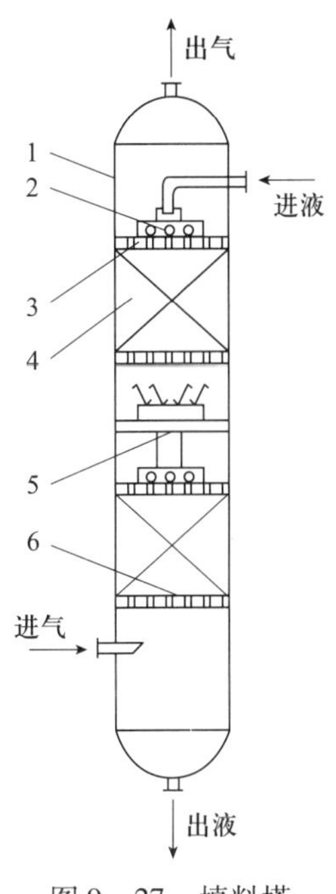

图 9－27　填料塔

1—塔壳体　2—液体分布器　3—填料压板　4—填料

5—液体再分布装置　6—填料支撑板

2. 填料的类型

填料的种类很多，根据装填方式的不同，可分为散装填料和规整填料。

（1）散装填料

散装填料是一个个具有一定几何形状和尺寸的颗粒体，一般以随机的方式堆积在塔内，又称为乱堆填料或颗粒填料。

1）拉西环填料，为外径与高度相等的圆环，其气液分布较差，传质效率低，阻力大，通量小，目前工业上已较少应用。

2）鲍尔环填料，由于环壁开孔，大大提高了环内空间及环内表面的利用率，气流阻力小，液体分布均匀。与拉西环相比，鲍尔环的气体通量可增加 50% 以上，传质效率提高 30% 左右。鲍尔环是一种应用较广的填料。

3）阶梯环填料，由于高径比减少，使得气体绕填料外壁的平均路径大为缩短，减少了气体通过填料层的阻力。锥形翻边不仅增加了填料的机械强度，而且使填料之间由线接触为主变成以点接触为主，这样不但增加了填料间的空隙，同时成为液体沿填料表面流动的汇集分散点，可以促进液膜的表面更新，有利于传质效率的提高。阶梯环的综合性能优于鲍尔环，成为目前所使用的环形填料中最为优良的一种。

4）弧鞍填料，属鞍形填料的一种，其形状如同马鞍，一般采用瓷质材料制成。特点是表面全部敞开，不分内外，液体在表面两侧均匀流动，表面利用率高，流道呈弧形，流动阻力小。其缺点是易发生套叠，致使一部分填料表面被重合，使传质效率降低。弧鞍填料强度较差，易破碎，工业生产中应用不多。

5）矩鞍填料，将弧鞍填料两端的弧形面改为矩形面，且两面大小不等，即成为矩鞍填料。矩鞍填料堆积时不会套叠，液体分布较均匀。矩鞍填料一般采用瓷质材料制成，其性能优于拉西环。目前，国内绝大多数应用瓷拉西环的场合，均已被瓷矩鞍填料所取代。

6）环矩鞍填料，是兼顾环形和鞍形结构特点而设计出的一种新型填料，该填料一般以金属材质制成。环矩鞍填料将环形填料和鞍形填料两者的优点集于一体，其综合性能优于鲍尔环和阶梯环，在散装填料中应用较多。

7）球形填料，球形填料一般采用塑料注塑而成，其结构有多种。球形填料的特点是球体为空心，可以允许气体、液体从其内部通过。由于球体结构的对称性，填料装填密度均匀，不易产生空穴和架桥，所以气液分散性能好。球形填料一般只适用于某些特定的场合，工程上应用较少。

除上述几种较典型的散装填料外，近年来不断有构型独特的新型填料开发出来，如共轭环填料、海尔环填料、纳特环填料等。

（2）规整填料

规整填料是按一定的几何构形排列，整齐堆砌的填料。规整填料种类很多，根据其几何结构可分为格栅填料、波纹填料、脉冲填料等。

1）格栅填料。格栅填料是以条状单元体经一定规则组合而成的，具有多种结构形式。工业上应用最早的格栅填料为木格栅填料。目前应用较为普遍的有格里奇格栅填料、网孔格栅填料、蜂窝格栅填料等。格栅填料的比表面积较低，主要用于压降小、负荷大及防堵等场合。

2）波纹填料。目前工业上应用的规整填料绝大部分为波纹填料，它是由许多波纹薄板组成的圆盘状填料，波纹与塔轴的倾角有 30°和 45°两种，组装时相邻两波纹板反向靠叠。各盘填料垂直装于塔内，相邻的两盘填料间交错 90°排列。波纹填料按结构可分为网波纹填料和板波纹填料两大类，其材质又有金属、塑料和陶瓷等。

金属丝网波纹填料是网波纹填料的主要形式，它是由金属丝网制成的。金属丝网波纹填料的压降低，分离效率很高，特别适用于精密精馏及真空精馏装置，为难分离物系、热敏性物系的精馏提供了有效的手段。尽管其造价高，但因其性能优良仍得到了广泛的应用。

金属孔板波纹填料是板波纹填料的一种主要形式。该填料的波纹板片上冲压有许多 5 mm 左右的小孔，可起到粗分配板片上的液体、加强横向混合的作用。波纹板片上轧成细小沟纹，可起到细分配板片上的液体、增强表面润湿性能的作用。金属孔板波纹填料强度高，耐腐蚀性强，特别适用于大直径塔及气液负荷较大的场合。

金属压延孔板波纹填料是另一种有代表性的板波纹填料。它与金属孔板波纹填料的主要区别在于板片表面不是冲压孔，而是刺孔，用碾轧方式在板片上碾出很密的孔径为 0.4 ~ 0.5 mm 的小刺孔。其分离能力类似于网波纹填料，但抗堵能力比网波纹填料强，并且价格便宜，应用较为广泛。

波纹填料的优点是结构紧凑，阻力小，传质效率高，处理能力强，比表面积大。其缺点是不适于处理黏度大、易聚合或有悬浮物的物料，且装卸、清理困难，造价高。

3）脉冲填料。脉冲填料是由带缩颈的中空棱柱形个体，按一定方式拼装而成的一种规整填料。脉冲填料组装后，会形成带缩颈的多孔棱形通道，其纵面流道交替收缩和扩大，气液两相通过时产生强烈的湍动。在缩颈段，气速最高，湍动剧烈，从而强化传质。在扩大段，气速减到最小，实现两相的分离。流道收缩、扩大的交替重复，实现了“脉冲”传质过程。它的特点是处理量大，压降小，是真空精馏的理想填料。因其优良的液体分布性能使放大效应减少，故特别适用于大塔径的场合。

3. 填料的性能

（1）填料的几何特性

填料的几何特性数据主要包括比表面积、空隙率、填料因子等，是评价填料性能的基本参数。

1）比表面积。单位体积填料的填料表面积称为比表面积，以 a 表示，其单位为 m^2/m^3。填料的比表面积越大，所提供的气液传质面积越大。因此，比表面积是评价填料性能优劣的一个重要指标。

2）空隙率。单位体积填料中的空隙体积称为空隙率，以 e 表示，其单位为 m^3/m^3，或以%表示。填料的空隙率越大，气体通过的能力越大且压降低。因此，空隙率是评价填料性能优劣的又一重要指标。

3）填料因子。填料的比表面积与空隙率三次方的比值，即 a/e^3，称为填料因子，以 f 表示，其单位为 1/m。填料因子分为干填料因子与湿填料因子，填料未被液体润湿时的 a/e^3 称为干填料因子，它反映填料的几何特性；填料被液体润湿后，填料表面覆盖了一层液膜，a 和 e 均发生相应的变化，此时的 a/e^3 称为湿填料因子，它表示填料的流体力学性能，f 值越小，表明流动阻力越小。

（2）填料性能的评价

填料性能的优劣通常根据效率、通量及压降三要素衡量。在相同的操作条件下，填料的比表面积越大，气液分布越均匀，表面的润湿性能越好，则传质效率越高；填料的空隙率越大，结构越开敞，则通量越大，压降亦越低。

4. 填料塔的流体力学性能

填料塔的流体力学性能主要包括填料层的持液量、填料层的压降、液泛、填料表面的润湿及返混等。

（1）填料层的持液量

填料层的持液量是指在一定操作条件下，在单位体积填料层内所积存的液体体积，以（m^3液体）/（m^3填料）表示。持液量可分为静持液量 H_s、动持液量 H_o 和总持液量 H_t。静持液量是指当填料被充分润湿后，停止气液两相进料，并经排液至无滴液流出时存留于填料层中的液体量，其取决于填料和流体的特性，与气液负荷无关。动持液量是指填料塔停止气液两相进料时流出的液体量，它与填料、液体特性及气液负荷有关。总持液量是指在一定操作条件下存留于填料层中的液体总量。显然，总持液量为静持液量和动持液量之和，即

$$H_t = H_o + H_s$$

填料层持液量可由实验测出，也可由经验公式计算。一般来说，适当的持液量对填料塔操作的稳定性和传质是有益的，但持液量过大，将减少填料层的空隙和气相流通截面，使压降增大，处理能力下降。

（2）填料层的压降

在逆流操作的填料塔中，从塔顶喷淋下来的液体，依靠重力在填料表面成膜状向下流动，上升气体与下降液膜的摩擦阻力形成了填料层的压降。填料层压降与液体喷淋量及气速有关，在一定的气速下，液体喷淋量越大，压降越大；在一定的液体喷淋量下，气速越大，压降也越大。

（3）液泛

在泛点气速下，持液量的增多使液相由分散相变为连续相，而气相则由连续相变为分散相，此时气体呈气泡形式通过液层，气流出现脉动，液体被大量带出塔顶，塔的操作极不稳定，甚至会被破坏，此种情况称为淹塔或液泛。影响液泛的因素很多，如填料的特性、流体的物性及操作的液气比等。

填料特性的影响集中体现在填料因子上。填料因子 f 值越小，越不易发生液泛现象。

流体物性的影响体现在气体密度、液体的密度和黏度上。气体密度越小，液体的密度越大、黏度越小，则泛点气速越大。

操作的液气比越大，则在一定气速下液体喷淋量越大，填料层的持液量增加而空隙率减小，故泛点气速越小。

（4）填料表面的润湿

填料塔中气液两相间的传质主要是在填料表面流动的液膜上进行的。要形成液膜，填料表面必须被液体充分润湿，而填料表面的润湿状况取决于塔内的液体喷淋密度及填料材质的表面润湿性能。

液体喷淋密度是指单位塔截面积上，单位时间内喷淋的液体体积，以 U 表示，单位为 $m^3/(m^2 \cdot h)$。

填料表面润湿性能与填料的材质有关，就常用的陶瓷、金属、塑料三种材质而言，以陶瓷填料的润湿性能最好，塑料填料的润湿性能最差。

（5）返混

在填料塔内，气液两相的逆流并不呈理想的活塞流状态，而是存在着不同程度的返混。造成返混现象的原因很多，包括：填料层内的气液分布不均；气体和液体在填料层内的沟流；液体喷淋密度过大时所造成的气体局部向下运动；塔内气液的湍流脉动使气液微团停留时间不一致等。填料塔内流体的返混使得传质平均推动力变小，传质效率降低。因此，按理想的活塞流设计的填料层高度，因返混的影响需适当加高，以保证预期的分离效果。

5. 填料材质的选择

填料材质分为陶瓷、金属和塑料三大类。

（1）陶瓷填料。陶瓷填料具有很好的耐腐蚀性及耐热性，价格便宜，具有很好的表面润湿性能，但质脆、易碎是其最大缺点。在气体吸收、气体洗涤、液体萃取等过程中应用较为普遍。

（2）金属填料。金属填料可用多种材质制成，选择时主要考虑腐蚀问题。碳钢填料造价低，且具有良好的表面润湿性能，对于无腐蚀或低腐蚀性物系应优先考虑使用；不锈钢填料耐腐蚀性强，一般能耐除 Cl^- 以外常见物系的腐蚀，但其造价较高，且表面润湿性能较差，在某些特殊场合（如极低喷淋密度下的减压精馏过程），需对其表面进行处理，才能取得良好的使用效果；钛材、特种合金钢等材质制成的填料造价很高，一般只在某些腐蚀性极强的物系下使用。

一般来说，金属填料可制成薄壁结构，它的通量大、气体阻力小，且具有很高的抗冲击性能，能在高温、高压、高冲击强度下使用，应用范围最为广泛。

（3）塑料填料。塑料填料的材质主要包括聚丙烯（PP）、聚乙烯（PE）及聚氯乙烯（PVC）等，国内一般多采用聚丙烯材质。塑料填料的耐腐蚀性能较好，可耐一般的无机酸、碱和有机溶剂的腐蚀。其耐温性良好，可长期在 100 ℃以下使用。塑料填料质轻、价廉，具有良好的韧性，耐冲击、不易碎，可以制成薄壁结构。它的通量大、压降低，多用于吸收、解吸、萃取、除尘等装置中。塑料填料的缺点是表面润湿性能差，但可通过适当的表面处理来改善其表面润湿性能。

6. 填料塔的内件

填料塔的内件主要有填料支撑装置、填料压紧装置、液体分布装置、液体收集再分布装置等。

（1）填料支撑装置

它的作用是支撑塔内的填料，常用的填料支撑装置有栅板型、孔管型、驼峰型等。支撑装置的选择，主要的依据是塔径、填料种类及型号、塔体及填料的材质、气液流率等。

（2）填料压紧装置

填料上方安装压紧装置可防止在气流的作用下填料床层发生松动和跳动。

（3）液体分布装置

它的作用是使下降液体分布均匀，提高传质效率，种类有喷头式、盘式、管式、槽式及槽盘式等。

（4）液体收集及再分布装置

液体沿填料层向下流动时，有偏向塔壁流动的现象，这种现象称为壁流。壁流将导致填料层内气液分布不均，使传质效率下降。为减小壁流现象，可间隔一定高度在填料层内设置液体再分布装置。

在通常情况下，一般将液体收集器及液体分布器同时使用，构成液体收集及再分布装置。液体收集器的作用是将上层填料流下的液体收集，然后送至液体分布器进行液体再分布。

日积月累

1. 填料塔的优点是结构简单、分离效率高、易用耐腐蚀材料制作、造价低。缺点是当塔径较大时，气液两相接触不均匀、效率低。一般而言，当处理量较小时多采用填料塔，当处理量较大时多采用板式塔。因此填料塔通常用于以下情况：腐蚀性介质、易起泡物系、热敏性物料、高黏性物料；中、小规模的塔，塔径小于600 mm 时，宜选用填料塔，可节省费用并方便施工。

2. 板式塔处理量大，清洗检修方便，效率高，对于处理量或负荷波动较大的场合，宜采用板式塔。因液体量过小会造成填料层中液体分布不均匀，填料表面未充分润湿，影响塔的效率；当液体量过大时易产生液流影响传质，采用板式塔则具有较大的操作弹性。

3. 对于处理易聚合或含颗粒的物料，采用板式塔，不易堵塞也便于清洗。对于塔顶、塔底产品均有质量要求的塔系，对于在分离过程中有明显吸热或放热效应的介质，对于有多个进料及侧线出料的塔器，均宜采用板式塔。

目标检测

一、单选选择题

1. 蒸馏是利用各组分（　　）不同的特性实现分离的目的。

A. 溶解度　　B. 等规度

C. 挥发度　　D. 调和度

2. 关于恒沸精馏塔的下列描述中，不正确的是（　　）。

A. 恒沸剂用量不能随意调　　B. 一定是塔顶产品

C. 可能是塔顶产品，也可能是塔底产品　　D. 视具体情况而变

3. 当物系处于泡、露点之间时，体系处于（　　）。

A. 饱和液相　　B. 过热蒸气

C. 饱和蒸气　　D. 气液两相

4. 分离沸点较高，而且又是热敏性混合液时，精馏操作压力应采用（　　）。

A. 减压　　B. 加压

C. 常压　　D. 不确定

5. 在填料塔中，低浓度难溶气体逆流吸收时，若其他条件不变，但入口气量增加，则出口气体组成将（　　）。

A. 不变　　B. 减少

C. 增加　　D. 不确定

6. 精馏塔中自上而下（　　）。

A. 分为精馏段、加料段和提馏段三个部分　　B. 温度依次降低

C. 易挥发组分浓度依次降低　　D. 蒸气质量依次减少

7. 加大回流比，塔顶轻组分组成将（　　）。

A. 变大　　B. 变小

C. 不变　　D. 忽大忽小

8. 当把一个常温溶液加热时，开始产生气泡的点称为（　　）。

A. 露点　　B. 临界点

C. 泡点　　D. 熔点

9. 闪蒸是单级蒸馏过程，所能达到的分离程度（　　）。

A. 很高　　B. 较低

C. 只是冷凝过程，无分离作用　　D. 只是汽化过程，无分离作用

10. 当蒸馏塔在全回流操作时，下列描述不正确的是（　　）。

A. 所需理论板数最小　　B. 不进料

C. 不出产品　　D. 热力学效率高

二、填空题

1. 精馏过程是利用________和________的原理完成的。

2. 完成一个精馏操作的两个必要条件是塔顶________和塔底________。

3. 当增大操作压强时，精馏过程中物系的相对挥发度________，塔顶温度________，塔釜温度________。

4. 将板式塔中泡罩塔、浮阀塔、筛板塔相比较，操作弹性最大的是________，造价最昂贵的是________，单板压降最小的是________。

5. 对某一板式塔进行改造，若其他条件不变，增大板间距，则该塔的操作弹性________，液泛气速________。

三、简答题

1. 精馏操作中“回流”的作用是什么？

2. 简单蒸馏与精馏有什么相同和不同？

第十章

通用干燥设备

在制药行业中，无论是原料药生产的精制、干燥、包装环节，还是制剂生产的固体造粒，物料中都含有一定量的湿分，为了满足生产工艺中对物料含水率的要求或便于储存、运输，常常需要从湿的固体物料中除去湿分（水或其他液体，本章主要针对水来讲解），这种过程称为“去湿”。

去湿方法主要有：机械法，利用重力或离心力，如沉降、过滤、压榨和离心分离等方法去湿，这种方法能耗少，但往往达不到去湿的最终要求；吸附法，利用一些平衡水气分压很低的干燥剂（如无水氯化钙、硅胶等）与湿物料并存，使物料中水分经气相转入干燥剂内，该方法只能除去少量的水分；热能法，即借助热能使物料中的湿分汽化，同时将产生的蒸气排除，这种方法通常称为干燥。干燥过程消耗的能量较多，为了节能，工业上一般尽量先用机械方法除去湿物料中的大部分湿分，再通过干燥方法继续除去机械法未能除去的湿分，以获得符合要求的产品。

§10－1　干燥基本知识

学习目标

知识目标

1. 掌握物料干燥过程的特性曲线及其影响因素；
2. 掌握物料中水分的存在状态和性质。

技能目标

1. 能够根据物料中水分的性质，选择合适的干燥方式；
2. 能够熟练绘制物料干燥曲线。

一、物料中水分的性质

固体物料的干燥过程不仅涉及气固两相间的传热和传质，还涉及物料中的水分以气态或液态的形式自物料内部向表面的传递问题。水分在物料内部的传递主要和水分与物料的结合方式，即物料的结构有关，即使在同一种物料中，有时所含水分的性质也不尽相同。因此，物料和水分的结合形式不同，去除水分耗费的能量不同，干燥所需要的热能也不一样。

根据物料与水分结合力的不同，可将物料中所含水分分为结合水分与非结合水分。

1. 结合水分和非结合水分

（1）结合水分

结合水分是借化学力或物理化学力与固体相结合的，包括物料细胞或纤维管壁及毛细管中所含的水分。这类水分结合力强，其蒸气压低于同温度下纯水的饱和蒸气压，较难除去。结合水分可细分为化学结合水、物理化学结合水与机械结合水。

1）化学结合水主要是指物料中的结晶水，如 $CuSO_4 \cdot 5H_2O$ 中的水分子，该类水分靠化学力相结合，是物质的一个组成成分，这类结晶水与物质牢固地结合在一起，属于用干燥方法不可以去除的水分。

2）物理化学结合水包括吸附、渗透与结构的水分，吸附水与物料的结合最强，水分既可被物料的外表面吸附，也可吸附于物料的内部表面，在吸附水分结合时有热量放出，脱去时则需要吸收热量；渗透水与物料的结合是由于物料组织壁的内外溶解物的浓度有差异而产生的渗透压所造成，结合强度相对弱小；结构水分存在于物料组织内部，在胶体形成时将水结合在内，此类水分的离解可通过蒸发、外压或组织的破坏来实现。

3）机械结合水包括毛细管水分等，毛细管水分存在于纤维或微小颗粒成团的湿物料中，它与物料的结合强度较弱，用干燥和机械方法可以部分除去这类水分。

（2）非结合水分

当物料中含水较多时，除一部分水与固体结合外，其余的水只是机械地附着在物料表面或颗粒堆积层中的大空隙中（不存在毛细管力），这些水称为非结合水。非结合水分的性质与纯水相同，在干燥过程中较易除去。

2. 自由水分和平衡水分

根据物料在一定干燥操作条件下，物料中所含水分能否被除去来划分，可将物料中的水分分为自由水分和平衡水分。

（1）自由水分

在干燥操作条件下，物料中能够被去除的水分称为自由水分。由图 10－1 可知，自由水分包括物料中的全部非结合水分和部分结合水分。

（2）平衡水分

将某种物料与一定温度和相对湿度的空气相接触，当湿物料表面的水蒸气压与空气中的水蒸气分压不等时，物料将脱除水分或吸收水分，直至二者相等。例如，在日常生活中，经常会遇到这种情况，当天气潮湿时，物料不易干燥，有的物料甚至会吸水而出现“返潮”现象。这是因为空气中的水蒸气分压大于物料表面的水蒸气分压，所以空气中的水分就向物料中传递，传递的方向正好与干燥过程相反；于是，物料出现了“返潮”现象。

只要空气的状态不变，物料与空气接触的时间又足够长，物料中所含水分不再因与空气

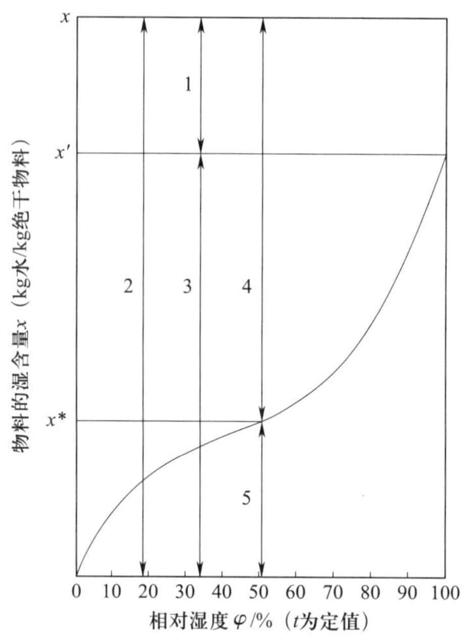

图 10－1　固体物料中水分性质示意图

1—非结合水分　2—总水分　3—结合水分　4—自由水分　5—平衡水分

接触时间的延长而增减，物料中水分与空气达到平衡，此时物料中所含的水分就称为此空气状态下该物料的平衡水分。

如图 10－2 所示，同一干燥条件下，不同物料的平衡水分不同；同一种物料，空气状态（温度、相对湿度）不同时，平衡水分值也不相同。因此，研究一定条件下药物的平衡含水量，对药物的干燥工艺参数选择、储藏和保质都具有指导性意义。

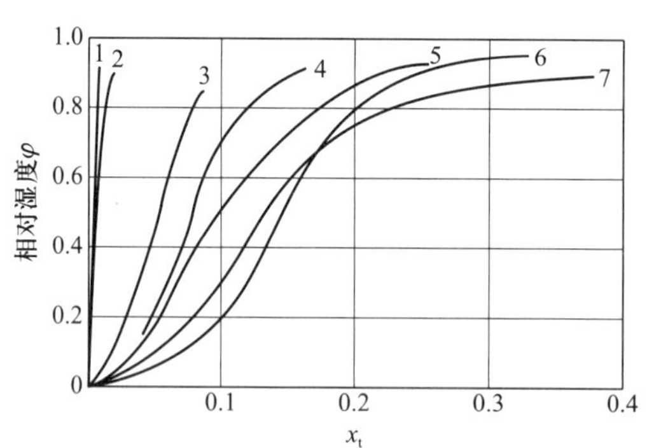

图 10－2　室温下几种物料的平衡水分（x_t）

1—石棉纤维板　2—聚氯乙烯粉（50 ℃）　3—木炭　4—牛皮纸　5—黄麻

6—小麦　7—土豆

综上所述，结合水分与非结合水分、自由水分与平衡水分是对物料含水量的两种不同的划分方法。结合水分与非结合水分只与物料特性有关而与空气状态无关；自由水分与平衡水分不仅与物料特性有关，还与干燥介质的状况有关。

二、干燥特性曲线

干燥过程的设计，除了确定干燥的操作条件外，还需要确定干燥器的尺寸、干燥时间等，因此，必须知道干燥过程的干燥速率。由于干燥机理和干燥过程比较复杂，通常干燥速率是从实验测得的干燥曲线中求得。

根据干燥过程中空气状态参数是否变化，干燥可分为恒定条件的干燥与非恒定条件的干燥。恒定条件的干燥是指在干燥过程中，空气的温度、湿度、流速以及与物料的接触方式都不随时间而变动。为了简化影响因素，干燥实验往往是在恒定条件下进行的。

1. 干燥曲线

在恒定的干燥条件下，实验中记录物料的含水量 x、物料的表面温度 t 随干燥时间 τ 的变化数据。随着干燥过程的进行，水分被不断汽化，湿物料质量逐渐减少，直至物料质量恒定或接近恒定为止。此时物料与空气达到平衡状态，物料中所含水分即为该空气条件下的平衡水分。最后取出物料，放入烘箱内烘干至恒重，此时的质量称为绝干物料的质量。整理不同时间测得的数据，绘制成物料的含水量 x、物料的表面温度 t 和干燥时间 τ 的关系曲线（图 10－3），即为干燥曲线。

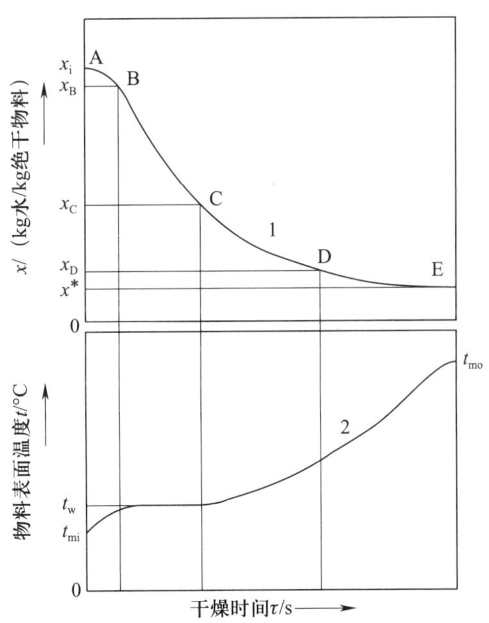

图 10－3　恒定干燥条件下的干燥曲线示意图

1—$x-\tau$ 曲线　2—$t-\tau$ 曲线

2. 干燥速率曲线

在单位时间内，单位干燥面积上汽化的水分质量称为干燥速率，用 U 表示，即

$$U = \frac{dW}{Ad\tau} \tag{10-1}$$

式中 U——干燥速率，kg 水/($m^2 \cdot s$)；

W——物料实验操作中汽化的水分，kg；

A——干燥面积（即物料与空气的接触面积），m^2；

τ——干燥时间，s。

由于 $dW = -m_d dx$，故

$$U = \frac{dW}{Ad\tau} = \frac{-m_d dx}{Ad\tau} \quad (10-2)$$

式中 m_d——干燥操作中湿物料内绝干物料的质量，kg。

上式中的负号表示 x 随干燥时间的增加而减小，$dx/d\tau$ 即为图 10-2 中干燥曲线上任意一点的斜率。

课堂活动

夏季雨水增多，空气温度高、湿度大，实验室的氯化钠等多种化学试剂很容易出现结块现象。请讨论，结块的氯化钠中哪类水分的含量发生了变化？

三、干燥过程及影响因素

湿物料在干燥过程中，可分为几个不同的干燥阶段：物料预热阶段、恒速干燥阶段和降速干燥阶段。各阶段物料的含水量随时间变化的趋势明显不同，因此，每个阶段也表现出各自的特点，如图 10-4 所示。

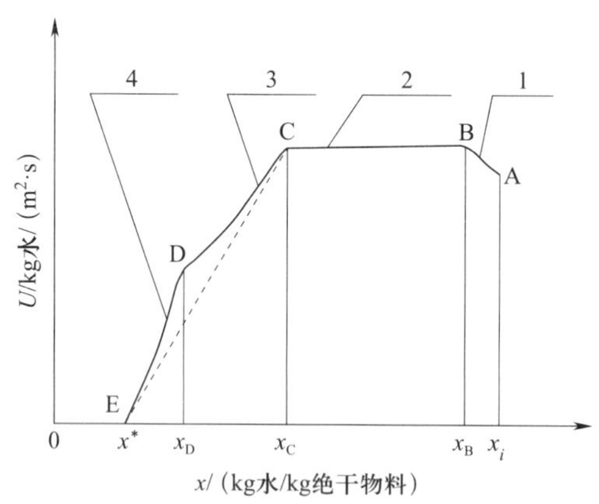

图 10-4 恒定干燥条件下的干燥速率曲线

1—物料预热阶段 2—恒速干燥阶段 3—第一降速阶段 4—第二降速阶段

1. 物料预热阶段

图 10-4 中 A 点表示物料刚移入干燥器时的状态，物料含水量为 x_i，由于物料的初始温度不会恰好与恒定干燥条件下的干燥温度一致，干燥初期会有一段为时不长的预热阶段，即为图 10-4 中 AB 段，因此我们把 AB 段称为干燥预热阶段。

2. 恒速干燥阶段

在恒定干燥条件下，物料被加热，水分开始汽化，气固两相间进行热量、质量传递，到达 B 点前，物料表面温度随时间增加而升高，干燥速率也随时间而增加。到达 B 点时，物料含水量由 x_i降至 x_B，此时物料内部的水分能及时迁移到物料表面，使物料表面保持完全润湿。物料表面充满非结合水分，由于非结合水分的性质与液态纯水相同，空气传给物料的热量，全部用于汽化这些水分，物料表面温度始终保持空气的湿球温度 t_w（不计湿物料受辐射传热的影响），干燥速率保持恒定，直至曲线上的 C 点。即为图 10－4 中 BC 段，因此把 BC（包括 C 点）段称为恒速干燥阶段。

3. 降速干燥阶段

图 10－4 曲线上的 C 点是由恒速干燥阶段转至降速干燥阶段的转折点，亦称为临界点，该点对应的湿物料的含水量降到 x_C，称为临界含水量。从 C 点往后，物料内部的水分迁移到物料表面的速率赶不上表面水分汽化的速率，物料表面不能继续维持全部湿润，致使干燥速率开始减小。干燥过程进行到 C 点后，水分汽化量减少，干燥速率逐渐减小，物料表面温度稍有上升，到达 D 点时，全部物料表面都不含非结合水。CD 段称为第一降速干燥阶段。

过了 D 点后，物料表面温度开始升高，物料中结合水分及剩余非结合水分的汽化则由表面开始向内部移动，空气传递的热量必须达到物料内部才能使物料内部的水分汽化，干燥过程的传热、传质途径增加，阻力加大，水分由内部向表面传递的速率越来越小，干燥速率比 CD 段下降更快（图 10－4 中 DE 段），到达 E 点时速率降为零，物料的含水量降至该空气状态下的平衡含水量 x^*，再继续干燥也不可能降低物料的含水量。DE 段称为第二降速阶段。

需要说明的是，以上干燥过程是为取得干燥数据而制定的，干燥时间可以延续至物料干燥到平衡含水量 x^*。但在实际干燥时，干燥时间不可能如上述那样长，因此，物料的含水量 x 也不可能达到平衡含水量 x^*，只能接近平衡含水量，因此，最终物料的干燥速率也不等于零。

干燥过程阶段的划分是由物料的临界含水量 x_C 确定的，x_C 是一项影响物料干燥速率和干燥时间的重要特性参数。x_C 值越大，则干燥进入降速阶段越早，蒸发同样的水分量时间越长。临界含水量 x_C 值的大小，因物料性质、厚度和干燥速率的不同而异。在一定干燥速率下，物料越厚，x_C 越高。由固体内水分扩散的理论推导表明，扩散速率与物料厚度的平方成反比。因此，减薄物料厚度可有效地提高干燥速率。了解影响 x_C 值的因素，有助于选择强化干燥的措施、开发新型的高效干燥设备、提高干燥速率。物料临界含水量值通常由实验测定或查阅有关手册来获取。

日积月累

1. 干燥是借助热能使物料中的湿分汽化，同时将产生的蒸气排除。
2. 在干燥操作条件下，物料中能够被去除的水分为自由水分，平衡水分代表物料在一定空气状态下的干燥极限。

3. 湿物料在干燥过程中，可分为物料预热阶段、恒速干燥阶段和降速干燥阶段三个不同的干燥阶段。

§10-2 干燥器的选择

学习目标

知识目标

1. 掌握干燥器的选用原则；
2. 了解各类干燥方法的优缺点。

技能目标

能够运用干燥器的选用原则，正确判断和选用干燥设备。

一、干燥分类

根据操作压力不同，干燥可分为常压干燥和真空干燥。常压干燥适合于干燥没有特殊要求的物料；真空干燥操作温度相对较低，适合于特殊物料的干燥，如热敏性、易氧化或要求产品含水量极低的物料干燥。

根据操作方式不同，干燥可分为连续干燥和间歇干燥。连续干燥的特点是生产能力强，过程易控制，产品质量均匀稳定，热效率高，劳动条件好；间歇干燥的特点是品种适应性广，设备投资少，操作控制方便，但干燥时间长，生产能力弱，劳动强度大。

根据对物料加热方式的不同，干燥可分为对流干燥、传导干燥、辐射干燥、介电干燥，以及由其中两种或两种以上方式组成的组合干燥。干燥设备通常就是根据对物料加热方式的不同进行设计制造的。

1. 对流干燥

对流干燥又称直接加热干燥，在化工生产中，对流干燥是最普遍的方式，常以热空气或其他高温气体（如烟道气、惰性气体等）为干燥介质，使之与湿物料直接接触，以对流方式给物料供热使湿分汽化，所产生的蒸气被干燥介质带走，空气既是载热体，又是载湿体。对流干燥的优点是干燥温度易于控制，物料不易过热变质，处理量大；缺点是热能利用程度低。典型干燥设备有喷雾干燥设备、真空干燥设备、气流干燥设备等。

2. 传导干燥

传导干燥又称间接加热干燥，通过让湿物料与设备的加热面相接触，将热能直接传导给湿物料，使物料中水分汽化，同时用空气将湿气带走。干燥时设备的加热面是载热体，空气是载湿体。传导干燥的优点是热能利用程度高，水分蒸发量大，干燥速度快；缺点是当温度较高时易使物料过热而变质。典型干燥设备有转筒干燥设备、真空干燥设备、冷冻干燥设备等。

3. 辐射干燥

辐射干燥是利用辐射器产生的辐射能以电磁波的形式（如微波、红外线）发射到湿物料表面，被物料吸收并转化为热能，使湿分汽化而被带走。辐射源有电能和热能两种。其中用电能的辐射器有专供发射红外线、远红外线或微波的装置。辐射干燥是以电磁辐射波为热源，空气为载湿体，其优点是安全、环保、效率高；缺点是耗电量较大，设备投入高。这类干燥设备有红外线辐射干燥器等。

4. 介电干燥

介电干燥是将需要干燥的物料置于高频电场内，利用高频电场的交变作用将湿物料加热，汽化水分。其加热方式不是由外而内，而是内外同时加热，可以加快水分的汽化，缩短干燥时间。这类干燥设备有微波干燥器等。

5. 组合干燥

有些物料的特性较为复杂，用单一的干燥方法往往达不到工艺要求。若将两种或两种以上的干燥方法适当串联组合，则有可能满足生产的要求，这就是组合干燥，如喷雾和流化床组合干燥、喷雾和辐射组合干燥等。

二、干燥器的分类和选用原则

干燥器是干燥设备的简称，少数情况下也称干燥机（如有运动装置的干燥设备）。由于药品种类繁多，物理和化学性质复杂多样，质量标准和工艺对干燥的要求各不相同，为适应被处理物料在形态、物性上的多样性以及对干燥成品规格的不同要求，工业上应用的干燥器类型很多，可根据不同的方法对干燥器进行分类。

1. 干燥器的分类

（1）按操作压力可分为常压干燥设备和减压（真空）干燥设备。

（2）按操作方式可分为连续干燥设备和间歇干燥设备。间歇干燥设备是药品干燥过程经常采用的设备。

（3）按被干燥物料的形态可分为块状、带状、粒状、溶液、膏糊状或浆状物料干燥器等。

（4）按干燥器的结构可分为厢式、隧道式、转筒式、气流式干燥器等。

（5）按传热方式可分为传导干燥、对流干燥、辐射干燥和介电干燥以及由上述两种或两种以上方式组成的组合干燥器。

课堂活动

搜集资料，列举日常生活中的食品加工行业（如奶粉、干果、饼干等）和制药行业都使用哪些干燥设备加工产品。

2. 干燥器的基本要求和选用原则

（1）干燥器的基本要求

在制药行业中，由于药品的形状和性质各不相同，生产规模或生产能力差别很大，对干燥程度的要求也不尽相同，因此，所采用的干燥方法与干燥器形式也多种多样。通常对干燥器有以下要求。

1）干燥器能满足产品的干燥工艺要求，如能达到指定的干燥程度等。

2）干燥器对干燥产品无损害，如能够保持产品的结晶性状、色泽，产品在干燥中不变形或龟裂等。

3）干燥速率快，提高设备的生产能力，缩短干燥时间，做到“小设备，大生产”。

4）干燥系统的热效率高，热效率是干燥设备的主要经济指标，干燥装置热利用好，热效率高，节约生产成本。

5）干燥系统的流体流动阻力要小，以降低输送机械能量的消耗，降低成本。

6）操作控制简单方便，安全可靠，对环境污染小，劳动条件良好，附属设备简单等。

（2）干燥器的选用原则

干燥是药品生产过程中不可或缺的基本单元操作，对于不同的品种、剂型、设备、环境以及操作方法，干燥情况往往有很大差别，因而干燥器的选择十分重要。由于被干燥物料种类繁多，要求各异，决定了不可能有一个万能的干燥器，只能选用最佳的干燥方法和干燥器形式。在选择干燥器形式时，要考虑以下因素。

1）干燥器能保证干燥产品的质量，干燥后的产品能符合GMP（《药品生产质量管理规范》）等相关法规的规定，这需要了解被干燥物料的性质，如耐温性、热敏性、黏附性、初始和最终湿含量、毒性、可燃性等。

2）干燥器符合化工设备强度、精度、表面粗糙度及运转可靠性等要求，根据被干燥物料的性质和产量，生产工艺要求和特点，以及干燥器是否可拆卸、易清洗、无死角、环境保护等方面综合考量，选择干燥器的结构、型号及规格。

3）干燥器的生产能力尽可能强，或者说物料达到指定干燥程度所需时间尽可能短。这需要了解被干燥物料中水分的结合性质，选择干燥方式，尽可能使物料分散以降低物料临界含水率，设法提高降速阶段的干燥速率。

4）干燥器具有较高的热效率，采用价格低廉的热源。

5）干燥器操作的劳动强度、操作难易、安全环保、占地面积及高度等其他方面的因素。

3. 干燥器选择的影响因素

干燥操作是比较复杂的过程，干燥器的选择也受诸多因素的影响。一般干燥器的选择是以被干燥物料的特性及对产品质量的要求为依据，然后考虑所选干燥器的操作费用与设备费用，并对其进行经济核算，最终确定干燥器的类型。应基本做到所选设备在技术上可行、经济上合理、产品质量上得到保证。选择干燥器时，要综合考虑以下因素。

（1）物料的形态

选择干燥器时首先要考虑被干燥物料的物理形态，据此，可将物料分为液态物料、滤饼物料、固态可流动物料和原药材等。在化工生产中，干燥液状或浆状物料时，常用转筒干燥器或喷雾干燥器。

（2）物料的热敏性

药物的有效成分大多数对温度比较敏感，高温会使有效成分发生分解、降活乃至完全失活，但低温又不利于干燥。因此，物料的热敏感性决定了干燥过程中物料的温度上限，同时物料承受温度的能力还与干燥时间的长短有关。对于某些热敏性物料，如果干燥时间很短，即使在较高温度下进行干燥，产品也不会因此而变质，如气流干燥器和喷雾干燥器适用于热敏性物料的干燥。

（3）物料的黏附性

物料的黏附性关系到干燥器内物料的流动以及传热与传质的进行。应充分了解物料从湿状态到干燥状态黏附性的变化，以便选择合适的干燥器。

（4）操作压力

大多数干燥器在接近大气压时操作，微弱的正压可避免外界向内部泄漏；当不允许向外界泄漏时则采用微负压操作；而真空操作费用昂贵，仅仅当物料必须在低温、无氧以及在中温或高温产生异味和在溶剂回收或有起火、有致毒危险的情况下才推荐采用。

（5）生产方式

若干燥前后的工艺均为连续操作，或虽不连续，但处理量大时，则应选择连续式的干燥器；对数量少、品种多、连续加卸料有困难的物料干燥，则应选用间歇式干燥器。

（6）干燥量

干燥量包括干燥物料总量和水分蒸发量，它们都是重要的生产指标，主要用于确定干燥设备的规格、型号。但若多种类型的干燥器都能适用时，则可根据干燥器的生产能力来选择相应的干燥器。

（7）干燥产品的形状

产品的粒度分布、外观的要求等都是选择干燥器要考虑的因素。例如，干燥时，有的产品要求为粒状，有的要求为粉末状；有的粒径分布较宽，有的粒径分布较窄；有的产品不仅要求有一定的几何形状，而且要求有良好的外观，这些物料在干燥过程中，若干燥速度太快，可能会使产品表面硬化或严重收缩发皱，直接影响到产品的价值。有的产品对干燥介质也有要求，如干燥食品、药品等产品时不能受到污染，所以选用的干燥介质必须纯净无污染，或者采用间接蒸气加热干燥。选择干燥器时，也要把这些因素考虑在内。

（8）经济性

在满足干燥的基本要求前提下，尽量选择热效率高的干燥器；而对某一给定的干燥系统，从节能的角度可以考虑气体再循环或封闭循环操作、多级干燥、排气的充分燃烧等。此外，选择设备时，还应考虑设备的价格，此处设备的价格包括设备的购入费用和设备的运转费用等。在工业化大生产中，一般运转费用中主要是燃料费往往比设备费高。因此，即使设备一次投资在某种程度上高一些，也还是选择运转费低的装置更为有利。

(9) 环境及其他因素

若排出的废气中含有污染环境的粉尘或有毒物质，应选择合适的干燥器减少废气排放量或对排出废气加以处理，如用旋风分离器、袋式过滤器和静电除尘器等收尘装置处理。

(10) 其他因素

其他因素包括设备占地面积、设备的制造、维修及操作设备的劳动强度等，此外还必须考虑噪声问题。

干燥设备的最终确定通常是对产品质量、设备价格、安全及环保节能等因素综合考虑后，提出一个合理的方案，选择最佳的干燥器。在不肯定的情况下应做一些初步的试验以查明设计和操作数据及对特殊操作的适应性。

日积月累

1. 根据对物料的加热方式不同，将干燥分为对流干燥、传导干燥、辐射干燥、介电干燥和组合干燥。

2. 干燥器的选择以被干燥物料的特性及对产品质量的要求为依据，结合干燥器设备费用、环保安全等指标，选择最合适的干燥器类型，没有万能的干燥器。

§10-3 干燥设备

学习目标

知识目标

1. 掌握各类干燥设备的使用方法、优缺点及注意事项；
2. 掌握各类干燥设备的结构；
3. 熟悉各类干燥设备的工作原理。

技能目标

1. 能够运用所学的理论知识，判断和选用合适的干燥设备；
2. 能够运用所学的理论知识，解决实际生产操作问题。

一、厢式干燥器

厢式干燥器又称盘架式干燥器，一般由鼓风机、气流调节器、装料托盘、装料推车、隔板、加热器和温度控制系统等部分组成，如图10-5和图10-6所示。厢式干燥器主要是以强制的方式，使热空气通过湿物料表面而达到干燥的目的，是一种间歇、对流式干燥器，一般为常压操作，物料分批放入，干燥结束后批量取出。小型的厢式干燥器称为烘箱，大型的称为烘房。

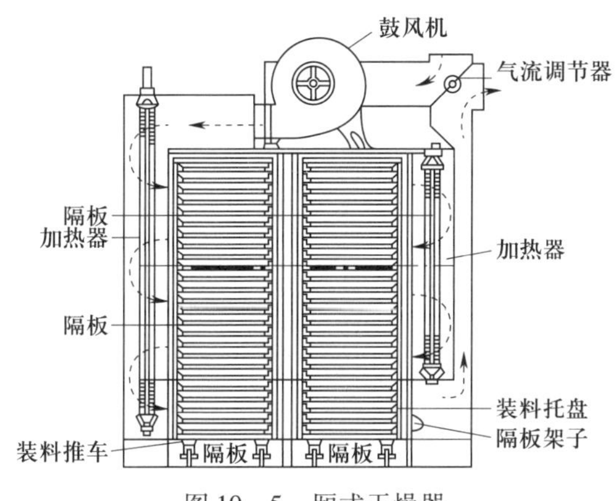

图 10－5　厢式干燥器

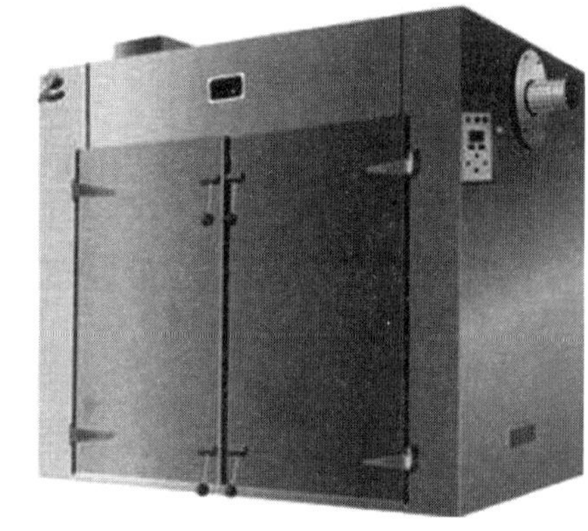

图 10－6　厢式干燥器外形

厢式干燥器结构简单、适应性强，干燥程度可通过改变干燥时间和干燥介质的状态来调节；但厢式干燥器具有生产效率低、物料不能翻动、干燥不均匀、产品质量不稳定、装卸劳动强度大、操作条件差等缺点，一般用于小规模物料的干燥，或允许在干燥器内停留时间长而不影响产品质量的物料干燥，适用于多种粒状、片状、膏状、不允许粉碎和较贵重的物料干燥。下面介绍三种常见的厢式干燥器。

1. 水平气流厢式干燥器

热空气沿湿物料表面平行通过的厢式干燥器称为水平气流厢式干燥器，该干燥器整体为一厢形结构，如图 10－7 所示，周围设有保温层，以防止热量损失。前面是门，用以装卸物料。大型厢式干燥器在操作时，将需要干燥的湿物料（料层厚度一般为 10～100 mm）放在物料盘中，用小车一起推入厢内。新鲜空气由风机吸入，经加热器预热到一定程度后，沿挡板均匀地进入各层挡板之间，在物料上方掠过而起干燥作用；部分废气经排出管排出，余下的循环使用，以提高热利用率。废气循环量可以用吸入口及排出口的挡板进行调节。空气的速度由物料的粒度而定，应使物料不被带走为宜。湿物料经干燥达到质量要求后，打开厢门，取出干燥产品。

2. 穿流气流厢式干燥器

热风垂直通过湿物料表面的厢式干燥器称为穿流气流厢式干燥器，该干燥器的底部由金属网或多孔板构成。对于颗粒状物料的干燥，可将物料放在多孔的浅盘（网）上，铺成一薄层，如图 10－8 所示。每层物料盘之间插入斜放的挡风板，引导热风自下而上或自上而下均匀地通过物料层。

这种干燥器中热空气与湿物料的接触面积大，内部水分扩散距离短，因此干燥效果较水平气流厢式好，其干燥速率通常为水平气流厢式的 3～10 倍。但穿流气流厢式干燥器动力消耗大，对设备密封性要求较高。另外，热风形成穿流气流容易引起物料飞散，要注意选择适宜风速和料层厚度。

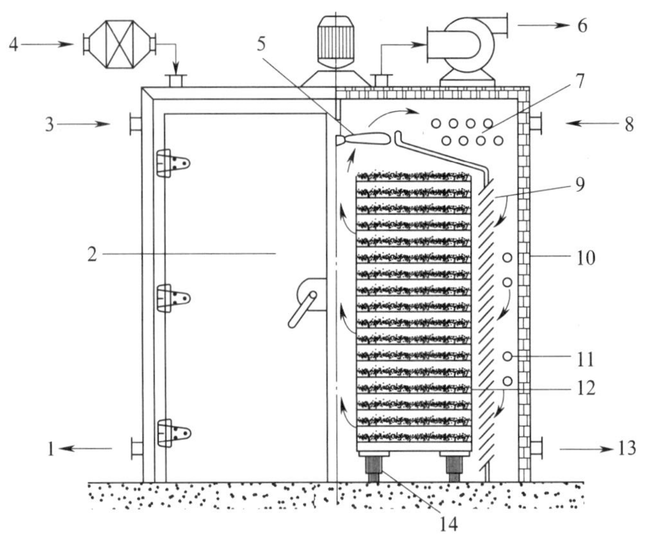

图 10－7　水平气流厢式干燥器

1，13—冷凝水　2—干燥器门　3，8—加热蒸气　4—空气　5—循环风扇　6—尾气　7—上部加热管　9—气流导向板　10—隔热器壁　11—下部加热管　12—干燥物料　14—载料小车

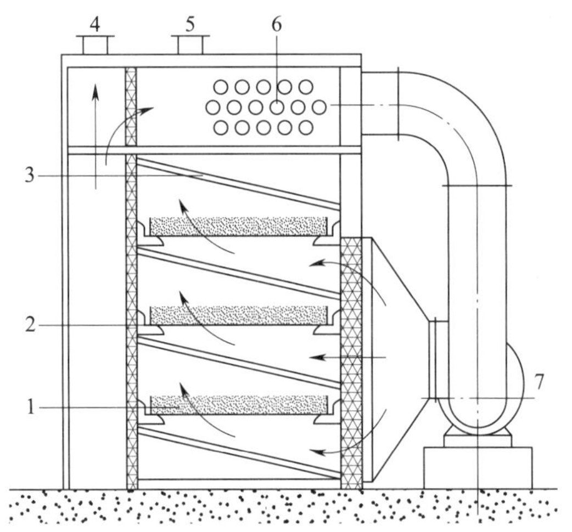

图 10－8　穿流气流厢式干燥器

1—干燥物料　2—网状料盘　3—气流挡板　4—尾气排放口　5—空气进口　6—加热器　7—风机

3. 真空厢式干燥器

若被干燥的物料热敏性强、易氧化及易燃烧，或排出的尾气需要回收以防污染环境，则在生产中往往使用真空厢式干燥器，如图 10－9 所示。其干燥室为钢制外壳，内部安装有多层空心隔板承载被干燥物料。干燥时用真空泵抽走由物料中汽化的水气或其他蒸气，从而维持干燥器中的真空度，使物料在一定的真空度下达到干燥的效果。真空厢式干燥器的热源为

低压蒸气或热水，热效率高，被干燥物料不受污染；缺点是设备结构和生产操作都较为复杂，相应的费用也较高。

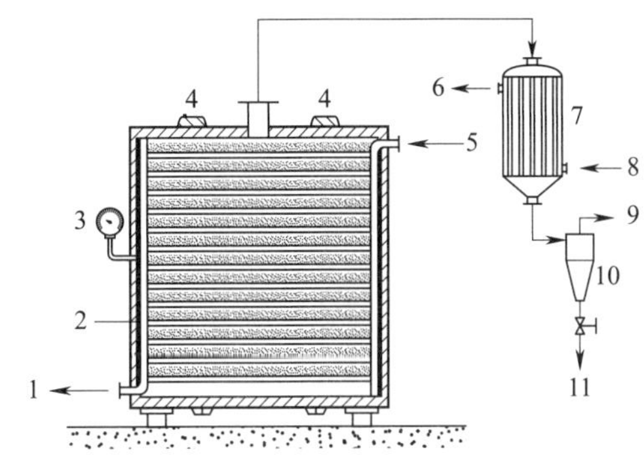

图 10－9　真空厢式干燥器

1—冷凝水　2—真空隔板　3—真空表　4—加强筋　5—加热蒸气　6，8—冷却剂　7—冷凝器　9—抽真空　10—气水分离器　11—被干燥物料

二、带式干燥器

在制药生产中，带式干燥器是最常用的一类连续式干燥设备，简称带干机。其基本工作原理是将湿物料平铺在帆布或金属丝等连续传动的传送带上，利用热气流、红外线或微波等加热干燥物料。干燥室的截面多为长方形，内部安装有网状传送带，物料置于传送带上，气流与物料错流流动，在传送带前移过程中，物料不断地与热空气接触而达到干燥的目的。干燥室通常分成多个区段，每个区段都可安装风机和加热器。在不同区段内，气流的方向、温度、湿度及速度都可以不同，如在湿料区段，操作气速可大些。根据带式干燥器的结构，可分为单级带式干燥器、多级带式干燥器、多层带式干燥器等。制药行业中主要使用的是单级带式干燥器和多层带式干燥器。

带式干燥器仅适用于具有一定粒度且没有黏性的固态物料的干燥，其优点是物料的色泽变化和湿含量指标一致；物料形状不易受到损坏；结构简单，使用方便；干燥介质的质量、温度、湿度和排气的循环量等可根据工艺的需要实施单元控制。其缺点是这种干燥器的生产能力及热效率均较低，热效率在 40% 以下，占地面积大，运行时噪声也大。

1. 单级带式干燥器

单级带式干燥器如图 10－10 所示，一定粒度的湿物料从进料端由加料装置被连续均匀地分布到传送带上，传送带具有用不锈钢丝网或穿孔不锈钢薄板制成的网目结构，以一定速度传动；空气经过滤、加热后，垂直穿过物料和传送带，完成传热传质过程，物料被干燥后传送至卸料端，循环运行的传送带将干燥料自动卸下。整个干燥过程是连续的。

由于干燥有不同阶段，干燥室往往被分隔成几个区间，这样每个区间可以独立控制温度、风速、风向等运行参数。例如，在进料口湿含量较高区间，可选用温度、气流速度都较高的操作参数；中段可适当降低温度、气流速度；末端气流不加热，用于冷却物料。这样不但能使干燥有效均衡地进行，而且还能节约能源，降低设备运行费用。但由于传送带不可能很长，所以单级带式干燥器只适用于干燥时间短的物料。

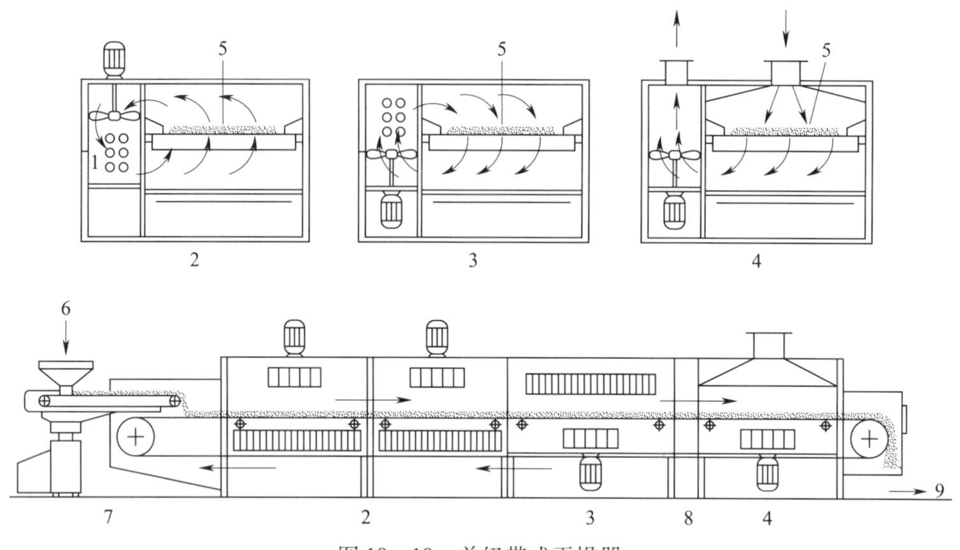

图 10－10　单级带式干燥器

1—加热器　2—上吹　3—下吹　4—冷却　5—传送网带　6—加料端　7—摆动加料装置　8—隔离段　9—卸料端

2. 多层带式干燥器

多层带式干燥器如图 10－11 所示，空气经预热后从下部进入，由下向上依次流过各层物料。相邻的两根环带的运动方向相反。湿物料从最上层的带子上方加入，随着带子移动，并依次落入下一根环带，最后从下部卸出干燥的物料。这种干燥器不仅使物料多次翻转，维持了通气性，还增加了堆积厚度，增大了比表面积，提高了降速阶段的干燥速率。

多层带式干燥器的传送带层数通常为 3～5 层，多的可达 15 层，上下相邻两层的传送方向相反。传送带的运行速度由物料性质、空气参数和生产要求决定，上下层可以速度相同，也可以不相同，许多情况是最后一层或几层的传送带运行速度适当降低，这样可以调节物料层厚度，达到更合理利用热能的目的。

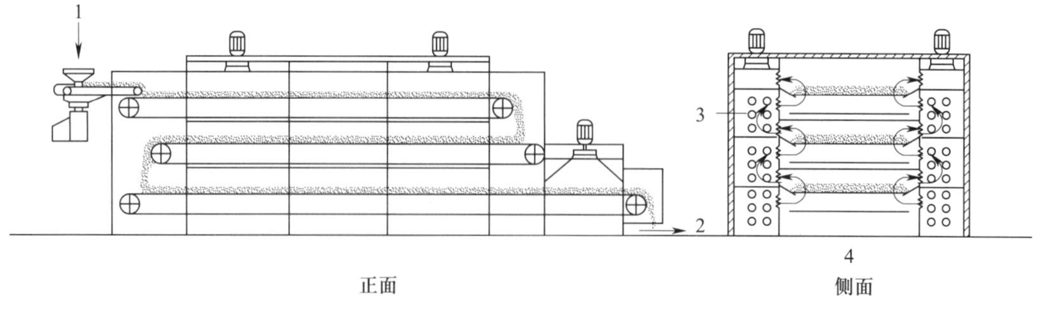

图 10－11　多层带式干燥器

1—加料端　2—卸料端　3—加热器　4—断面图

三、气流干燥器

采用气体在管内流动来输送粉粒状固体的方法称为气力输送。在气力输送状态下进行的干燥方法称为气流干燥。气流干燥器主要用于在潮湿状态时仍能在气体中自由流动的颗粒物料，可利用高速的热气流使粉、粒状的物料悬浮于其中，在气流输送过程中进行干燥。气流式干燥器属于连续式、对流式、常压干燥器，被广泛用于热敏性、含有较多非结合水的粉状或颗粒状物料的干燥，是目前制药工业中应用最广泛的一种干燥设备。

1. 气流干燥器及其流程

气流干燥器主要由预热器、螺旋加料器、干燥器、旋风分离器、风机等组成。干燥器是一个直立的干燥管，一般长度均在 10 m 以上。被干燥的物料直接从加料器加入气流管中，空气由鼓风机送入，经过滤并经预热器加热后进入气流干燥管内，而湿物料经螺旋加料器连续送入干燥管，在干燥管中被高速上升的热气流分散并呈悬浮状，空气与湿物料在流动中充分接触，并做剧烈的相对运动，进行热量和质量的传递，从而达到干燥的目的。已干燥的颗粒经旋风分离器分离后流出，废气则由风机排出。气流干燥器如图 10－12 和图 10－13 所示。

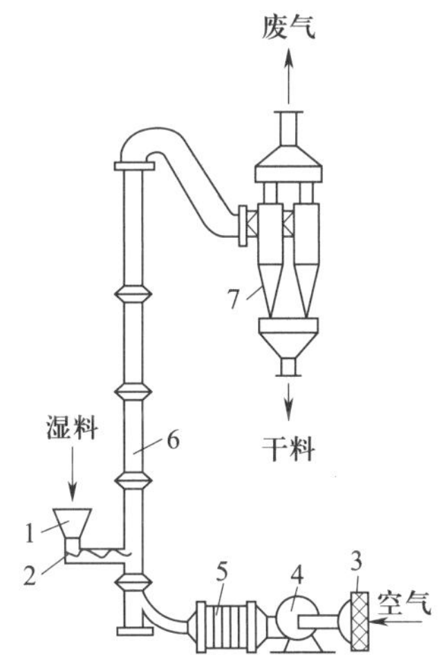

图 10－12　气流干燥器

1—料斗　2—螺旋加料器　3—空气过滤器　4—风机　5—预热器　6—干燥器　7—旋风分离器

图 10－13　气流干燥器外形

2. 气流干燥器的特点

（1）优点

1）干燥效率高，生产能力强。首先，气流干燥器中气体的流速较高，通常为 20～40 m/s，被干燥的物料颗粒被高速气流吹起并悬浮其中，因此气固间的传热系数和传热面积都很大。其次，由于气流干燥器中的物料被气流吹散，同时在干燥过程中被高速气流进一步粉碎，颗粒的直径较小，物料的临界含水量可以降得很低，从而缩短了干燥时间。对大多数物料而言，在气流干燥器中的停留时间只需0.5～2 s，最长不超过5 s，特别适用于热敏性、易氧化物料的干燥。

2）热损失小，热效率高。由于气流干燥器的散热面积较小，热损失低，一般热效率较高，干燥非结合水分时，热效率可达60%左右，且允许使用高温气体，空气消耗量相对较小。

3）设备结构简单，易制造，易维修，成本低，且操作连续稳定，自动化程度高，便于控制。

（2）缺点

1）动力消耗大。因为气流速度较高，且物料在输送过程中与壁面的碰撞及物料之间的相互摩擦，整个干燥系统的流体阻力很大，所以动力消耗大。

2）物料与器壁的磨损较大，难以保持干燥前的结晶状态和光泽，不适用于易粉碎物料的干燥。

3）物料在器内的停留时间短，不适用于含结合水较多的物料的干燥。

4）为了除去被气流夹带的细小颗粒，对除尘器的要求高，且不适用于干燥有毒的物质。

5）干燥器的主体较高，对厂房高度有一定的要求。

3. 气流干燥器的改进

为了提高气流干燥器的干燥效果或降低干燥管的高度，尽量提高干燥管底部气体和颗粒间的相对速度，可以做以下改进。

（1）多级气流干燥器

为降低气流干燥器高度，将一段较高的干燥管改为若干段较低的干燥管串联，称为多级气流干燥器。但此法需增加气体输送机械及分离设备。目前多采用2～3级气流干燥器，如工业上生产淀粉、聚氯乙烯、硬脂酸盐和口服葡萄糖干燥采用的就是二级气流干燥器。

（2）脉冲式气流干燥器

脉冲式气流干燥器采用直径交替缩小和扩大的脉冲管代替直管，管内气速交替变化，而颗粒由于惯性作用其运动速度跟不上气速变化，两者的相对速度比等径管中的大，强化了传热和传质过程。脉冲干燥管主要用于聚氯乙烯和药品的干燥。

（3）旋风式气流干燥器

旋风式气流干燥器是利用旋风分离器作为干燥器，热空气与颗粒沿切线方向进入旋风气流干燥器，在内管与外管之间做螺旋运动，使颗粒处于悬浮和旋转运动状态。由于颗粒的惯性作用，气固两相相对速度较大，且旋转运动的颗粒传热面积增大，能在很短时间内达到干燥要求。

旋风式气流干燥器适合处理不怕磨损的热敏性物料。含水量高、黏性大、熔点低、易爆炸及易产生静电效应的物料不适合使用。目前旋风式干燥器常用的直径为300～500 mm，最大的约为900 mm，有时也采用二级串联或与直管气流干燥器串联操作。

【案例分析】

玉米淀粉的用途非常广泛，可以用于制作食品，可以作为片剂的稀释剂、黏合剂等，也可以作为原料生产抗生素。玉米淀粉的制作一般是将玉米用 0.3% 亚硫酸浸渍后，通过破碎、过筛、沉淀后获得淀粉乳悬浮液，而后经过机械脱水和气流干燥器加热干燥，获得商品淀粉。

分析

商品淀粉的含水量一般为 12% ~14%，淀粉离心过滤后含水量在 34% 左右。采用气流干燥器进行干燥时，湿淀粉粒在热空气中呈悬浮状态，受热时间短，仅 1 ~5 s 即可达到迅速干燥的目的；120 ~140 ℃的热空气温度被淀粉中的水分汽化所降低，避免玉米淀粉糊化，保证淀粉在加热时保持其天然淀粉的性质不变；操作连续稳定，自动化程度高，可完成玉米淀粉的大规模生产；热效率高，设备结构简单、价格较低、易操作、易维修，可降低生产成本。

四、流化床干燥器

在一个干燥设备中，将颗粒物料堆放在分布板上，当气体由设备下部通入床层，随着气流速度加大到某种程度，固体颗粒在床层内就会产生沸腾状态，这种床层称为流化床。采用这种方法进行物料干燥称为流化床干燥，又称沸腾床干燥，是固体流态化技术在干燥过程中的应用，适用于粉粒状物料的干燥。

流化床干燥器的形式很多，按操作方式可分为间歇式和连续式流化床干燥器；按结构形式可分为单层流化床、多层流化床、卧式多室流化床等。

1. 单层流化床干燥器

单层流化床干燥器是最简单的流化床干燥器，主要由鼓风机、加热器、加料器、流化床干燥室、旋风分离器、过滤器等组成。单层流化床干燥器上大下小，呈蘑菇形，流化床下部的圆筒直径逐渐减小，底部装有气体分布板，在干燥室中部设计有加料口；流化床上部的圆筒直径较大，形成开阔空间，供物料颗粒上下沸腾使用。空气和水蒸气从上部的尾气管排出，被引风机输送到旋风分离器分离收集颗粒，从旋风分离器中出来的气体含有细粉，经袋式过滤机过滤后，空气和水蒸气排空，细粉被收集在细粉储存器中。单层流化床干燥器如图 10 –14 和图 10 –15 所示。

干燥时，湿物料由进料输送带送到加料斗，再经抛料机送入干燥器内。空气经过过滤器由鼓风机送入加热器加热，热空气进入流化床底后由分布板控制流向，进行湿物料干燥。物料在分布板上方形成流化床。干燥后的物料经溢口由卸料管排出，夹带粉尘的空气经旋风除尘器分离后由抽风机排出。

单层流化床干燥器结构简单，操作方便，生产能力大，在制药行业上应用广泛，适用于床层颗粒静止高度低（300 ~400 mm）、容易干燥、处理量较大且对最终含水量要求不高的产品，缺点是物料都在一个干燥室里，因此从排料口出来的物料干燥产品含水量不够均匀。

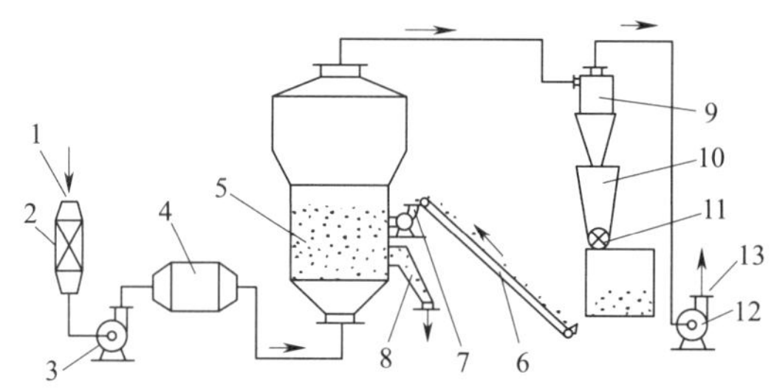

图 10－14　单层流化床干燥器

1—新鲜空气　2—空气过滤器　3，12—鼓风机　4—加热器　5—流化床　6—进料输送带　7—进料管　8—干料　9—选粉除尘器　10—集料斗　11—下料器　13—废气

图 10－15　单层流化床干燥器外形

2. 多层流化床干燥器

为解决单层流化床干燥器存在的物料停留时间分布宽、干燥产品残余水分不均匀等问题，就出现了多层流化床干燥器。多层流化床干燥器的结构，类似于气液传质设备中的板式塔，如图 10－16 所示，可分为溢流管式和多孔板式。溢流管式多层流化床干燥器的关键是溢流管的设计和操作，但不易掌握，为了简化结构，多采用多孔板式，但后者操作控制要求较严，如控制不当则各层不易形成稳定的流化层，物料也不能有控制地由上层定量流至下层。

在多层流化床中，湿物料从床顶加入逐渐下移，由床底排出。热空气由床底送入，并向上通过各层，形成物流与气流逆向流动状况，物料的停留时间分布和干燥程度较均匀，产品质量易控制。由于气体与物料多次接触，使废气的水蒸气饱和度提高，热利用率得到提高。多层流化床干燥器主要适用于干燥降速阶段的物料，或干燥产品湿含量很低的物料。

3. 卧式多室流化床干燥器

为了克服多层流化床干燥器结构复杂、床层阻力大、操作不易控制等缺点，以及保证干燥后产品的质量，后来又开发出一种卧式多室流化床干燥器，如图 10－17 所示。卧式流化床干燥器中物料通过方向与重力方向垂直，物料的通过完全依靠外界动力，因而易于控制。与多层流化床干燥器相比，卧式多室流化床干燥器高度较低，结构简单，操作方便，易于控

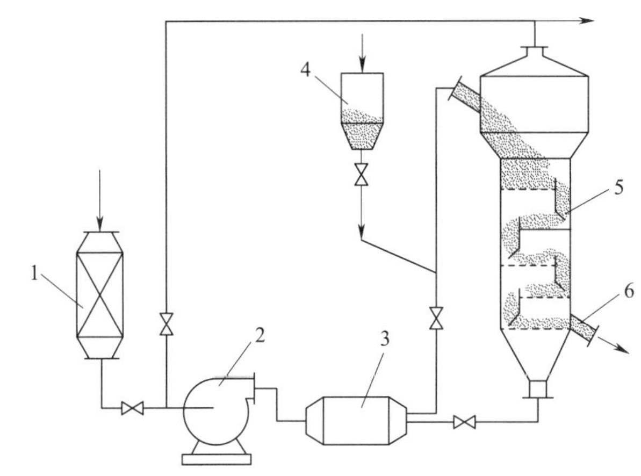

图 10－16　多层流化床干燥器流程示意图

1—空气过滤器　2—鼓风机　3—加热器　4—料斗　5—干燥器　6—卸料管

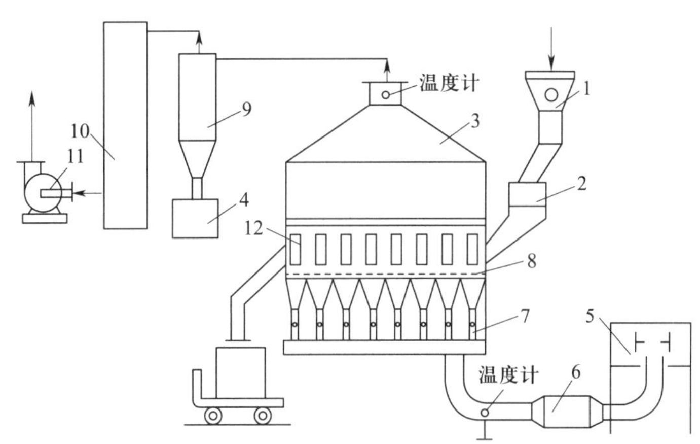

图 10－17　卧式多室流化床干燥器流程示意图

1—摇摆颗粒机　2—加料斗　3—流化干燥室　4—干品储槽　5—空气过滤器　6—翅片加热器　7—进气支管　8—多孔板　9—旋风分离器　10—袋式过滤器　11—抽风机　12—视镜

制，流体阻力较小，对各种物料的适应性强，不仅适用于各种难于干燥的粒状物料和热敏性物料，而且已逐步推广到粉状、片状等物料的干燥，且干燥产品含湿量均匀，因而应用非常广泛。

4. 振动流化床干燥器

振动流化床干燥器是一种新技术，是在普通流化床干燥器上施加振动而成的，是普通流化床干燥器的一种改进形式。振动流化床干燥器有间歇式和连续式两类，床型有直形槽或螺旋形槽，空气的动力由真空装置或鼓风装置提供。

振动流化床干燥器由分配段、流化段和筛选段三部分组成。在分配段和筛选段下面均有热空气引入，湿物料从加料装置进到分配段，由于平板振动，使物料均匀地加到沸腾段去。湿料在沸腾段停留时间为几秒钟，即达到干燥的目的，产品含水率达到要求时出料。振动流化床干燥器如图 10－18 所示。

在普通流化床干燥器中，物料的流态化完全是靠气流来实现的，而振动流化床干燥器中，物料的流态化和输送主要是靠振动来完成的。由于振动的加入，降低了物料的最小流化速度，使流态化现象提早出现，特别是靠近气体分布板的底层颗粒物料首先开始流化，有利于消除壁效应，改善了流态化质量。进入干燥器的热风主要用于干燥过程的传热传质，因此，风量大为降低，一般为普通流化床干燥器气量的 20% ~30%，而且细粉夹带现象减轻，细粉回收系统负荷降低。

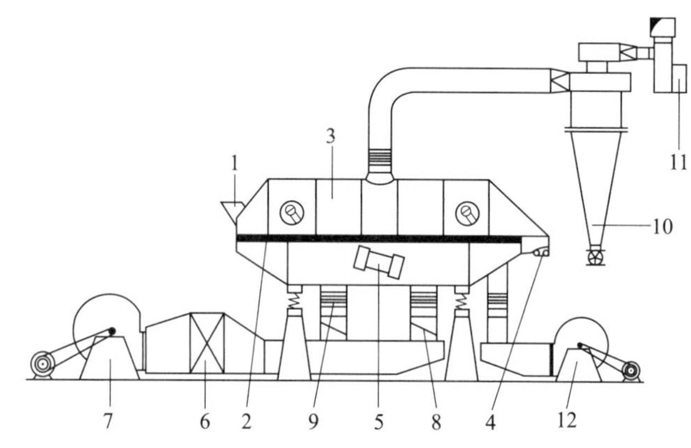

图 10－18　振动流化床干燥器示意图

1—加料口　2—机座　3—排风罩　4—产品出口　5—振动电机　6—加热器　7—鼓风机　8—分气阀　9—软式风管　10—旋风分离器　11—引风机　12—鼓风机

5. 塞流式流化床干燥器

塞流式流化床干燥器从气体分布板中心进料，在分布板边缘出料，进、出料口之间设有一道螺旋形塞流挡板。物料从中心进料管进入后即被热空气流化，并被强制沿着螺旋形塞流挡板通道移动，一直到达边缘的溢流堰出料口卸出。由于连续的物料流动和窄的通道限制了物料的返混，停留时间得到很好的控制。因此，在多种复杂的操作中能够保持颗粒停留时间基本一致，产品湿含量低，与热空气接近平衡，且无过热现象。

6. 闭路循环流化床干燥器

闭路循环流化床干燥器是采用低含水率（含湿 0.01%）的气体作为干燥介质。通常，湿分为有机溶剂时，一般采用氮气作为干燥介质；湿分为水时，则采用空气。在闭路循环干燥过程中，蒸发出来的湿分被连续冷凝成液体而除去，介质湿分的含量降低。干燥介质经加热后重新循环利用，其相对湿度进一步降低，又拥有较大的载湿能力，为深度干燥创造条件，成品的含水率可达 0.02% ~0.1%。

采用氮气作为干燥介质时，产品稳定性好，并消除了爆炸、燃烧等危险。干燥速度快，生产能力较强，无污染，生产环境好，劳动强度低等都是其显著优点。

五、喷雾干燥器

将溶液、乳浊液、悬浮液或浆料等在热风中喷雾成细小的液滴，在它下落的过程中，液滴中的水分被蒸发而形成粉末或颗粒状产品，这样的过程称为喷雾干燥。根据干燥产品的要求，可以制成粉状、颗粒状、空心球或团粒状。所用的干燥介质大多数是热空气；对于在空气中容易发生燃烧或爆炸的有机溶剂，应采用惰性气体（如氮气、过热蒸气）或烟道气等作为干燥介质。

喷雾干燥器有许多分类方法，按气液流向分为并流式（顺流式）、逆流式和混流式；按雾化器的安装方式分为上喷下式、下喷上式；按系统分类有开放式、部分循环式和闭路循环式等。目前喷雾干燥的雾化器有多种类型，习惯上，人们常对喷雾干燥器按雾化方式进行分类，也就是按雾化器的结构分类，将其分为转盘式（离心式）、压力式（机械式）、气流式（双流体或三流体式）三种类型。

1. 喷雾干燥器的工作原理

喷雾干燥装置处理的料液虽然差别很大，所得的产品形状也不尽相同，但其工艺流程却基本相同。如图 10－19 所示的是一个典型的喷雾干燥装置工艺流程。原料液由料液储罐经过滤器过滤后，由送料泵输送到喷雾干燥室顶部的雾化器中雾化为雾滴；干燥过程所需的热空气由鼓风机经空气过滤器、预热器加热到所要求的温度后，再经空气分布器均布后进入喷雾干燥室的顶部；雾化的雾滴和来自空气分布器的热风在喷雾干燥室内相互接触、混合，进行传热与传质，即进行干燥；干燥的产品一部分由喷雾干燥室的底部经卸料器排出，另一部分与废气一起进入旋风分离器被分离下来；废气经排风机排空。

喷雾干燥技术在工业上的应用已有一百多年的历史。起初，由于这一工艺的热效率低，只限于奶粉、蛋粉等少数产品的生产；但到现在，随着此项技术的不断研究和发展，已在化学工业、医药品合成工业和生化工业等领域中广泛使用。

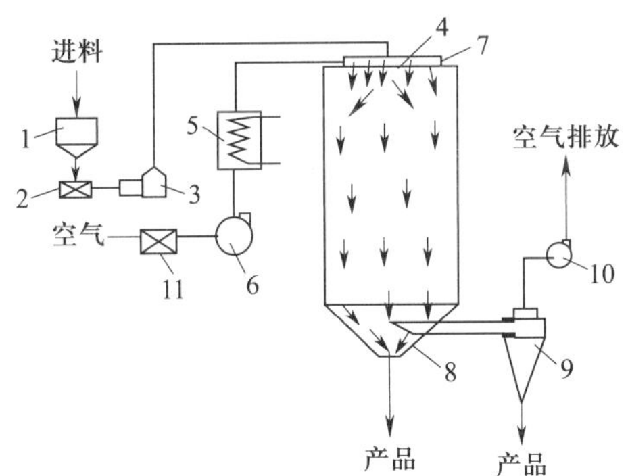

图 10－19　喷雾干燥器示意图

1—料液储罐　2—料液过滤器　3—送料泵　4—雾化器　5—预热器　6—鼓风机
7—空气分布器　8—喷雾干燥室　9—旋风分离器　10—排风机　11—空气过滤器

2. 雾化系统的分类

料液雾化为雾滴，雾滴与热空气直接接触、混合、干燥，是喷雾干燥的独有特征。雾化的目的在于将料液分散为微细的雾滴，具有很大的表面积，当其与热空气接触时，雾滴中的水分迅速汽化而干燥成粉末或颗粒状产品。雾滴的大小和均匀程度，对产品质量和技术经济指标影响很大，特别是对热敏性物料的干燥，尤为重要。如果喷出的雾滴大小很不均匀，就会出现大颗粒还未达到干燥要求，而小颗粒却已干燥过度而变质的现象。因此，料液所用的雾化器，是喷雾干燥的关键部件之一。目前常用的雾化器有压力式、旋转式和气流式三种。

（1）压力式雾化器

压力式雾化器即压力式喷嘴（也称机械式喷嘴），是喷雾干燥操作广泛应用的雾化器形式之一。其工作原理是用泵将液浆在高压（2～20 MPa）下通入喷嘴，液体在喷嘴内的螺旋室中高速旋转，获得足够的离心力后从雾化器喷液孔处喷出。常用的压力式雾化器主要有旋涡压力式和离心压力式两大类。压力式雾化器适用于大颗粒产品的生产，干燥后的产品粒径在 120～250 μm 范围内，但使用时必须有高压液泵，由于喷孔小，易被堵塞及磨损而影响正常雾化，喷嘴往往要用耐磨材料制作。压力式雾化器操作弹性小，产量可调节范围较窄。

（2）旋转式雾化器

旋转式雾化器工作原理是将溶液供给到高速旋转的离心盘上，由于受到离心力及气液间的相对速度而产生的摩擦力的作用，液体被拉成薄膜，并以不断增长的速度从盘的边缘甩出而形成雾滴，如图 10－20 所示。根据离心圆盘结构的不同，旋转式雾化器又可分为光滑盘式和非光滑盘式两种形式。旋转式雾化器制备的产品粒径在 50～80 μm 范围内，颗粒分布比较均匀，且生产能力调节范围大，操作简单、方便；缺点是雾化器结构较为复杂，需要传动装置。传动装置及雾化轮等的加工制造技术，要求甚高，结构复杂，给检修带来不便。

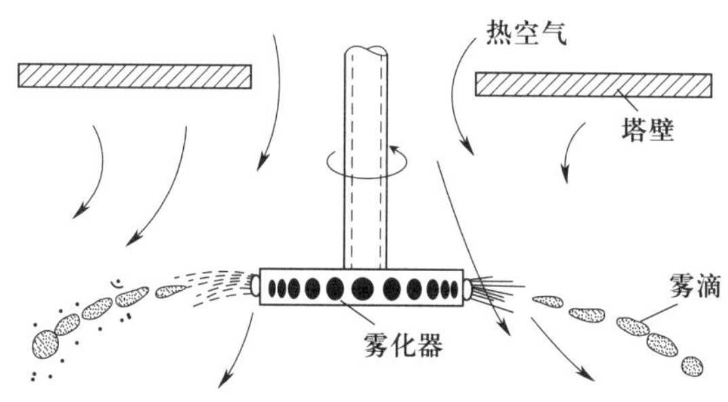

图 10－20　旋转式雾化器工作原理示意图

（3）气流式雾化器

气流式雾化器是采用压缩空气或蒸气以很高的速度从喷嘴喷出，靠气液两相间的速度差所产生的摩擦力，使料液分裂为雾滴。气流式雾化器制备的颗粒粒径更小，表面细致光滑，且其结构简单，制造容易，磨损小，对高、低黏度的物料，甚至含少量杂质的物料均可雾化，操作弹性大。缺点是动能消耗大，每千克料液需要消耗 0.4～0.8 kg 的压缩空气（100～700 kPa 表压），效率低，多用于中小型规模的喷雾干燥，如中药浸膏的喷雾干燥。

3. 喷雾干燥器的特点

喷雾干燥器的最大特点是能将液态物料直接干燥成固态产品，省去了干燥前要进行的蒸发、结晶、过滤以及干燥后的筛分等操作，生产流程缩短，连续化和自动化程度高；物料的温度不超过热空气的湿球温度，不会产生过热现象，物料有效成分损失少，产品质量好，且干燥的时间很短，一般为几秒到几十秒，故特别适合于热敏性物料的干燥；干燥的产品疏松、易溶，可通过改变操作条件控制或调节产品指标，如颗粒直径、粒度分布、物料最终湿含量等，根据工艺要求，可将产品制成粉末状或空心球形等；喷雾干燥是在密闭的设备内进行的，操作环境粉尘少，控制方便，可减轻劳动强度，改善劳动条件。缺点是干燥中雾滴易黏附于器壁上，影响产品的质量，单位产品耗能大，热效率和体积传热系数都较低，设备体积大，干燥辅助设备结构复杂，一次性投资较大，造价高等。

4. 喷雾十燥的黏壁现象

在工业喷雾干燥操作中，最容易出现的异常情况就是黏壁现象。当喷嘴喷出的雾滴还未完全干燥且带有黏性时，一旦与干燥塔的塔壁接触，就会黏附在塔壁上，产品堆积或存在于内壁表面，时间一久，料块脱落进入产品，严重影响产品粒度和质量。黏壁严重时，甚至无法正常生产。防止产生黏壁现象的方法主要有以下三种。

（1）选用结构合理的喷雾干燥塔

干燥塔的结构取决于气固流动方式和雾化器的种类。例如，并流气流式喷雾干燥塔往往要设计得较为细长，逆流和混合流干燥塔的特点是制造得比较低矮而粗大。

（2）注意雾化器的选择、安装和操控

质量好的雾化器喷出的雾滴锥形分布，垂线应该是与喷嘴的轴线完全重合，喷出的雾滴大小和方向才能一致；雾化器安装如果偏离干燥塔中心或发生倾斜，雾滴就会喷射到附近或对面的塔壁上造成黏壁现象；喷嘴工作时振动也会引起黏壁现象，防止的方法是控制好料液和压缩空气的供给，保证供给压力恒定。

（3）改进热风进入塔内的方式

一种有效的途径是让热空气进入干燥塔时，采用“旋转风”和“顺壁风”相结合的方法，这样在热空气流的作用下，可防止雾滴接触器壁。

六、其他干燥器

1. 转筒式干燥器

转筒式干燥器也常称为回转式烘干机，属于常压干燥器，主要部件为一个与水平略呈倾斜的旋转圆筒。湿物料从圆筒的高端送入，经过圆筒内部时，与通过筒内的热风或加热圆筒壁面有效接触而被干燥，然后由低端排出，如图 10－21 所示。

为了使物料与加热介质接触良好，有利于传热和传质，在转筒内装有分散物料的装置称为抄板，如图 10－22 所示。抄板将物料抄起后再洒下，增大干燥面积，提高干燥速率，同时促进物料向前运动。转筒干燥器的优点是机械化程度高，生产能力大，处理量大，适应性强，操作控制方便，干燥时间可通过调节转筒的转速来控制，产品质量均匀；缺点是物料在干燥器内停留时间长，且物料颗粒之间的停留时间差异较大，设备笨重，热利用率低，结构复杂，占地面积大。

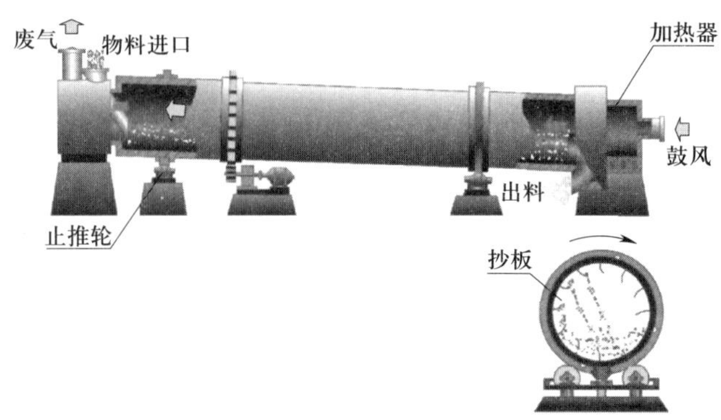

图 10－21 转筒式干燥器

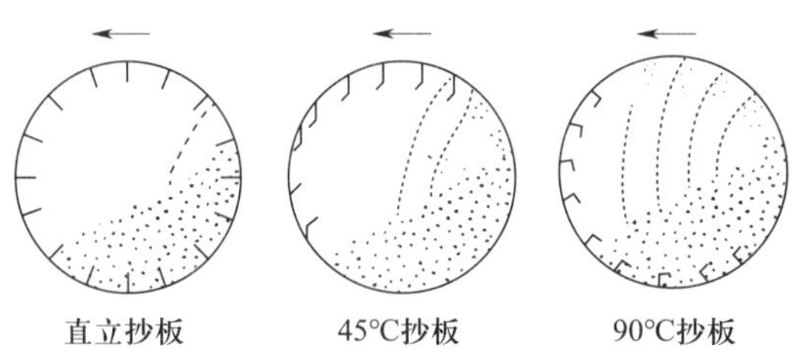

图 10－22 常用抄板类型

2. 红外线干燥器

红外线干燥器是一种典型的辐射供热干燥设备。其原理是利用红外线辐射器产生的电磁波被湿物料表面吸收后转变为热量，使物料中的湿分受热汽化而干燥。目前常用的红外线辐射源有两种。一种是红外线灯，可辐射 0.6～3 μm 的红外线。红外线灯也可制成管状或板状等。另一种辐射源是使煤气与空气的混合气（一般空气量是煤气量的 3.5～3.7 倍）在薄金属板或钻了许多小孔的陶瓷板的背面发生无烟燃烧，当板的温度达到 340～800 ℃时（一般是 400～500 ℃）即放出红外线。

红外线干燥器的优点是结构简单，操作方便灵活，易于实现自动化；干燥速度快、时间短，产品质量好，由于物料内外均能吸收红外线辐射，故适合多种形态物料的干燥；能保持系统的密闭性，可避免溶剂挥发物对人体的危害及空气中尘粒污染物料，安全环保。但红外线辐射加热器多使用电能，能耗较高，但在某些情况下这一缺点可被干燥速率快所补偿。带式红外线干燥器如图 10－23 所示。

3. 微波干燥器

微波干燥属于介电加热干燥，水分汽化所需的热能并不是靠物料本身的热传导，而是依靠微波深入物料内部，并在物料内部转化为热能，因此微波干燥的干燥速率很快。设备主要由直流电源、微波发生器、波导装置、微波加热器、传动系统、安全保护系统及控制系统组成，常见的有箱式微波干燥器和连续式谐振腔微波干燥器。微波干燥技术具有自动平衡功能，可以避免常规干燥过程中的表面硬化和内外干燥不均匀的现象；热效率较高，无环境污

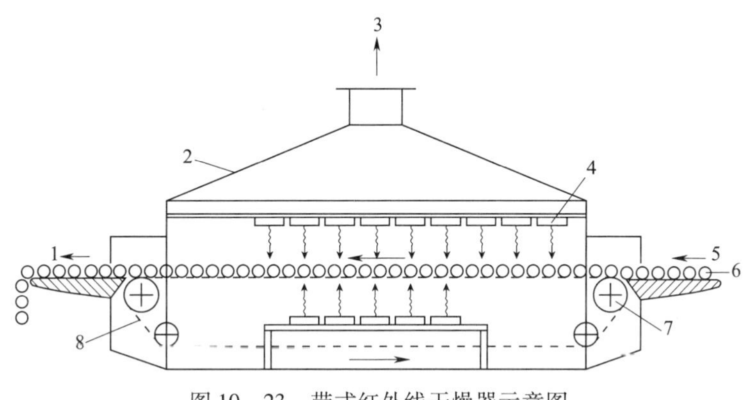

图 10－23 带式红外线干燥器示意图

1—出料端 2—排风罩 3—尾气 4—红外辐射加热器 5—进料端 6—物料
7—驱动链轮 8—网状链带

染，劳动条件较好；易于实现自动化和自动控制，可满足 GMP 要求。但是其设备投资大，能耗高，若安全防护措施欠妥，泄漏的微波会对人体造成伤害，故应用受到一定的限制。箱式微波干燥器如图 10－24 所示。

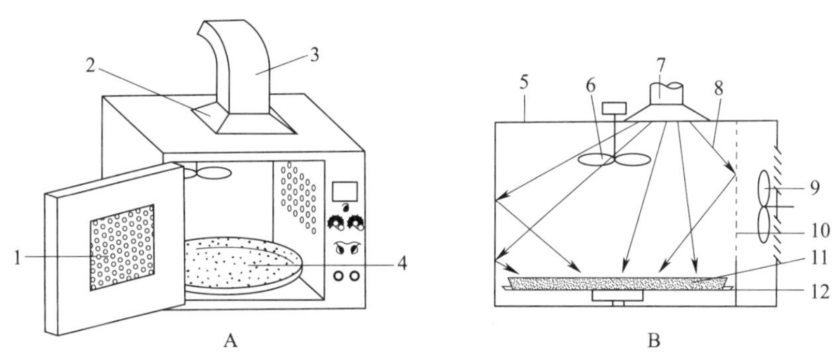

图 10－24 箱式微波干燥器示意图

1—带屏蔽网视窗 2—波导入口 3—波导管 4—非金属料盘 5—金属反射腔体
6—金属模式搅拌器 7—微波输入 8—辐射微波 9—排湿风扇 10—排湿孔
11—干燥物料 12—非金属旋转盘

4. 冷冻干燥器

冷冻干燥器俗称冻干机，是将待干燥物料快速冻结，然后在高真空条件下将其中的冰升华为水蒸气而除去。具体干燥步骤为：首先将湿物料冷冻至冰点以下，使其中的水分冻结为固态的冰，然后再将物料中的水分（冰）在较高的真空度下加热，使冰不经过液态直接升华为水蒸气排出，留下的固体即是得到的干燥产品。

冷冻干燥是一种较为先进的干燥技术，具有许多显著的优点：物料在低压缺氧的环境中干燥，易氧化成分很难发生氧化变质，有利于灭菌和抑制细菌的活力；操作温度低，适用于热敏性物料的处理，保留了物料的色泽、味道和成分；具有良好的速溶性和快速复水性；避免无机盐在表面析出而引起产品的表面硬化等问题；脱水较彻底，产品质量轻，采用真空包装后产品保质期较长。但是其能耗大，干燥时间长，设备的投资和操作费用较高。冷冻干燥器如图 10－25 所示。

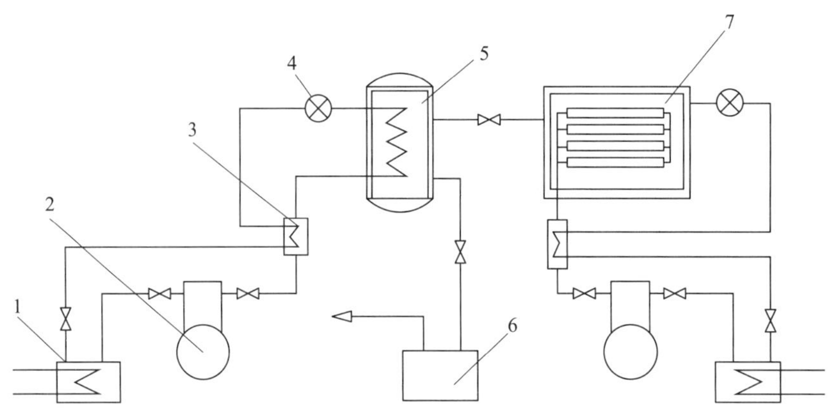

图 10－25　冷冻干燥器示意图

1—冷凝器　2—制冷压缩机　3—热交换器　4—膨胀阀　5—低温冷凝器　6—真空泵　7—冷冻干燥室

日积月累

1. 厢式干燥器结构简单，适应性强，一般用于小规模物料的干燥，也适用于多种粒状、片状、膏状、不允许粉碎和较贵重的物料干燥。

2. 带式干燥器是制药生产中最常用的一类连续式干燥设备，适用于具有一定粒度且没有黏性的固态物料的干燥。

3. 气流干燥器干燥效率高、生产能力强，主要用于热敏性、含有较多非结合水的粉状或颗粒状物料的干燥，在制药生产中应用非常广泛。

4. 流化床干燥又称沸腾床干燥，是固体流态化技术在干燥过程中的应用，适用于粉粒状物料的干燥。

5. 喷雾干燥器的最大特点是能将液态物料直接干燥成固态产品，生产流程缩短，连续化和自动化程度高；特别适合于热敏性物料的干燥。

目标检测

一、单项选择题

1. 干燥是（　　）的过程。

A. 传热　　　　B. 传质

C. 传热和传质结合　　D. 以上都不是

2. 对恒速干燥阶段，下列描述错误的是（　　）。

A. 干燥速度与物料种类有关　　B. 干燥速度与气体的流向有关

C. 干燥速度与气体的流速有关　　D. 干燥速度与气体的性质有关

3. 同一物料，在一定的干燥条件下，物料分散越细，则临界含水量（　　）。

A. 越低　　B. 越高

C. 不变　　D. 不确定

4. 干燥热敏性物料时，为提高干燥速率不宜采取的措施是（　　）。

A. 提高干燥介质的温度　　B. 改变物料与干燥介质的接触方式

C. 降低干燥介质相对湿度　　D. 增大干燥介质流速

5. 在一定空气状态下，用对流干燥方法干燥湿物料时，能除去的水分为（　　）。

A. 结合水分　　B. 非结合水分

C. 平衡水分　　D. 自由水分

6. 干燥过程得以进行的必要条件是（　　）。

A. 物料内部温度必须大于物料表面的温度

B. 物料表面的水蒸气分压必须大于空气中的水蒸气分压

C. 物料内部湿度必须小于物料表面的湿度

D. 物料表面的水蒸气分压必须小于空气中的水蒸气分压

7. 真空冷冻干燥器更适用于（　　）的干燥。

A. 抗生素和生物制品　　B. 中草药

C. 片剂颗粒　　D. 颗粒剂

8. 喷雾干燥器的关键部件是（　　）。

A. 空气过滤器　　B. 加热器

C. 雾化器　　D. 分离器

9. 下列物质中，可采用喷雾干燥器进行干燥的是（　　）。

A. 木材　　B. 奶粉

C. 石灰　　D. 烧碱

10. 当干燥为热敏性的混合物料时，可选用（　　）干燥器较适合。

A. 气流　　B. 厢式

C. 转筒　　D. 喷雾

11. 当干燥一种团块或者颗粒较大的物料时，要求含水量降至最低，可选用（　　）干燥器较适合。

A. 厢式　　B. 气流

C. 带式　　D. 转筒

12. 气流干燥器适合于干燥（　　）介质。

A. 热固性　　B. 热敏性

C. 热稳定性　　　　D. 一般性

13. 在一定空气状态下，用对流干燥方法除去湿物料中的水分为（　　）。

A. 结合水　　　　B. 非结合水

C. 平衡水分　　　　D. 自由水分

二、填空题

1. 由干燥速率曲线可知，恒速干燥段除去的水分是________，降速干燥段除去的水分是________。

2. 物料的平衡水分一定是________水分；物料的非结合水分一定是________水分。

3. 常见的干燥器类型主要有________、________、________、________和________等。

4. 影响干燥速率的因素主要为________、________、________和物料的形状、粒度。

5. 干燥介质预热的目的是______________。

三、简答题

1. 物料干燥过程分为几个阶段？各阶段的特点是什么？

2. 要提高恒速干燥阶段的干燥速率，可采取哪些措施？

3. 请简述单层流化床干燥器的特点。

第十一章

空气净化调节设备

药品的质量不能只依靠药品检验，主要依靠规范生产。GMP 对药品生产的洁净度级别提出了具体要求。为确保生产车间内部的空气质量得到有效控制和管理，根据需要装配空气净化调节系统、风淋室、净化工作台等。

§11－1 空气净化调节系统

学习目标

知识目标

1. 掌握空气洁净度级别、空气净化调节系统的结构和原理；
2. 熟悉空气净化过滤器的分类，空气净化调节系统常见故障和维修。

技能目标

1. 能根据操作规程操作空气净化调节系统；
2. 能对空气净化调节系统进行日常维护和排除常见故障。

一、概述

1. 基础知识

制药厂的空气无尘净化工程所提供的空气质量直接影响到药品生产过程中微粒和微生物的污染水平，从而直接影响到药品生产质量。GMP 按实际生产状况分别设定了 A、B、C、D 四个级别洁净室。要达到相应空气等级，需配备相应空气净化调节系统。

洁净室或洁净区是需要对环境中尘粒及微生物数量进行控制的房间或区域，其建筑结构、装备及其使用应当能够减少该区域内污染物的引入、产生和滞留，通俗来说就是有空气洁净度要求的厂房房间或区域。洁净度指空气的洁净程度，是以空气中所含污染物质的大小和数量来表示的。某物品含有不应存在的物质时，即被称为污染，包括微粒污染、微生物污染、遗留物污染、异物污染、交叉污染等。交叉污染是指不同原料、辅料及产品之间发生的相互污染。净化指为了得到必要的洁净度而去除污染物质的过程。洁净区内的空气污染源主要包括室内工作人员、围护结构、设备及工艺发尘、与洁净室相邻的污染区域、未经过滤的送风、原材料和包装。

空气净化调节系统主要的用途是防止产品和洁净区受到污染，防止用于生产中的病毒、致病菌和芽孢菌的扩散与污染，防止青霉素或其他高活性药品的扩散和污染，防止固体粉尘的扩散污染。

在空气净化调节系统的设计中要重点考虑以下几点：首先，空气的流向必须是从关键区或更清洁的区域到环绕区域或低级别的区域；其次，为保证区域空气的洁净度和空气流向，空气的进风和排风必须平衡，保证空气的换气次数、气流模型、压差；再次，操作区域的每个区域应对以下指标进行控制：送风的位置和数量、排风的位置和数量、换气次数、排风比例、产品裸露区域的气流模型、产品裸露点的空气速度等；最后，洁净度测定应包括悬浮粒子和微生物的测定。

2. 空气洁净度

我国《药品生产质量管理规范》（2010 年修订）（GMP）规定洁净区各级别空气悬浮粒子的标准规定见表 11－1。

表 11－1　各级别空气悬浮粒子的标准规定

洁净度级别	悬浮粒子最大允许数/立方米			
	静态		动态①	
	≥0.5 μm	≥5.0 μm②	≥0.5 μm	≥5.0 μm
A 级③	3 520	20	3 520	20
B 级	3 520	29	352 000	2 900
C 级	352 000	2 900	3 520 000	29 000
D 级	3 520 000	29 000	不作规定	不作规定

注：

①动态测试可在常规操作、培养基模拟灌装过程中进行，证明达到动态的洁净度级别，但培养基模拟灌装试验要求在“最差状况”下进行动态测试。

②在确认级别时，应当使用采样管较短的便携式尘埃粒子计数器，避免≥5.0 μm 悬浮粒子在远程采样系统的长采样管中沉降。在单向流系统中，应当采用等动力学的取样头。

③为确认 A 级洁净区的级别，每个采样点的采样量不得少于 1 m^3。A 级洁净区空气悬浮粒子的级别为 ISO 4.8，以≥5.0 μm 的悬浮粒子为限度标准。B 级洁净区（静态）的空气悬浮粒子的级别为 ISO 5，同时包括表中两种粒径的悬浮粒子。对于 C 级洁净区（静态和动态）而言，空气悬浮粒子的级别分别为 ISO 7 和 ISO 8。对于 D 级洁净区（静态）空气悬浮粒子的级别为 ISO 8。测试方法可参照 ISO 14644－1。

A 级：高风险操作区，如灌装区、放置胶塞桶和与无菌制剂直接接触的敞口包装容器的区域及无菌装配或连接操作的区域，应当用单向流操作台（罩）维持该区的环境状态。单向流系统在其工作区域必须均匀送风，风速为 0.36～0.54 m/s（指导值）。应当有数据证明单向流的状态并经过验证。

在密闭的隔离操作器或手套箱内，可使用较低的风速。

B 级：指无菌配制和灌装等高风险操作 A 级洁净区所处的背景区域。

C 级和 D 级：指无菌药品生产过程中重要程度较低操作步骤的洁净区。

对表面和操作人员的监测，应当在关键操作完成后进行。在正常的生产操作监测外，可在系统验证、清洁或消毒等操作完成后增加微生物监测。

洁净区微生物监测的动态标准见表 11－2。

表 11－2　　洁净区微生物监测的动态标准①

洁净度级别	浮游菌 cfu/m³	沉降菌（ϕ 90 mm）cfu /4 h②	表面微生物	
			接触（ϕ 55 mm）cfu /碟	5 指手套 cfu /手套
A 级	<1	<1	<1	<1
B 级	10	5	5	5
C 级	100	50	25	—
D 级	200	100	50	—

注：
①表中各数值均为平均值。
②单个沉降碟的暴露时间可以少于 4 h，同一位置可使用多个沉降碟连续进行监测并累积计数。

二、空气净化调节系统

1. 空气净化调节系统简介

为了使洁净室内保持所需要的温湿度、风速、压力和洁净度等参数，最常用的方法是向室内不断送入一定量经过处理的空气，以消除洁净室内外各种热湿干扰及尘埃污染。为获得送入洁净室具有一定状态的空气，就需要一整套设备对空气进行处理，并不断送入室内，又不断从室内排出一部分来，这一整套设备就构成了空气净化调节系统。空气净化调节系统常被分为以下三类。

（1）集中式空气净化调节系统

在系统内单个或多个洁净室所需的净化空调设备都集中在机房内，用送风管道将洁净空气配给各个洁净室。集中式空气净化调节系统适用于工艺生产连续、洁净室面积较大、位置集中、噪声和振动控制要求严格的洁净厂房。一般有以下三种形式。

1）直流式空气净化调节系统。直流式空气净化调节系统不用回风循环系统，也就是直送直排系统，其能耗很大。这种系统一般适用于有致敏性的生产工艺（如青霉素分装工艺）、实验动物房、生物安全洁净室以及可能形成交叉污染生产工艺的实验室。采用这种系统时应充分考虑余热的回收。

2）全循环式空气净化调节系统。全循环式空气净化调节系统是无新风供给，也无排风的系统。这种系统无新风负荷，很节能，但室内空气品质差，压差不好控制。一般适用于无人操作、值守的洁净室。

3）部分循环式空气净化调节系统。部分循环式空气净化调节系统是用得最多的系统形式，也就是有部分回风参与循环的系统。在该系统中，新风和回风混合经处理送到无尘洁净室内，回风的一部分用于系统循环，另一部分被排走。该系统压差易于控制，室内品质较好，能耗介于直流式空气净化调节系统与全循环式空气净化调节系统之间，适用于允许采用回风的生产工艺。

(2) 分散式空气净化调节系统

在这种系统中，各个洁净室单独设置净化设备或净化空调设备。

(3) 半集中式空气净化调节系统

在这种系统中，既有集中的净化空调机房，又有分散在各洁净室内的空气处理设备，是一种集中处理和局部处理相结合的形式。

2. 空气净化调节系统基本结构

空气净化调节系统一般分为新风回风混合段、初效过滤段、表冷段、加热段、送风机段、中间段、中效过滤段、加湿段、高效过滤段、出风段等多个段位，结构如图 11－1 所示。

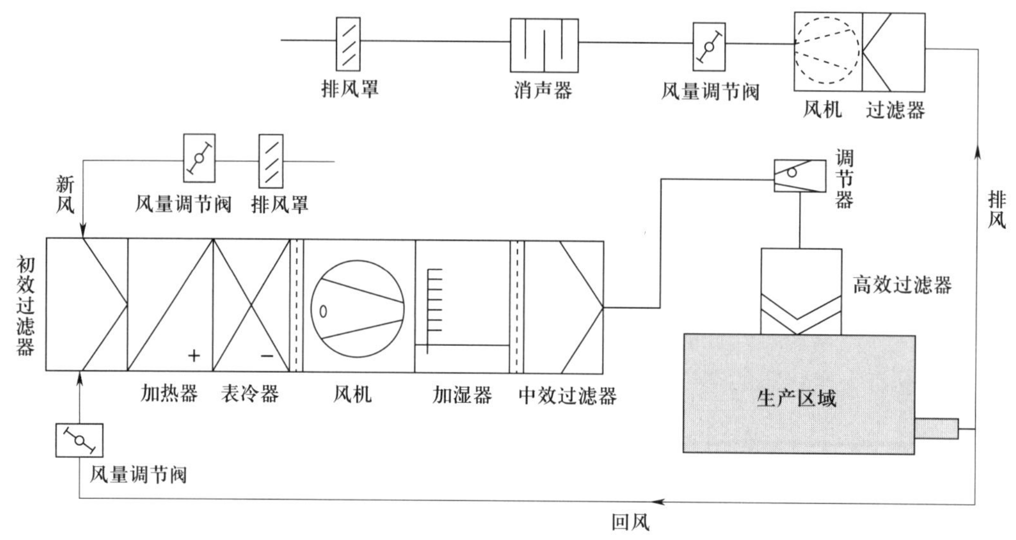

图 11－1 空气净化调节系统结构示意图

(1) 新风回风混合段

接纳从室外经过滤布过滤的补充新风和从洁净室返回的需要再净化的回风，使之混合，以便再次净化后送回洁净室。

新风和回风口位置按设计要求可分别在端部、顶部或左右各侧面，并配有风量调节阀，新风回风按一定比例混合，既可节约能源，又可达到卫生要求。空调系统中的新风占新风量的百分比不低于 10%，在春秋季节可以提高新风比例，从而利用新风所具有的冷量或热量以节约系统的运行费用。回风与室外新风在表冷器前混合。

(2) 空气过滤器

空气过滤器是空气净化调节系统空气净化技术的核心，按照过滤效率可分为初效过滤器、中效过滤器、亚高效过滤器、高效过滤器、超高效过滤器等。

初效过滤器对从新风回风混合段来的空气用初效袋式过滤布进行初次过滤，把 5 μm 以上的微粒过滤掉，过滤效率 40% ~90%，适用于中央空调和集中通风系统预过滤，大型空压机预过滤，洁净回风系统、局部高效过滤装置的预过滤，主要形式有板式、折叠式、袋式三种。

中效空气过滤器作为高效空气过滤器的前端过滤，以减少高效空气过滤器的负荷，延长其使用寿命，捕集 1 ~ 5 μm 的颗粒灰尘及各种悬浮物，对从中间段来的空气用中效袋式过滤器进行再次过滤，把从初效中漏滤的更小的尘埃粒子（ >1 μm）过滤掉。

针对粒径≥0.5 μm 微粒的大气尘计数效率≥95% 而 <99.9% 的过滤器为亚高效空气过滤器，可以作为洁净室末端过滤器使用，达到一定的空气洁净度级别，也可以作为高效过滤器的预过滤器，进一步提高和确保送风洁净度。

高效空气过滤器主要用于捕集 0.5 μm 以上的颗粒灰尘及各种悬浮物。高效过滤器是空气净化的末级过滤。

超高效过滤器对 0.1 ~ 0.2 μm 的微粒、烟雾和微生物等尘埃粒子的过滤效率达到 99.999% 以上。

（3）表冷段

表冷器是空气净化调节系统的重要部件，其工作原理是让热媒（如蒸气或热水）或冷媒流过金属弯管，从而与流过金属弯管外壁的空气进行热交换，以实现加热或冷却空气的目的。当空气净化调节系统处于制冷工况时，空气中的部分水蒸气在流过表冷器的表面时被转化为冷凝水。在表冷器的出风侧通常会安装挡水板，出风量较大时，挡水板可以有效阻挡冷凝水，使其能够沿着挡水板排出箱体，而不会吹入组合式空调的其他部件内，如通风管道。对从初效过滤段来的空气进行降温除湿处理，以便夏季使洁净室保持适宜的温度和湿度，一般指标为：温度 20 ~ 26 ℃、相对湿度 45% ~ 65%。结构形式为铜管套铝片。空调冷媒一般为 7 ℃冷水，由制冷机组供给。

（4）加热段

加热段用于对初效过滤段来的新风、回风进行升温加热处理。可选择热泵制热、电加热、蒸气加热或热水加热。如采用热水（95 ~ 70 ℃），进水方式为下进上出；如采用低压水蒸气（0.2 MPa 的饱和水蒸气，由室外水蒸气减压后供给），进气方式为上进下出，以便冬季使洁净室保持适宜的温度（20 ~ 26 ℃）。换热器的管材多为铜管套铝片，如果热源采用水蒸气，换热器采用钢管铙片。

（5）送风机段

送风机段是向洁净室送风提供动力，它决定着供给洁净室的总风量。

（6）中间段

中间段内置臭氧发生器，进行消毒。

（7）加湿段

常见的加湿方法有湿膜浸透蒸发加湿、喷水室自循环加湿、喷雾加湿、超声波加湿、电加湿、喷水蒸气加湿等。增加空气湿度，从而使得干燥的热空气变为湿润空气。

（8）出风段

空气在空调机组内经净化处理，降温除湿或加温加湿处理后最终由此通过送风管道送入车间各洁净室。

（9）风管系统

风管系统分为送风系统和回风系统。送风风管系统由风管、风阀（调节阀）、静压箱（送风口）、高效过滤器（安装在送风口上）组成，其主要作用是把从空调机组来的经初、中效过滤并进行了降温除湿或加温加湿的净化空气再经高效过滤器进一步过滤后输送到各洁净室。同时，它也是送风量的控制系统。

回风风管系统由可调回风口、风管、风阀（调节阀）组成，主要作用是把洁净室内用过的空气返回到空调机组新风回风段，与新风混合后以便再次经过滤净化和降温除湿或加温加湿处理。同时，它也是调控洁净室内压力的系统。当各房间总送风量确定后，通过调节回风量来保持洁净室的室内压力。

（10）消声段

对噪声要求较严的洁净室，净化机组内应设置消声段。

3. 空气净化调节系统工作原理

来源于室外的新鲜空气经过滤装置将浮尘、杂质以及细菌、微生物过滤后与来源于洁净车间室内的回风混合，经过初效空气过滤器过滤后，过滤较大颗粒尘埃粒子，经过表面冷却器，空气冷却除湿，经过加热段进行恒温除湿处理，处理后又通过中效空气过滤器再过滤一遍颗粒物，接着经加湿段增湿后再送入送风管路，经由送风管路上的消声器降噪处理后送入管路最末端，即经过高效空气过滤器后方可进入房间，一部分房间设立排风口，由排风口排出到室外，其他的风经由回风口及回风管道与新鲜空气混合后进入初效空气过滤器前循环往复。

洁净度水平的高低，除由净化空调系统三级过滤效果控制外，还由换气次数控制。换气次数是通过室内的洁净空气量，相当于房间体积的倍数，其单位是次/小时。换气次数越大，洁净度级别越高。在我国 GMP 中对净化车间换气次数做出规定：A 级净化车间截面风速为 0. 36 ~0. 54 m/s；B 级净化车间换气次数为 40 ~60 次/小时；C 级净化车间换气次数为 20 ~40 次/小时；D 级净化车间换气次数为不少于 15 次/小时。仅靠三级过滤是解决不了细菌污染的，它需要借助于洁净室用酒精消毒处理和风管系统的臭氧灭菌处理。因此，必须定期对洁净室和整个净化空调系统进行消毒处理。

4. 空气净化调节系统操作规程

开机准备，检查电控系统是否正常，以及新风阀、送风阀、回风阀的开度是否正常。点击控制面板上的开关键运行风机，如无异常，继续运行。运行中严密监视初效、中效的压差，温湿度情况，电机运行频率，并做好记录。当出现异常情况时，根据异常情况调节温湿度，或者清洁更换初中效过滤器。当长时间停产或者系统检修时，需先关闭新风阀，再停掉风机，关闭回风阀和送风阀。

课堂活动

取初效过滤器、中效过滤器和高效过滤器仔细观察，它们的材料和结构有何不同，为什么？

5. 空气净化调节系统的维护与保养

（1）空气净化调节系统

检查箱体内的热交换器、风机和初效过滤器、中效过滤器等，保证箱体内不生锈蚀，不藏污垢。

（2）送风管道

一个月至少检查一次送风管、回风管、高效过滤器与送风管口的密封是否漏气以及风管保温层有无脱落或崩裂，若有必须及时封补。

（3）电气部分

每季度用万用电表和钳形电流表检查一次该设备供用电是否正常，接线是否牢固。

（4）机械部分

在确认风机断电后，对风机皮带轮每月进行一次手动盘车，检查皮带松紧是否适当并给予调整。检查风室门锁紧开关是否松动并予调整。每年一次检查干燥除湿机转轮传送带的张紧度。干燥除湿机密封系统有无损伤和移位迹象。

（5）润滑

风机轴承每半年加油一次，电机轴承每年加油一次。

（6）特殊情况

应根据初效过滤器初阻力≤50 Pa，中效过滤器初阻力≤70 Pa，当观察到空调箱、初效过滤器两端压差大于 100 Pa，中效过滤器两端压差大于 140 Pa 时，需及时清洁或更换。

6. 空气净化调节系统常见故障及处置方法

（1）温湿度

局部区域温湿度超出标准范围，查找致热（冷）源，并排除。

空气净化调节系统覆盖的所有区域温湿度均超出范围，则通知空调机房调整空气调节机使温湿度恢复。

（2）压差

1）如果空气净化调节系统覆盖的所有区域压差突然大幅升高或降低，则依次检查空气净化调节系统的新风口滤布完整性、各风量调节阀是否正常、风机运转情况及送回风管路是否漏气等，逐一排除。

2）如果空气净化调节系统覆盖的所有区域压差逐渐降低至不符合标准要求，则依次检查新风口、初效滤布、中效滤布各区域内回风无纺布是否堵塞，逐一清洗或更换。

3）局部区域压差突然大幅升高或降低，应检查区域内的送风阀和区域内回风窗的开启情况，若无异常，则立即对区域内的高效过滤器进行检漏。

4）局部区域压差逐渐降低或至不符合标准要求，应检查区域内送风阀的开启和区域内回风窗的开启情况，若无异常，则对区域内高效过滤器风速进行测定，若小于规定风速要求，则考虑更换高效过滤器。

5）局部区域内压差逐渐升高趋势明显，应首先检查回风口无纺布是否堵塞和区域内送回风、回风阀开启情况是否正常。遇到其他异常情况无法排除时，要立即成立事故调查组，进行全面调查。

(3) 风速

1) 风速过低，不符合要求时，在空气净化系统其他部位均正常的情况下，说明高效过滤器堵塞，要考虑对高效过滤器进行更换。

2) 风速过高，情况异常时，在空气净化系统其他部位均正常的情况下，对高效过滤器进行检漏，看是否泄漏。

(4) 尘埃粒子

1) 动态下尘埃粒子超标，则改在静态下测试，以排除是否有人员、设备污染。

2) 静态下测试尘埃粒子超标，则应对高效过滤器进行检漏，如确实泄漏则对高效过滤器进行更换。

(5) 沉降菌

1) 动态下沉降菌超标，则改在静态下测试，以排除是否有人员、设备污染。

2) 静态下测试，沉降菌超标，则对高效过滤器进行检漏，如确实泄漏则对高效过滤器进行更换。

【案例分析】

经检验洁净室的空气洁净度不够，悬浮颗粒超过标准，请问可能是什么原因导致的？

分析

悬浮颗粒超标可能原因如下：

1. 过滤器过滤效率不够，可以增加或更换过滤效率更高的过滤器。
2. 送风管、高效过滤器与送风管口的密封性不够，有外污染源。
3. 送风机功率太低，风速风量受限制。
4. 换气次数不够。

日积月累

1. 空气净化调节系统一般分为新风回风混合段、初效过滤段、表冷段、加热段、送风机段、中间段、中效过滤段、加湿段、高效过滤段、出风段等多个段位。

2. 空气过滤器按照过滤效率可分为初效过滤器、中效过滤器、亚高效过滤器、高效过滤器、超高效过滤器等。

§11－2 风淋室

学习目标

知识目标

1. 掌握风淋室的结构和原理；

2. 熟悉风淋室常见故障和维修。

技能目标

1. 能根据操作规程使用风淋室；
2. 能进行风淋室的日常维护和排除常见故障。

一、风淋室简介

操作人员、物料等在进入车间时，必须做好清洁工作，防止携带污染物进入洁净室内。风淋室可去除洁净工作服、物料表面的灰尘，一般设在洁净室入口。风淋室又称风淋、洁净风淋室、净化风淋室、风淋通道、空气吹淋室等。风淋室是进入洁净室必要的通道，可以减少进出洁净室所带来的污染问题。

风淋室是一种通用性较强的局部净化设备，安装于洁净室与非洁净室之间。当人与货物要进入洁净区时需经风淋室吹淋，其吹出的洁净空气可去除人与货物所携带的尘埃，能有效地阻断或减少尘源进入洁净区。风淋室的前后两道门为电子互锁，又可起到气闸的作用，阻止未净化的空气进入洁净区域。

二、风淋室工作原理

经高效过滤器过滤后的洁净气流由可旋转喷嘴从各个方向喷射至人身上，从而有效而迅速地清除尘埃粒子。清除后的尘埃粒子再经由初、高效过滤器过滤后重新循环到风淋区域内。

三、风淋室分类

根据吹淋方式可分为顶吹风淋室、单人单吹风淋室、单人双吹风淋室、单人三吹风淋室、双人双吹风淋室、双人三吹风淋室、多人双吹风淋室、多人三吹风淋室等。

根据箱体材质不同可分为不锈钢风淋室、钢板风淋室、外钢板内不锈钢风淋室、彩钢板风淋室、外彩板内不锈钢风淋室。

根据使用对象不同可分为人淋室、货淋室、风淋通道、货淋通道。

四、风淋室的结构

风淋室由箱体、不锈钢门、初效过滤器、高效过滤器、风机、静压箱、喷嘴、联锁控制器、操作面板、感应装置等部件组成，如图 11－2 所示。

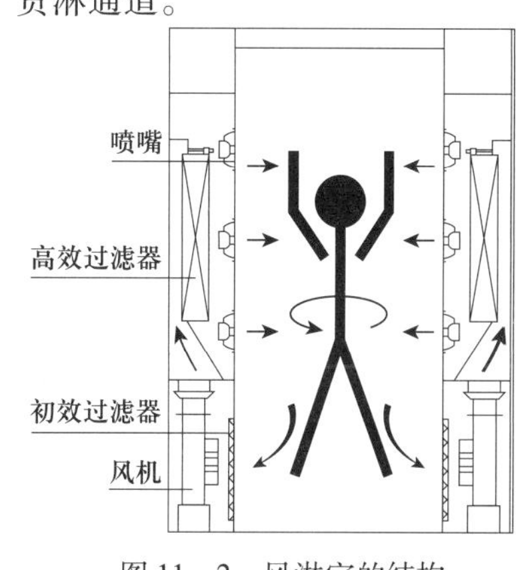

图 11－2　风淋室的结构

五、风淋室操作规程

1. 进入洁净区的人员应在外更衣室脱去外衣并除下手表、手机、饰品等物品。然后人员进入内更衣室，穿戴好洁净服、帽、口罩、手套准备进入风淋室。

2. 预风淋人员由洁净区走至风淋室外门，开启外门，进入风淋室后，外门自动关闭。

3. 按语音提示经过风淋室红外感应区。此时风淋室双门自动上锁，同时风淋室风机启动吹淋，在吹淋时，不得强行开启双门。

4. 按设定的时间吹淋完毕后，再按系统语音提示开启风淋室内门进入洁净区。

六、风淋室常见故障及处置方法

1. 紧急情况处置方法：风淋室有几个地方可以切断电源，风淋室外箱体的电源开关、风淋室内箱体的控制面板、风淋室两侧外箱体上的急停开关。

2. 风淋室风机不工作处置方法：检查外箱体的急停开关。

3. 风淋室风速很小或风机倒转处置方法：风淋室风机倒转时检查线路是否接反，维修电路。风速小时，要检查滤网是否需要更换，风机是否存在故障。

4. 风淋室不能自动感应吹淋处置方法：检查感应系统是否正常工作，安装是否正确，若光感两边正相对且光感正常，则可自动感应吹淋。

日积月累

1. 风淋室是局部净化设备，安装于洁净室与非洁净室之间。当人与货物要进入洁净区时经风淋室吹淋，其吹出的洁净空气可去除人与货物所携带的尘埃，能有效地阻断或减少尘源进入洁净区。

2. 人淋用风淋室选择一般是以 25 人为基本单位，一般人数在 25 人以下选择单人风淋室，25 人以上 50 人以下一般选择双人风淋室，依此类推。

3. 货淋室是给一些货物进行洁净的设备，特点是无底板，尺寸由装卸货物的小车尺寸决定。人淋室和货淋室不得混用。

§11－3　超净工作台

学习目标

知识目标

1. 掌握超净工作台的结构和原理；
2. 熟悉超净工作台常见故障和维修。

技能目标

1. 能正确使用超净工作台；
2. 能进行超净工作台的开机、关机及日常维护。

一、超净工作台简介

超净工作台是为了适应现代化工业、光电产业、生物制药以及科研实验等领域对局部工作区域洁净度的需求而设计的，以保护实验免受外部环境的影响，同时为外部环境提供某些程度的保护以防污染并保护操作者。其通过风机将空气吸入预过滤器，经由静压箱进入高效过滤器过滤，将过滤后的空气以垂直或水平气流的状态送出，使操作区域达到A级洁净度，保证生产对环境洁净度的要求。超净工作台是以局部净化为核心的设备，利用空气洁净的技术使固定操作区内的空间达到相对无尘以及无菌状态，使用时一定要放置在洁净空间。

二、超净工作台工作原理

超净工作台工作原理是在特定的空间内，空气通过风机将其吸入预过滤器，由小型离心风机压入静压箱，再经由静压箱进入高效过滤器中将其过滤，从空气高效过滤器出风面吹出的洁净气流具有一定的、均匀的断面风速，将过滤后的空气以垂直或水平气流的状态送出，可以排除工作区原来的空气，将尘埃颗粒和生物颗粒带走，使操作区域达到A级洁净度，保证生产对环境洁净度的要求。

三、超净工作台基本结构

超净工作台结构分为箱体、台面、支架、支撑脚、排风管道、高效过滤器、预过滤器等，如图11－3所示。

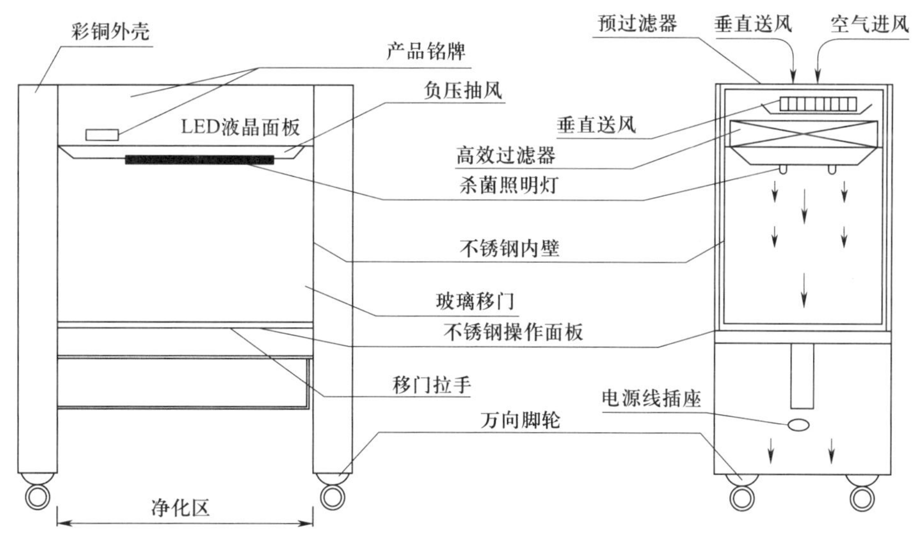

图11－3 超净工作台的结构

四、超净工作台分类

超净工作台多为A级的，根据操作结构分为单边操作及双边操作两种形式，按其用途又可分为普通超净工作台和生物超净工作台。根据操作人员人数分为单人工作台和双人工作台。根据超净工作台结构分为常规型和新型推拉以及自循环型（仅限垂直流）。根据气流的方向分为垂直层流超净工作台和水平层流超净工作台。垂直层流工作台由于风机在顶部所以噪声较大但是风垂直吹，多用在医药工程；水平层流工作台噪声比较小，风向往外，多用在电子行业。

五、超净工作台操作规程

1. 每次使用超净工作台时，实验人员应先开启超净工作台上的紫外灯，紫外照射 30 ~ 40 min 后使用。

2. 开启超净工作台工作电源，关闭紫外灯，并用 75% 的酒精或 0. 5% 过氧乙酸喷洒擦拭消毒工作台面。

3. 整个实验过程中，实验人员应按照无菌操作规程操作，操作在操作区的中心位置进行。

4. 实验结束后，用消毒液擦拭工作台面，关闭工作电源，重新开启紫外灯照射 15 min。

5. 如遇机组发生故障，需要马上通知实验室，由专业人员检修合格后继续使用。

6. 在实验室实验人员要注意保持室内整洁与卫生。

7. 超净工作台的滤材需要每 2 年更换一次，并作好更换记录保存档案。

六、超净工作台维护与保养

超净工作台是一台较精密的电气设备。首先要保持室内的干燥和清洁，潮湿的空气既会使制造材料锈蚀，还会影响电气电路的正常工作，潮湿空气还利于细菌、霉菌的生长。清洁的环境还可延长滤板的使用寿命。

定期对设备的清洁是正常使用的重要环节。清洁应包括使用前后的例行清洁和定期的处理。熏蒸时，应将所有缝隙完全密封，如操作口设有可移动挡板封盖类型的超净工作台，可用塑料薄膜密封。超净工作台的滤板和紫外杀菌灯都有标定的使用年限，应按期更换。

七、超净工作台常见故障及处置方法

1. 总电源开关合不上、自动跳闸：风机卡死导致电机堵转，或者线路有短路。处置方法：调整风机轴位置，或者更换叶轮和轴承，检查线路是否完好。

2. 风速较低：初效过滤器积尘过多，高效过滤器失效。处置方法：清洗初效过滤器，更换高效过滤器。

3. 风速较低：接触器不工作，风机电源熔芯已熔断。处置方法：检查接触线路是否正常，更换熔芯。

4. 荧光灯不亮：灯管或继电器损坏，灯管电源熔丝已熔断。处置方法：更换灯管或继电器。

目标检测

一、选择题

1. 单项选择题

(1) 空气吹淋室主要用于清除（　　）。

A. 新风尘粒　　B. 产品发尘

C. 设备发尘　　D. 人身服装或物料表面尘粒

(2) 设计洁净室排风系统时，应减少排风，尽量利用（　　）。

A. 回风　　B. 送风

C. 新风　　D. 泄漏风

(3) 洁净室是空气的（　　）受到控制，并达到一定要求或标准的房间或限定的空间。

A. 温度和湿度　　B. 含尘浓度和含菌浓度

C. 设备和人员　　D. 气体和烟雾

(4) 洁净工作台是设置在洁净室内，在操作台上保持高洁净度的局部净化设备，当工艺过程产生有害气体或粉尘时，宜选用（　　）工作台。

A. 排气式　　B. 循环式

C. 分体式　　D. 整体式

(5) 净化空调系统应在新风口设置______过滤，应在系统的正压段设置______过滤，应在系统的末端或尽量靠近末端设置______过滤（　　）。

A. 粗效，中效，高效　　B. 高效，中效，粗效

C. 中效，粗效，高效　　D. 粗效，高效，中效

(6) 我国的药品洁净室中空气洁净度一共分为（　　）个等级，级别最高的是（　　）。

A. 3，D　　B. 4，A

C. 5，C　　D. 6，B

(7) 空调机组中用于夏天降温和结露除湿的是（　　）。

A. 加湿段　　B. 表冷挡水段

C. 风机段　　D. 新风段

(8) C 级背景有 A 级操作台的洁净室，换气次数的要求是（　　）。

A. 15 次/小时　　B. 25 次/小时

C. 50 次/小时　　D. 100 次/小时

(9) D 级操作台的洁净室，换气次数的要求是（　　）。

A. 15 次/小时　　B. 25 次/小时

C. 50 次/小时　　D. 100 次/小时

2. 多项选择题

（1）空气过滤器按效率可分为（　　）。

A. 粗效过滤器　　B. 中效过滤器

C. 亚高效过滤器　　D. 高效过滤器

E. 超高效过滤器

（2）根据生产工艺要求，药品生产洁净室（区）的空气洁净度划分为（　　）。

A. A级　　B. B级

C. C级　　D. D级

E. E级

二、简答题

1. 过滤器按效率分为哪几类？各自过滤的粒径范围是多少？
2. 为什么要在洁净区前设置风淋室？
3. 超净工作台的原理是什么？

三、实例分析

在使用超净工作台时总是跳闸，请分析可能出现的问题，试合理处置出现的问题。

第十二章

制水设备

制药生产过程使用了多种品质的水，通常把这些水称为工艺用水，如有包装容器的粗洗和精洗用水，有溶解药物的溶剂用水，有换热过程的冷却用水等。《中国药典》（2020 年版）规定，制药用水分为饮用水、纯化水、注射用水、灭菌注射用水，并对其制备工艺作了相应规定。

§12－1　制药用水

学习目标

知识目标

1. 掌握制药用水的分类；
2. 了解饮用水、纯化水、注射用水的用处。

技能目标

1. 能够在制药工艺中运用制药用水；
2. 熟悉饮用水、纯化水、注射用水的制备方法。

水是药物生产中用量大、使用广的一种辅料，用于生产过程和药物制剂的制备。《中国药典》（2020 年版）中所收载的制药用水，因其使用的范围不同而分为饮用水、纯化水、注射用水和灭菌注射用水。一般应根据各生产工序或使用目的与要求选用适宜的制药用水。药品生产企业应确保制药用水的质量符合预期用途的要求。制药用水的原水通常为饮用水。制药用水的制备从系统设计、材质选择、制备过程、储存、分配和使用均应符合 GMP 的要求。制水系统应经过验证，并建立日常监控、检测和报告制度，有完善的原始记录备查。制药用水系统应定期进行清洗与消毒，消毒可以采用热处理或化学处理等方法。采用的消毒方法以及化学处理后消毒剂的去除应经过验证。

一、制药用水的分类

1. 饮用水

饮用水为天然水经净化处理所得的水，其质量必须符合现行中华人民共和国国家标准《生活饮用水卫生标准》。饮用水包括干净的天然泉水、井水、河水和湖水，也包括经过处理的矿泉水、纯净水等。加工过的饮用水有瓶装水、桶装水、管道直饮水等形式。自来水在中国一般不直接饮用，但在世界某些地区由于采用了较高的质量管理标准而可以直接饮用。一般将经过煮沸的饮用水称为开水。水是人体的重要组成部分，也是新陈代谢的必要媒介。人体每天消耗的水分中，约有一半需要直接喝饮用水来补充，其他部分从饭食中获得，少部分由体内的碳水化合物分解而来。成人每天大约需要补充水分 1 200 mL。有观点认为，饮用水中的微量矿物质对人体有重要作用，长期饮用纯净水会造成矿物元素代谢失衡，这在世界各地的大量统计数据中得到了一定支持。

2. 纯化水

《中国药典》（2020 年版）纯化水标准参考如下：①来源：饮用水经蒸馏法、离子交换法、反渗透法或其他适宜的方法制得的制药用水，不含任何添加剂。②性状：无色的澄清液体，无臭。③酸碱度：符合要求。④硝酸盐：≤0. 000 006%。⑤亚硝酸盐：≤0. 000 002%。⑥氨：≤0. 000 03%。⑦电导率：≤4. 3 μS/cm（20 ℃）；≤5. 1 μS/cm（25 ℃）。⑧总有机碳（TOC）：≤0. 5 mg/L。⑨易氧化物：符合要求（与总有机碳任选一项）。⑩不挥发物：1 mg/100 mL。⑪重金属：≤0. 000 01。⑫微生物限度：需氧菌总数≤100 cfu/mL。

课堂活动

回忆家中长期使用的烧水壶或暖水瓶跟新买的时候有什么区别，分小组进行讨论，并阐述各小组观点。

3. 注射用水

注射用水为蒸馏水或去离子经蒸馏所得的水，故又称重蒸馏水。注射用水的制备、储存和分配应能防止微生物的滋生和污染。储罐和输送管道所用材料应无毒、耐腐蚀。管道的设计和安装应避免死角、盲管。储罐和管道要规定清洗、灭菌周期。注射用水储罐的通气口应安装不脱落纤维的疏水性除菌滤器。注射用水的储存可采用 80 ℃以上保温、70 ℃以上保温循环或 4 ℃以下存放。

注射用水的预处理设备所用的管道一般采用 ABS 工程塑料，也有采用 PVC、PPR 或其他合适材料的。但纯化水及注射用水的分配系统应采用与化学消毒、巴氏消毒、热力灭菌等相应的管道材料，如 PVDF、ABS、PPR 等，最好采用不锈钢，尤以 316L 型号为最佳。不锈钢是总称，严格来说分为不锈钢及耐酸钢两种。

此外还要考虑到管内流速对微生物繁殖的影响。当雷诺数 Re 达到 10 000 形成稳定的流时，才能有效地造成不利于微生物生长的环境条件。相反，如果没有注意到水系统设计及制造中的细节，造成流速过低、管壁粗糙或管路存在盲管，或者选用了结构不适合的阀门等，微生物完全有可能依赖由此造成的客观条件，构筑自己的温床——生物膜，对纯化水、注射用水系统的运行及日常管理带来风险及麻烦。

二、制药用水的用处

1. 饮用水的用处

饮用水可作为药材净制时的漂洗用水、制药用具的粗洗用水。除另有规定外，也可作为饮片的提取溶剂。

2. 纯化水的用处

纯化水可作为配制普通药物制剂用的溶剂或试验用水；可作为中药注射剂、滴眼剂等灭菌制剂所用饮片的提取溶剂；可作为口服、外用制剂配制用溶剂或稀释剂；可作为非灭菌制剂用器具的精洗用水；也用作非灭菌制剂所用饮片的提取溶剂。但是，纯化水不得用于注射剂的配制与稀释。

3. 注射用水的用处

注射用水可作为配制注射剂、滴眼剂等的溶剂或稀释剂及容器的精洗。

日积月累

1. 制药用水分为饮用水、纯化水、注射用水、灭菌注射用水。
2. 纯化水为饮用水经蒸馏法、离子交换法、反渗透法或其他适宜的方法制备的制药用水。
3. 注射用水为蒸馏水或去离子经蒸馏所得的水。

§12－2　饮用水生产设备

学习目标

知识目标

1. 掌握絮凝沉降、机械过滤的基本原理；
2. 掌握常用的絮凝剂及其特点；
3. 掌握机械过滤器的结构及工作原理；
4. 了解精密过滤器的结构及其工作原理。

技能目标

1. 能够根据实际需要，选择合适的絮凝剂；
2. 熟练应用所学的理论知识，解决实际生产操作问题。

饮用水是指可以不经处理、直接供给人体饮用的水。水是体液的主要组成部分，是构成细胞、组织液、血浆等的重要物质。水作为体内一切化学反应的媒介，是各种营养素和物质运输的平台。江河湖泊以及生活自来水称为原水，将原水初级纯化可制得饮用水。

一、絮凝沉降法

1. 絮凝原理

絮凝沉降法是一种简便、经济、应用广泛的水处理方法，可分为化学絮凝法和物理絮凝法两种。化学絮凝法是指利用化学反应，通过向废水中加入化学药剂或采用电化学等方式除去有害物质的方法。化学絮凝法作为预处理技术在各大油田中被广泛应用，常与气浮法联合使用。化学絮凝法的技术核心在于研发新的化学药剂，来提高去污效率，扩展去污范围。油田水处理用的絮凝剂主要分为无机、有机和生物絮凝剂三类。物理絮凝法主要是通过离心或沉降的方法将其中密度大的污染物除去，对密度小的或能溶于水的污染物去除率不高。传统的化学絮凝法一般是投放絮凝剂，药耗量巨大且会产生大量污泥，效果不佳且带来二次污染。

2. 常用的絮凝剂

絮凝剂按照其化学成分总体可分为无机絮凝剂和有机絮凝剂两类。其中无机絮凝剂又包括无机凝聚剂和无机高分子絮凝剂；有机絮凝剂又包括合成有机高分子絮凝剂、天然有机高分子絮凝剂和微生物絮凝剂。无机絮凝剂包括硫酸铝、氯化铝、硫酸铁、氯化铁等。常用的铝盐有硫酸铝 $Al_2(SO_4)_3 \cdot 18H_2O$ 和明矾 $Al_2(SO_4)_3 \cdot K_2SO_4 \cdot 24H_2O$，另一类是铁盐，有三氯化铁水合物 $FeCl_3 \cdot 6H_2O$，硫酸亚铁水合物 $FeSO_4 \cdot 7H_2O$ 和硫酸铁。无机絮凝剂的优点是比较经济、用法简单；但用量大、絮凝效果低，而且存在成本高、腐蚀性强的缺点。有机高分子絮凝剂是 20 世纪 60 年代后期才发展起来的一类新型废水处理剂。与传统絮凝剂相比，它能成倍地提高效能，且价格较低，因而有逐步成为主流药剂的趋势，加上产品质量稳定，有机聚合类絮凝剂的生产已占絮凝剂总产量 30% ~60% 。

二、机械过滤器

机械过滤器是用于过滤净化地下水的设备，被污染的地下水通过多孔介质含水层的机械过滤，去除其中悬浮的污染物和细菌等，而使地下水得到净化。机械过滤器也称为压力式过滤器，是纯水制备前期预处理及水净化系统的重要组成部分。机械过滤器材质有钢制衬胶或不锈钢，根据过滤介质的不同分为天然石英砂过滤器、多介质过滤器、活性炭过滤器、锰砂过滤器等；根据进水方式可分为单流式过滤器、双流式过滤器。根据实际情况可联合使用也可以单独使用。

1. 机械过滤器结构

机械过滤器材料一般是 Q235A 或 304 不锈钢，内衬是硫化橡胶防腐，在内部的进水口设置有布水器，下部分是集水装置，集水装置上装填 1 400 mm 的石英砂滤料。多介质过滤器由带支撑板的筒体、布水器和滤料、内装多介质（如无烟煤、粗石英砂垫层、细石英砂）、进水阀和排水阀等组成。机械过滤器是按深度过滤进行设计，水中较大的颗粒在顶层被去除，较小的颗粒在过滤器介质的较深处被去除，从而使水质达到粗滤后的标准。机械过滤器如图 12－1 所示。

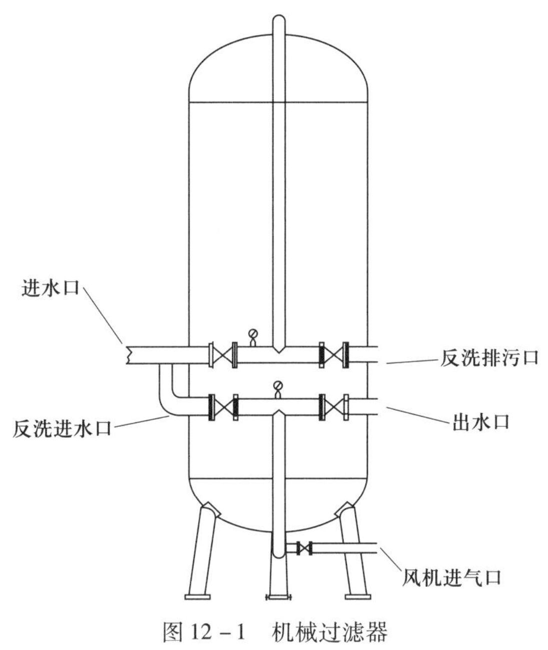

图 12－1　机械过滤器

2. 机械过滤器滤料

滤料是水处理过滤材料的总称，主要用于生活污水、工业污水、纯水、饮用水的过滤以及水处理设备中的进水过滤的粒状材料，通常指石英砂、砾石、无烟煤、鹅卵石、锰砂、磁铁矿滤料、活性炭、泡沫滤珠、瓷砂滤料、陶粒、石榴石滤料、麦饭石滤料、海绵铁滤料、活性氧化铝球、沸石滤料、火山岩滤料、颗粒活性炭、纤维球、纤维束滤料、彗星式纤维滤料等。

【案例分析】

活性炭在净水系统中发挥着重要的作用，它能够吸附水中的有害物质和杂质，达到净化的目的。活性炭可以吸附水中的哪些物质？

分析

活性炭一般是用果壳、树枝等为原料，在隔绝空气的情况下高温加热，并不断地通入水蒸气，除去果壳、树枝等因受热而分解出来的木煤气、木焦油等物质后得到的，它的主要成分是炭，所以看上去是黑色的。活性炭里里外外布满了细小的孔，因此它的表面积特别大。经计算，1 g 活性炭的表面积竟可达 500～1 000 m^2，这使得活性炭具有强大的吸附本领。由于活性炭是物理吸附，没有污染，无副作用，并且价格低廉，因此活性炭是净水器中比较常见的滤芯材料。具体来说，活性炭可以吸附水中的余氯、异味、色度、藻类、杀虫剂等物质。

（1）无烟煤滤料

无烟煤滤料采用优质无烟煤为原料，先经精选、破碎，然后再经过两次筛分而成，具有外观光泽好的特点，呈球状，机械强度高，抗压性能好，化学性能稳定，不含有毒物质，耐磨损，在酸性、中性、碱性水中均不溶解。另外，无烟煤颗粒表面粗糙，有良好的吸附能力，孔隙率大（>50%），有较高的含污能力，因质轻，故所需反冲洗强度较低，可节省大量反冲洗水及电能。无烟煤滤料同石英砂滤料配合使用是我国目前推广的双层快速滤池和三层滤池、滤罐过滤的最佳材料，是提高滤速，增加单位面积出水量和成倍提高截污能力，降低工程造价和减少占地面积最有效的途径。无烟煤滤料广泛用于化工、冶金、热电、制药、造纸、印染、食品等生产前后的水质处理过程中。

（2）石英砂滤料

石英砂滤料是天然石英矿经破碎、筛选、水洗而成，多棱，颜色纯白，无杂质，硅含量为99.3%，机械强度7.5度。部分地区使用天然河砂、海砂作滤料，虽然造价低廉，但使用期短，机械强度差，易破碎。石英砂比天然砂使用周期长3～4倍，且滤后水质稳定，从经济效益看，石英砂比河砂和海砂还是划算得多。生产的石英砂滤料不仅是单层过滤的最佳材料，而且和无烟煤滤料作双层过滤最为理想。精制石英砂滤料适用于生活饮用水过滤和其他水质净化处理，更加适合于石油、化工、矿山、冶金、热电、造纸、印染、制革、食品等生产用水的前期处理和循环水处理设备，以及污水的回收利用。

3. 精密过滤器

精密过滤器又称保安过滤器，如图12－2所示，筒体外壳一般采用不锈钢材质制造，内部采用PP熔喷、折叠、钛滤芯、活性炭滤芯等管状滤芯作为过滤元件，根据不同的过滤介质及设计工艺选择不同的过滤元件，以达到出水水质的要求，用于各种悬浮液的固液分离及环境要求比较高的、过滤精度比较高的药液过滤，适用范围广，适用于医药、食品、化工、环保、水处理等工业领域。精密过滤器优点如下。

（1）过滤精度高，滤芯孔径均匀。

（2）过滤阻力小，通量大，截污能力强，使用寿命长。

（3）滤芯材料洁净度高，对过滤介质无污染。

（4）耐酸、碱等化学溶剂。

（5）强度大，耐高温，滤芯不易变形。

（6）价格低廉，运行费用低，易于清洗，滤芯可更换。

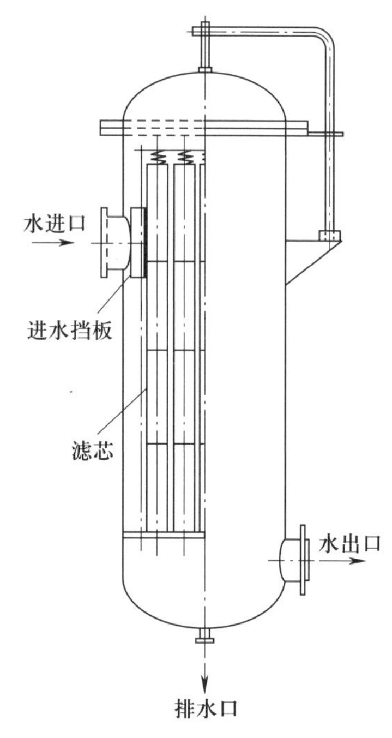

图12－2　精密过滤器

日积月累

1. 絮凝沉降法是一种简便、经济、应用广泛的水处理方法，可分为化学絮凝法和物理絮凝法两种。

2. 絮凝剂按照其化学成分总体可分为无机絮凝剂和有机絮凝剂两类。其中无机絮凝剂又包括无机凝聚剂和无机高分子絮凝剂；有机絮凝剂又包括合成有机高分子絮凝剂、天然有机高分子絮凝剂和微生物絮凝剂。

3. 机械过滤器是按深度过滤进行设计，水中较大的颗粒在顶层被去除，较小的颗粒在过滤器介质的较深处被去除，从而使水质达到粗滤后的标准。

§12－3　纯化水生产设备

学习目标

知识目标

1. 掌握电渗析仪、二级反渗透设备和离子交换制水设备的结构及工作原理；
2. 掌握电渗析仪、二级反渗透设备和离子交换制水设备的操作规程与特点；
3. 了解纯化水制备的意义。

技能目标

1. 能够正确完成电渗析仪的安装；
2. 熟练应用所学的理论知识，解决实际生产操作问题。

《中国药典》（2020 年版）规定，纯化水（去离子水或深度脱盐水）是指温度大于 25 ℃时，电阻率大于 $0.1 \times 10^6\ \Omega \cdot cm$ 的水。纯化水是蒸馏法、离子交换法、反渗透法或其他适宜的方法制得供药用的水，不含任何附加剂。性状：无色的澄明液体；无臭，无味。普通的水含有多种离子，如钠离子、氯离子等，一些在化学或物理领域需要极其纯净的不能含任何离子的水，普通水无法满足，于是通过一些设备将水中的离子去掉，所得产物就是纯化水。

一、电渗析仪

利用电渗析原理进行脱盐或处理废水的装置称为电渗析仪。电渗析仪由膜堆、极区和压紧装置三大部分构成。膜堆：其结构单元包括阳膜、隔板、阴膜，一个结构单元也称一个膜对。一台电渗析仪由许多膜对组成，这些膜对总称为膜堆。隔板常用 1～2 mm 厚的硬聚氯乙烯板制成，板上开有配水孔、布水槽、流水道、集水槽和集水孔。隔板的作用是使两层膜间形成水室，构成流水通道，并起配水和集水的作用。极区：极区的主要作用是给电渗析仪供给直流电，将原水导入膜堆的配水孔，将淡水和浓水排出电渗析仪，并通入和排出极水。极区由托板、电极、极框和弹性垫板组成。电极托板的作用是加固极板和安装进出水接管，常用厚的硬聚氯乙烯板制成。电极的作用是接通内外电路，在电渗析仪内造成均匀的直流电场。阳极常用石墨、铅等材料；阴极可用不锈钢等材料。极框用来在极板和膜堆之间保持一定的距离，构成极室，也是极水的通道。极框常用厚 5 ~ 7 mm 的粗网多水道式塑料板制成。垫板起防止漏水和调整厚度不均的作用，常用橡胶或软聚氯乙烯板制成。压紧装置：其作用是把极区和膜堆组成不漏水的电渗析仪整体，可采用压板和螺栓拉紧，也可采用液压压紧。

1. 工作原理

电渗析仪中交替排列着许多阳膜和阴膜，分隔成小水室。当原水进入这些小室时，在直流电场的作用下，溶液中的离子就作定向迁移。阳膜只允许阳离子通过而把阴离子截留下来；阴膜只允许阴离子通过而把阳离子截留下来。结果使这些小室的一部分变成含离子很少的淡水室，出水称为淡水。而与淡水室相邻的小室则变成聚集大量离子的浓水室，出水称为浓水。这样使离子得到了分离和浓缩，水便得到了净化，如图 12 - 3 所示。

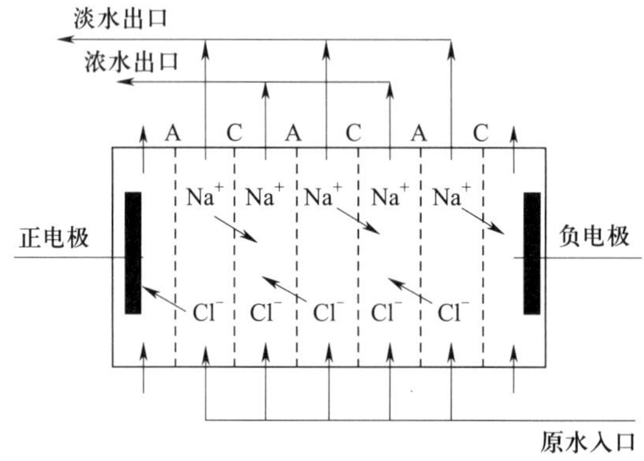

图 12 - 3　电渗析仪工作原理示意图

2. 电渗析仪的安装

在介绍电渗析仪的组装方式之前，先介绍两个概念，分别是“级”和“段”，一级指的是一对正、负电极之间的膜，一段指的是具有同一水流方向并联的膜。电渗析仪不同的组装方式会有不同的效果。增加级数可以降低两个电极之间的电压，降低装置的供电要求；增加段数则可以增加水的停留时间，提高脱盐的效率。如图 12 - 4 所示是几种常见的组装方式。

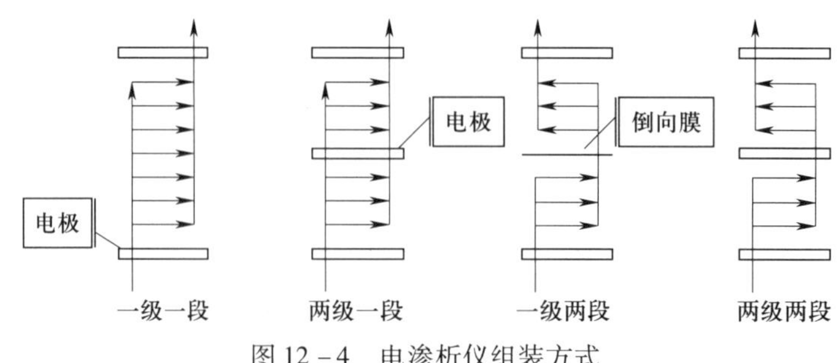

图 12 - 4　电渗析仪组装方式

一级一段的膜堆都在同一水流的并联方向；二级一段在两个电极之间增加了一个共电极区，电极间距变短了，可以降低两个电极之间的供给电压；一级两段在一对电极的中间增加了一个倒向膜板，将膜堆分成了两个同一水流方向的并联膜堆，增加了水流在电渗析中的流动长度，增加了脱盐的效率；两级两段则是在一级两段的基础上，改变后段的方向，既可以降低电极间电压，又可以增加流动长度，提高脱盐效率。

3. 操作注意事项

电渗析设备必须要做到先通水后再通电，先停电后停水，不然就会烧坏设备。必须严格依照上述的方式进行操作，不然有可能使未通过处置的水或浓水进入下道工序，损坏设备从而导致较为严峻的后果。每次开机前必须检查整流操纵柜的电压调剂状态，确保电压调剂为零，不然开机时会造成大电流冲击而烧坏整流操纵柜。电渗析设备带有直流电压，在工作的时候要时刻注意安全，切勿轻易触摸设备。全部设备停止时要做到按期通水（不超过 2 周）一次，避免设备脱水变形，冬季要做好防冻以免设备被冻裂。确保按期对设备进行酸洗再生，不然因内部结垢会致使脱盐率下降或水流量减小直到堵塞。设备工作状态必须保证其正向、反向交替进行，绝对不许持续工作在一个方向而不改换极性，不然会致使膜寿命降低并极易造成膜堆堵塞，产水量和脱盐率下降乃至膜堆报废。

二、二级反渗透设备

二级反渗透设备是借助压力使水分子强迫透过对水分子有选择透过作用的反渗透膜，即利用反渗透净水的原理。二级反渗透设备根据各种物料的不同渗透压，可以用大于渗透压的反渗透法进行分离、提取、纯化和浓缩，可除去水中 98% 以上的溶解性盐类和 99% 以上的胶体、微生物、微粒和有机物等，成为现代纯水、太空水（超纯水）工程首选的设备。

1. 反渗透膜组件

反渗透膜是一种模拟生物半透膜制成的具有一定特性的人工半透膜，是反渗透技术的核心构件。反渗透技术原理是在高于溶液渗透压的作用下，依据其他物质不能透过半透膜而将这些物质和水分离开来。反渗透膜的膜孔径非常小，因此能够有效地去除水中的溶解盐类、胶体、微生物、有机物等。该系统具有水质好、耗能低、无污染、工艺简单、操作简便等优点。反渗透膜应具有以下特征：①在高流速下应具有高效脱盐率；②具有较高机械强度和使用寿命；③能在较低操作压力下发挥功能；④能耐受化学或生化作用的影响；⑤受 pH 值、温度等因素影响较小；⑥制膜原料来源容易，加工简便，成本低廉。反渗透膜的结构，有非对称膜和均相膜两类。当前使用的膜材料主要为醋酸纤维素和芳香聚酰胺类。其组件有中空纤维式、螺旋卷绕式、板框式和管式。可用于分离、浓缩、纯化等化工单元操作，主要用于纯水制备和水处理行业中。

2. 二级反渗透设备工艺流程

通常二级反渗透设备的工艺流程如图 12 - 5 所示。

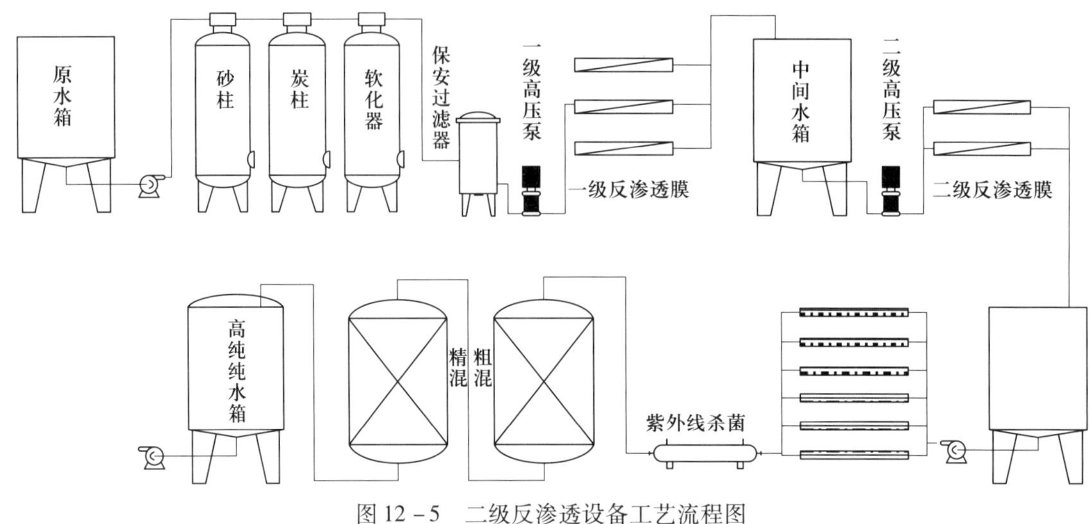

图 12－5　二级反渗透设备工艺流程图

三、离子交换制水设备

离子交换制水设备是一种传统的、工艺成熟的脱盐处理设备，其原理是在一定条件下，依靠离子交换剂（树脂）所具有的某种离子和预处理水中同电性的离子相互交换而达到软化、除碱、除盐等功能，用于深度脱盐处理。

1. 去离子水的定义

去离子水是指除去了呈离子形式杂质后的纯水。如今去离子水主要采用 RO 反渗透的方法制取，应用离子交换树脂去除水中的阴离子和阳离子，但水中仍然存在可溶性的有机物，可用污染离子交换柱降低其功效，去离子水存放后也容易引起细菌的繁殖。

2. 离子交换法制备去离子水工艺流程

离子交换法制备去离子水的基本原理是利用阳、阴离子交换树脂上的可交换的 H^+ 和 OH^- 与水中其他的阳离子和阴离子的交换作用，将水中的离子除去而达到制备水的目的。离子交换反应如下：水中阳离子交换了树脂上 H^+，阴离子交换了 OH^-，水中的阳、阴离子交换到树脂上，而由树脂上交换下来等量的 H^+ 和 OH^- 结合成水，达到纯化水的目的，如图 12－6 所示。

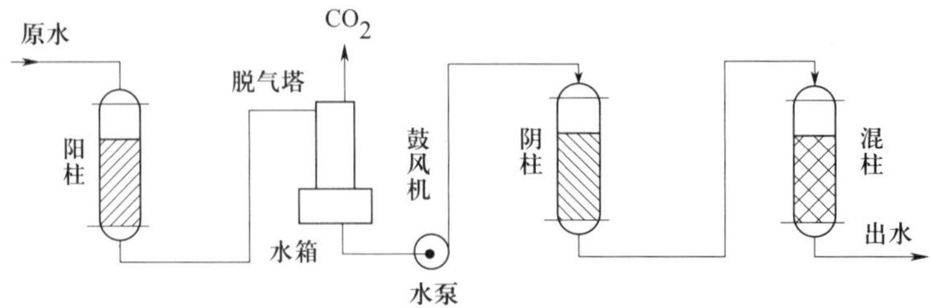

图 12－6　离子交换法制备去离子水流程图

日积月累

1. 利用电渗析原理进行脱盐或处理废水的装置称为电渗析仪。电渗析仪由膜堆、极区和压紧装置三大部分构成。

2. 去离子水是指除去了呈离子形式杂质后的纯水。

3. 二级反渗透设备是借助压力使水分子强迫透过对水分子有选择透过作用的反渗透膜。

§12－4　注射用水生产设备

学习目标

知识目标

1. 掌握单效蒸馏水器、多效蒸馏水器、气压式蒸馏水器的结构和工作原理；
2. 掌握单效蒸馏水器、多效蒸馏水器、气压式蒸馏水器的操作规程及特点；
3. 了解注射用水的理化指标和无菌指标。

技能目标

熟练应用所学的理论知识，解决实际生产操作问题。

注射用水的一项非常重要的指标是每毫升中含内毒素最多不得超过 0.5 EU（endotoxin unit，EU，内毒素单位）。内毒素是热原性物质，能引起恒温动物体温升高，让人发冷、发热、颤抖、出汗、昏晕、呕吐甚至危及生命。热原是细菌内毒素，是由蛋白质与磷脂多糖组成的高分子复合物。热原存在于细菌的细胞外膜，当细菌死亡后，细胞膜破裂就释放出来。热原体积微小，其粒径为 1～5 nm。热原具有水溶性、不挥发性、不显电性等特征。研究发现，纯化水经过蒸馏后可完全除去微生物和热原，这种蒸馏水作注射用水安全可靠。因此，注射用水的生产工艺流程中最后的工序是蒸馏，所使用的设备是特殊设计的蒸馏水器。蒸馏水器是用电加热自来水制取纯水。化验室等部门使用蒸馏水器一般都是采用优质的不锈钢材料，经过特殊处理后加工而成。这样不仅充分保证了蒸馏水的质量，而且大大提高了使用寿命。

一、单效蒸馏水器

1. 结构和工作原理

在一个蒸发器中完成，二次蒸气再冷凝后直接排放，不再被利用的蒸发过程，称为单效蒸发。采用这种单效蒸发方式的蒸发器就称为单效蒸馏水器，一般主要是由一个蒸发器和一个冷凝器组成的。典型的单效蒸馏水器中，蒸发器是由加热室与分离室组成，加热室相当于一个换热设备，加热介质是水蒸气，而分离室则相当于一个气液分离设备。料液从加热室中部进入，通过整个加热室的过程中，料液接受热量，水分汽化，浓缩后的料液从加热室底部排出。从料液中汽化出来的气体称为二次蒸气，二次蒸气进入冷凝器，被冷却水直接冷凝，冷却水从底部排出，夹带空气等不凝气体从顶部排出，如图 12－7 所示。

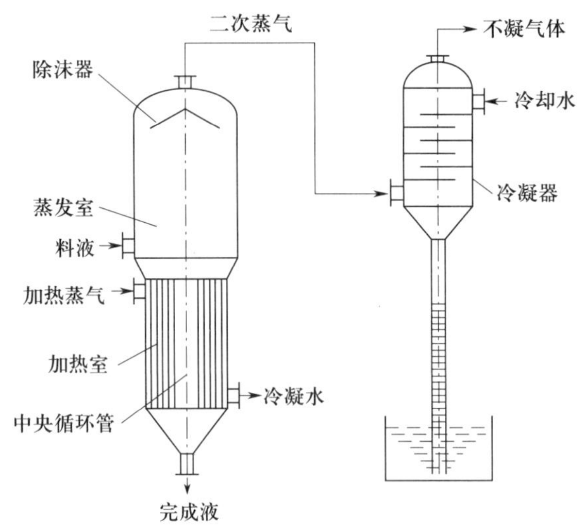

图 12－7　单效蒸馏水器工作流程示意图

2. 操作规程

首先开启水气分离器，再开启蒸气阀门，待放出纯蒸气后关闭水气分离器的下部阀门。注意控制蒸发室中的压力，以免有液滴进入冷凝器污染蒸馏水。在蒸馏水的生产过程中，要定时取样检查水质，确保水质量，要定期将水气分离器、补水器、废气排出器的管路和蒸发室里的残留污水和杂质清洗排除干净，否则会增加能耗，且有发生事故的危险。

二、多效蒸馏水器

多效蒸馏水器中，直接利用加热蒸气的蒸发器称为第一效蒸馏。然后，将前一效蒸发出的二次蒸气作为后一效的加热蒸气，前一效的浓缩水作为后一效原水再次被加热蒸发，依此类推。由于前一效的操作压力和温度均高于后一效，多效之间串联时，效间的流体流动不需要用泵输送。多效蒸馏水设备通常由两个或更多蒸发换热器、分离装置、预热器、冷凝器、阀门、仪表和控制部分等组成，一般的系统有 3～6 效，每一效包括一个蒸发器、一个分离装置和一个预热器。

1. 三级分离装置

进入设备的原料水经过降液膜蒸发、重力分离、特殊分离装置三级分离。

2. 塔体

安装蒸发器的塔体呈圆筒形，分为上下两段。上段是进水预热室，下段是蒸发室。蒸发室处的塔体设计有生蒸气进口、纯蒸气出口、生蒸气冷凝水出口、浓缩液出口。对于列管式多效蒸馏水器，塔体内壁与蒸发室外壁之间的螺旋板构成了由下向上的螺旋通道。

3. 水平串接式多效蒸馏水装置

如图 12－8 所示，进料水经过冷凝器 5，蒸发器 4、3、2 到达蒸发器 1 时，进料水温度为 142 ℃，加热蒸气 165 ℃，30% 进料水被蒸发成纯蒸气，作为热源进入蒸发器 2，其余进料水也进入蒸发器 2。在蒸发器 2 中纯蒸气冷凝为蒸馏水，产生纯蒸气，温度为 130 ℃，再作为热源进入蒸发器，依此类推。蒸馏水出口温度为 97 ~ 99 ℃。

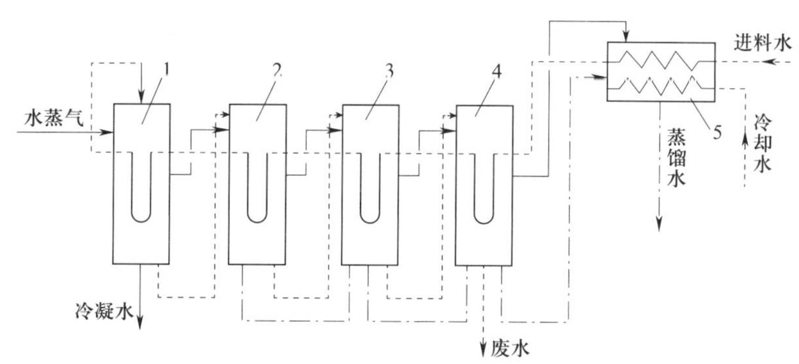

图 12－8　水平串接式多效蒸馏水机工作流程示意图

1，2，3，4—蒸发器　5—冷凝器

三、气压式蒸馏水器

气压式蒸馏水器是将已达饮用水标准的原水进行处理。其原理是原水自进水管引入预加热器后由泵打入蒸发冷凝器的管内，受热蒸发。蒸气自蒸发室上升，经捕雾器后引入压缩机。蒸气被压缩成过热蒸气，在蒸发冷凝器的管间，通过管壁与进水换热，使进水受热蒸发，自身放出潜热冷凝，再经泵打入换热器使新进水预热并将产品自出口引出。这种蒸馏水机的优点在于运转费用低，仅是多效蒸馏水器的 15% 。

1. 结构和工作原理

气压式蒸馏水器结构如图 12－9 所示。其工作原理是将进料纯化水加热至沸腾汽化，产生的二次蒸气被压缩机压缩而温度和压力都同时升高，被压缩的蒸气经冷凝即得到成品蒸馏水。在蒸气冷凝过程中所释放出的潜热可用作原水预热热源。

2. 操作规程

原料水经加压由进水口流入，通过换热器预热后，用泵送入蒸发冷凝器内。

（1）进料水在蒸发冷凝器内被加热至沸腾汽化，产生的二次蒸气进入蒸发冷凝器上部的蒸发室，温度达 105 ℃，经隔沫装置除去其中的雾沫、液滴及杂质进入压气机。

（2）蒸气被压气机压缩，温度升高到 120 ℃后，被送入蒸发冷凝器中部的列管间，放出潜热，使列管内的水再次受热沸腾成二次蒸气。

（3）二次蒸气进入蒸发室，再经隔沫装置，进入压气机，重复前面过程。

（4）管间的高温压缩蒸气冷凝生成的冷凝水经不凝气体排出器，除去其中的 CO_2、NH_3

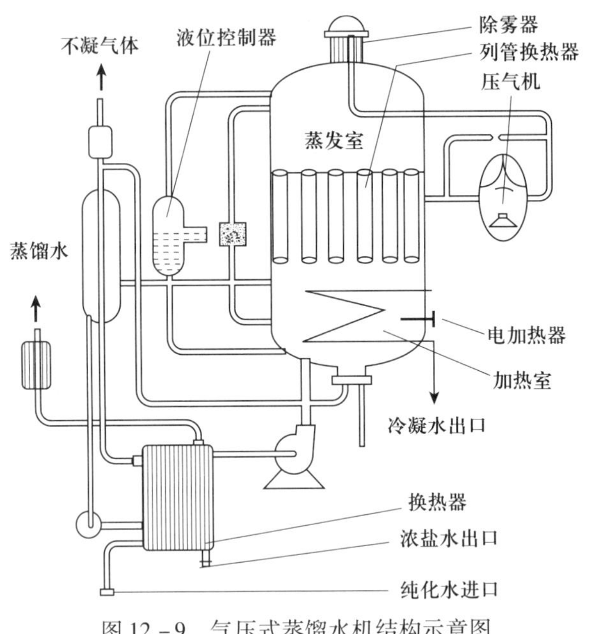

图 12－9　气压式蒸馏水机结构示意图

等气体，然后经泵送入热交换器，回收其中的余热。成品水由出水口排出。

3. 特点

气压式蒸馏水器生产蒸馏水的优点是不需要冷凝水，通过换热器可回收余热加热原水，从而降低了能耗，节约了能源开支；二次蒸气经过压缩、净化、冷凝等过程后，在高温下停留约 45 min，可以保证蒸馏水无菌、无热源，所生产的蒸馏水一次就能达到药品生产质量管理规范的要求；气压式蒸馏水器运转正常后即可实现自动控制，产水量大，能满足各种类型制药生产的需要。

目标检测

一、选择题

1. 单项选择题

（1）ST 高效絮凝剂是（　　）。

A. 无机絮凝剂　　B. 有机高分子絮凝剂

C. 微生物絮凝剂　　D. 天然高分子絮凝剂

（2）除去原水中铁的方法是（　　）。

A. 用石英砂过滤　　B. 用活性炭吸附

C. 用锰砂过滤器　　D. 用陶瓷膜过滤器

(3) 活性炭是一种非极性过滤器，水处理用活性炭一般由（　　）制得。

A. 木材　　B. 玉米芯

C. 椰子壳　　D. 楠竹

(4) 当活性炭过滤器的工作时间累积达到设计时间后应（　　）。

A. 进行清洗　　B. 再生

C. 更换　　D. 继续使用

(5) 电渗析仪的膜属于（　　）。

A. 微孔膜　　B. 离子膜

C. 非极性膜　　D. 极性膜

(6) 电渗析仪两极室的水（　　）。

A. 带正电性　　B. 带负电性

C. 电中性　　D. 称为极水

(7) 离子交换树脂的（　　）是其可以反复使用的基础。

A. 可逆性　　B. 再生性

C. 酸碱性　　D. 选择性

(8) 可用于制备纯化水，又可直接制备注射用水的方法是（　　）。

A. 离子交换法　　B. 反渗透法

C. 多效蒸馏法　　D. 电渗析法

(9) 原水预处理时加入 ST 高效絮凝剂，下列说法正确的是（　　）。

A. 沉降速度快，凝聚力强

B. 可去除原水中的悬浮物和胶体物质

C. 投加量少，水温影响小

D. 可将加药设在泵前，利用泵的叶轮达到混合

(10) 在原水预处理中广泛采用的絮凝剂是（　　）。

A. 壳聚糖　　B. 明矾

C. 氯化铝　　D. 聚合硫酸铁

(11) 机械过滤的目的是去除（　　），降低浊度。

A. 悬浮物杂质　　B. 藻类

C. 微生物　　D. 水垢

(12) 在冷却水系统中，低碳钢的腐蚀速度随氧含量的增加而（　　）。

A. 增加　　B. 减少

C. 不变　　D. 无法判断

2. 多项选择题

(1) 无机絮凝剂有（　　）。

A. 硫酸铝　　B. 明矾

C. 三氯化铁水合物　　D. ST 高效絮凝剂

（2）制药用水分为（　　）。

A. 饮用水　　B. 纯化水

C. 原水　　D. 注射用水

（3）电渗析仪由（　　）组成。

A. 膜堆　　B. 极区

C. 压紧装置　　D. 滤膜

二、简答题

1. 简述电渗析仪脱盐的工艺流程。
2. 简述二级反渗透制备纯化水的工艺流程。
3. 简述反渗透系统工作原理及维护的注意事项。

目标检测参考答案

第一章　流体测量设备

一、选择题

1. 单项选择题

1 ~ 5　ADBDD

2. 多项选择题

1 ~ 3　BDE　BD　AC

二、简答题

1. $p = p_0 + \rho gh$

（1）在静止的液体中，液体任一点的压力与液体密度和其深度有关。

（2）在静止的、连续的同一液体内，处于同一水平面上各点的压力均相等。

（3）当液体上方的压力有变化时，液体内部各点的压力也发生同样大小的变化。

（4）$p_2 = p_1 + \rho gh$ 或 $h = \frac{p_2 - p_1}{\rho g}$，压强差的也大小可利用一定高度的液体柱来表示。

（5）方程式是以不可压缩流体推导出来的，对于可压缩的气体，只适用于压强变化不大的情况。

2. 流体阻力是指当流体（如水、气体等）流过固体物体时产生的阻碍作用。它主要是由流体与固体表面接触时产生的摩擦力造成的。流体阻力的大小取决于流体的黏度和流速，以及物体的形状和表面粗糙度。流体在管路中的流动阻力分为直管阻力和局部阻力两种。直管阻力是流体流经一定管径的直管时，由于流体的内摩擦而产生的阻力；局部阻力是流体流经管路中的管件、阀门及截面的突然扩大和突然缩小等局部障碍时所引起的阻力。总阻力等于直管阻力和局部阻力之和。

第二章　流体输送机械

一、选择题

1. 单项选择题

1 ~ 5　BCACD　　6　D

2. 多项选择题

1 ~ 5　ABC　BCDE　AD　ABCD　CDE　　6　BCD

二、简答题

1. 当叶片入口附近的最低压强等于或小于输送温度下液体的饱和蒸气压时，液体将在该处汽化并产生气泡。若气泡在金属表面附近凝结或破裂，则液体质点就会像无数小弹头样，连续击打在金属表面上，使泵体产生振动和噪声。在强压和冲击下，金属表面会逐渐破坏，这种现象称为汽蚀现象。

2. 影响离心泵的性能的因素有：（1）液体物理性质，包括液体的密度、液体的黏度；（2）转速；（3）叶轮直径。

3. 调节往复泵的流量，不能简单用排出管路上的阀门来调节流量，一般采用旁路调节，装有安全阀和旁路阀。

4. 选择气体运输设备要根据出口气体的压强和压缩比的大小来选择，气体输送设备一般分为四类。

通风机：出口气体的表压不大于 15 kPa，压缩比不大于 1.15；

鼓风机：出口气体的表压为 15 ~300 kPa，压缩比为 1.15 ~4；

压缩机：出口气体的表压大于 300 kPa，压缩比大于 4；

真空泵：用于减压，在设备内产生真空，出口气体的压强为当时当地的大气压，压缩比由真空度决定。

三、计算题

1. 解：根据题目使用公式

$$H_g = \frac{p_0}{\rho_g} - \frac{p_v}{\rho_g} - \Delta h - H_{f,0-1}$$

得 $H_g = \dfrac{(1.2 - 1.013) \times 10^5}{958.4 \times 9.81} - 2 - 1.5 = -1.51$ m

所以泵需要安装在水液面以下，至少比储槽水面低 1.51 m。

2. 解：根据题目使用公式

$$Q_T = (2A - \alpha)Sn = \frac{\pi}{4}(2D^2 - d^2)Sn$$

$$Q = \eta_v Q_T$$

将题目数据代入公式 $Q = 88\ \mathrm{m^3/h}$，$D = 300$ mm，$d = 50$ mm，$S = 200$ mm，$\eta_v = 0.94$

得 $n = 56$，即活塞每分钟往复 56 次。

第三章　换热设备

一、单项选择题

1 ~ 5　CBBDA　　6 ~ 10　BCDCB

二、填空题

1. 机械清洗、化学清洗、超声波清洗

2. 流体流度、流体性质

3. 湍流程度低、管内易结垢

4. 增大传热总系数 k、传热面积 A、传热平均温度差 Δt_m

5. 热传导、对流传热、辐射传热

三、简答题

1. 传热的基本方式有热传导、对流传热和辐射传热。

（1）热传导是系统两部分之间存在温度差，此时热量将从高温部分向低温部分传递。热传导是靠物体内部的分子、原子或电子的运动进行的，真空中不能进行热传导。

（2）对流传热是指由于流体的宏观运动而引起的流体各部分之间发生相对位移，冷、热流体相互掺混导致的热量传递过程。

（3）当物体向外界辐射的能量与其从外界吸收的辐射能不相等时，该物体就与外界产生热量的传递，这种传热方式称为热辐射。辐射传热可以在真空中传递能量，甚至在真空中的传递最高效。

2. 如果高温物体持续等量地放热，则各空间点的温度不随时间改变，这种传热过程称为稳态传热，如果各空间点的温度随时间而改变，这种传热过程称为非稳态传热。

3. 采用水冷时，管道内外均为换热较强的水，两侧流体的换热热阻较小，因而水垢的产生在总热阻中所占的比例较大。而采用空气冷却时，气侧热阻较大，这时，水垢的产生对总热阻影响不大。故水垢产生对采用水冷的管道的传热系数影响较大。

4. 换热设备常用的清洁方法有机械清洗、化学清洗、超声波清洗、电化学清洗等。

5. 暖气片散热有以下换热环节和热传递方式：（1）由热水到暖气片管道内壁，热传递方式是对流换热（强制对流）；（2）由暖气片管道内壁至外壁，热传递方式为传导传热。

6. 导热系数不仅与物质的种类有关，还与物质的物理结构和状态有关。温度、多孔材料的含水量、疏松物质的折合密度等都影响材料的导热系数。

第四章　物料预处理设备

一、选择题

1. 单项选择题

1～5　AEDCC　　6～10　CEADD　　11～12　CB

2. 多项选择题

1～3　ACE　ABCD　ABD

二、简答题

1.（1）①根据被粉碎物料的特性，特别是其硬度与破裂难易性来选用。②根据原料的状态选用，原料的状态是指其湿度、温度等。③根据粉碎细度和单位时间内破碎质量选用。

（2）①根据待混合物料的基本特性，选择有针对性的混合设备。②根据混合均匀度的要求高低，选择不同混合能力的混合设备。

2.（1）针对流动性不好的粉体选用强制剪切搅拌型混合机，其代表机型有单锥混合机与螺带混合机。

（2）针对流动性较好的粉体选用重力对流扩散型混合机，其代表机型有三维运动混合机、V 型混合机。

（3）针对有均匀混合困难的混合任务选用具有高混合性能的混合机，其代表机型有双锥混合机。

第五章　生物反应器

一、选择题

1. 单项选择题

1 ~4　DCDB

2. 多项选择题

1 ~4　ADE　ABCD　ABCD　ABCE

二、简答题

1. 与机械发酵罐相比，节省电力 70% 以上，成本控制好。无菌可操作性高：没有动力密封装置，减少了泄漏，设备内没有死角，消毒灭菌非常方便彻底，染菌的概率大幅度降低。传热传递氧气效率高：满足微生物在任何季节的发酵生产。提高产率和转化率：液体中的剪切作用小，提高微生物的存活率。容易实现大规模自动化生产。

2. 具有反应灵敏快速、结构简洁无死角、感应选择性高的特点，而且必须同时满足耐腐蚀、耐高温、耐高压和没有化学物质渗漏污染风险。

3. 所谓双酶制糖工艺，就是利用 α－淀粉酶和糖化酶水解淀粉的完全糖化工艺。其工艺流程包括四个操作单元：调浆、液化、糖化和过滤。生产设备主要有糊化锅、糖化喷射器、维持罐、冷却装置等。

第六章　非均相分离设备

一、单项选择题

1 ~5　BDABC

二、填空题

1. 均相混合物、非均相混合物
2. 重力、惯性离心力
3. 离心分离因数
4. 旋风分离器、旋液分离器、沉降离心机
5. 有机高分子膜、无机材料膜、微孔膜、超滤膜、纳滤膜、反渗透膜、渗析膜

三、简答题

1. 球形颗粒在静止流体中作重力沉降时，将受到三个力的作用，即重力、浮力与阻力，作用方向是重力向下，其余两个力向上。

2. 旋风分离器性能的主要指标有两个：分离效率和气体经过旋风分离器的压降。

3. 对过滤介质的要求是：它应具有流动阻力小和足够的机械强度，同时还应具有相应的耐腐蚀性和耐热性。常用的过滤介质种类有：织物介质、堆积介质、多孔固体介质及多孔膜。

4. 膜分离过程是用天然的或合成的、具有选择透过性的薄膜为分离介质，当膜两侧存在某种推动力时，原料侧液体或气体混合物中的某一或某些组分选择性地透过膜，以达到分离、分级、提纯或富集的目的。膜分离过程与其他传统分离方法相比具有分离效率高、能耗较低、膜组件结构紧凑、操作方便、分离范围广等优点，不仅适用于热敏性物质的分离、分级、浓缩与富集，而且适用于从病毒、细菌到微粒广泛范围的有机物和无机物的分离及许多理化性质相近的混合物的分离。

第七章　萃取设备

一、选择题

1. 单项选择题

1 ~ 5　AACDC　　6 ~ 10　DCCDB　　11 ~ 15　CDCCD　　16 ~ 19　ACBC

2. 多项选择题

1 ~ 5　ABC　ACD　CD　BCD　ABC　　6 ~ 8　BC　ABCD　CD

二、简答题

1. 生物大分子在高浓度的乙醇溶液中溶解度小，极容易发生沉淀。所以，在水提取液中加入高浓度乙醇既能沉淀去除杂质，又保留了能溶于水和乙醇的有效成分，从而达到分离杂质的目的。

2. 药渣当中回收乙醇主要采用加水蒸煮回收，以使乙醇回收完全，减少乙醇损耗。然而由于回收过程中加入水使得水与乙醇形成共沸液体，回收时间达6 ~ 8 h，回收出的乙醇浓度较低，很难直接使用，仍需重新使用常压精馏塔进行重蒸馏，以提高乙醇浓度，达到循环利用的目的。

3. 优点：提取浓缩设备具有占地面积小、制作精致、配套齐全、操作方便等优点，特别适合于小批量、多品种的生产方式。缺点：该类浓缩器提取液停留时间长，对于黏度较大或者终浓缩液比重较大的中药提取液的浓缩，浓缩器内易结垢，传热效率较低，浓缩时间较长等，从而造成操作不方便，有效成分损失大，浓缩品质量不稳定等。

4. 吸附澄清法、陶瓷膜过滤法、离心机法等。

三、实例分析

略。

第八章　蒸发与结晶设备

一、单项选择题

1～5　CAACB　　6～10　DABBC　　11～15　CDDAA

二、填空题

1. 单效、连续、多效
2. 除沫器、冷凝器、真空装置
3. 加热室、蒸发室
4. 一致、相反
5. 溶解度、过饱和度
6. 逆、析出
7. 溶液的过饱和度、结晶时间、搅拌强度、杂质成分、溶液 pH 值的变化
8. 晶核生成（成核）、晶体生长
9. 结晶器主体、蒸发室、外部加热器

三、简答题

1. 蒸发操作进行的必要条件是：①必须供应足够的热量，来维持溶液沸腾及及时补充溶剂汽化所带走的热量。②保证溶剂蒸气（即二次蒸气）迅速排出，通常将用作热源的蒸气称为一次蒸气，从溶液中汽化出来的蒸气称为二次蒸气，以区别加热蒸气和汽化蒸气。③必须具备一定的热交换面积，以保证传热量。

2. 根据蒸发器内的操作压力，可将蒸发分为常压蒸发、加压蒸发、减压蒸发。三者的区别是：

（1）常压蒸发，可采用所用敞口设备，工艺较简单，若不利用二次蒸气，可直接将二次蒸气排出，一般用于小批量生产，应用较少。

（2）加压蒸发，是为了提高二次蒸气的温度，以便提高二次蒸气的利用价值。由于蒸发温度的提高，降低了溶液的黏度，增加流动性，因此能够改善传热效率。常用于多效蒸发中。

（3）减压蒸发，也称真空蒸发。它是在减压或真空条件下进行的蒸发过程，真空使溶液的沸点降低。制药工业中大部分中间体或产物，受热会发生物理化学变化，此类热敏性物质的提取过程中，可使用减压蒸发操作。

3. 料液进入加热室加热升温，当溶液的温度达到该状态下的饱和压强后，开始沸腾，从而产生大量气泡而汽化，二次蒸气从蒸发室顶部经除沫器处理后进入冷凝器冷凝，蒸发室下部的溶液沿循环管下降。溶液得到的热量越多，阻力越小，沸腾情况越好，循环速度也越大。

4. 结晶过程有以下特点：

（1）能从杂质含量相当多的溶液或多组分的熔融混合物中，分离出高纯或超纯的晶体。

（2）对于许多难分离的混合物系，如同分异构体混合物、共沸物，热敏性物系等，使用其他分离方法难以奏效，而适用于结晶。

（3）结晶与精馏、吸收等分离方法相比，能耗低，因结晶热一般仅为蒸发潜热的1/3 ~ 1/10。又由于可在较低的温度下进行，对设备材质要求较低，操作相对安全。

（4）结晶是一个很复杂的分离操作，它是多相、多组分的传热 - 传质过程。

5. 蒸发结晶是指蒸发溶剂，使溶液由不饱和变为饱和，继续蒸发，过剩的溶质就会呈晶体析出，是蒸发与结晶同时进行的过程。

6. 搅拌釜式冷却结晶器装有冷却夹套或内螺旋管，在夹套或内螺旋管中通入冷却剂以移走热量。釜内搅拌以促进传热和传质速率，使釜内溶液温度和浓度均匀，同时使晶体悬浮，与溶液均匀接触，有利于晶体各晶面均匀成长。这种结晶器既可连续操作又可间歇操作，采用不同的搅拌速度可制得不同的产品粒度。

7. DTB 型结晶器是一种高效结晶设备，其优点主要有：物料温度可控，传热效率高，配置简单，操作控制方便，操作环境好；晶浆过饱和度均匀，粒度分布良好，效率高，相对能耗低；下部安装出料阀可实现连续生产；转速低，变频调控，适用性强，运行可靠，故障少。

第九章　蒸馏与精馏设备

一、单项选择题

1 ~ 5　CBDAC　　6 ~ 10　CACBD

二、填空题

1. 多次部分汽化、多次部分冷凝
2. 液相回流、上升蒸气
3. 减小、增加、增加
4. 浮阀塔、泡罩塔、筛板塔
5. 增大、提高

三、简答题

1. 稳定每层塔板两相浓度，同时由于回流液的温度低于下一层塔板上升蒸气的温度，故作为下一层塔板上升蒸气的冷凝剂使上升蒸气中难挥发组分冷凝下来，而提高上升蒸气中易挥发组分的浓度，与此同时，回流液中的易挥发组分也汽化出来（得到上升蒸冷凝时放的热量），这样就保证了每层塔板上发生一次部分汽化和部分冷凝作用，经过多次（多层）的部分汽化和冷凝就能达到分离混合液的作用，故回流是保证精馏能连续稳定进行下去的必要条件之一。

2. 它们同属蒸馏操作。简单蒸馏是不稳定操作，只能得到一种产品，产品无需回流，产量小。精馏是复杂的蒸馏，可以是连续稳定过程，也可以是间歇过程。精馏在塔顶、底可以获得两种产品。精馏必须有回流。

第十章　通用干燥设备

一、单项选择题

1 ~ 5　CBAAD　　6 ~ 10　BACBD　　11 ~ 13　DBD

二、填空题

1. 非结合水、结合水

2. 结合、自由

3. 气流干燥器、带式干燥器、流化床干燥器、厢式干燥器、喷雾干燥器

4. 空气的温度、相对湿度、物料含水量

5. 降低相对湿度

三、简答题

1. 物料干燥过程分为三个阶段，即物料预热阶段，恒速干燥阶段和降速干燥阶段。

（1）物料预热阶段：物料吸收气体的热量温度升高，湿含量变化不大。

（2）恒速干燥阶段：物料表面温度恒定在气体的湿球温度不变，气体传给物料的热量全部用于水分的汽化，干燥速率恒定。

（3）降速干燥阶段：物料温度上升，干燥速率逐渐减小，气体传给物料的热量只有一部分用于水分汽化，其余用于物料的升温。

2. 可采取改变气固接触方式，减小物料尺寸，提高气体温度，降低气体湿度和采用较高的气流速度等措施。

3. 单层流化床干燥器结构简单，操作方便、生产能力大，在制药行业上应用广泛，适用于床层颗粒静止高度低（300 ~ 400 mm）、容易干燥、处理量较大且对最终含水量要求不高的产品，缺点是物料都在一个干燥室里，因此从排料口出来的物料干燥产品含水量不够均匀。

第十一章　空气净化调节设备

一、选择题

1. 单项选择题

1 ~ 5　DAAAA　6 ~ 9　BBDA

2. 多项选择题

1 ~ 2　ABCDE　ABCD

二、简答题

1. 初效过滤器：去除≥5 μm 的尘埃粒子；

中效过滤器：去除≥1.0 μm 的尘埃粒子；

亚高效过滤器：去除≥0.5 μm 的尘埃粒子；

高效过滤器：去除≥0.3 μm 的尘埃粒子；

超高效过滤器：去除≥0.1 μm 的尘埃粒子。

2. 风淋室是一种通用性较强的局部净化设备，安装于洁净室与非洁净室之间。当人与货物要进入洁净区时需经风淋室吹淋，其吹出的洁净空气可去除人与货物所携带的尘埃，能有效阻断或减少尘源进入洁净区。风淋室/货淋室的前后两道门为电子互锁，可起到气闸的作用，阻止未净化的空气进入洁净区域。

3. 超净工作台工作原理：

（1）超净工作台内配备紫外杀菌灯管，用于杀灭微生物。

（2）超净工作台内变速离心机可将经过过滤器过滤的空气以水平或者垂直的单向气流吹出，并能以一定的均匀断面风速吹过工作区，带走尘埃颗粒和微生物颗粒，形成无尘、无菌的工作环境。

三、实例分析

总电源开关合不上、自动跳闸：风机卡死导致电动机堵转，或者线路有短路。处置方法：调整风机轴位置，或者更换叶轮和轴承，检查线路是否完好。

第十二章　制水设备

一、选择题

1. 单项选择题

1～5　ACCCB　　6～10　DACBD　　11～12　AA

2. 多项选择题

1～3　ABC　ABD　ABC

二、简答题

1. 一般电通过阳极和阴极在装置两侧施加直流电场，阴、阳离子交换膜则交替排列在阳极和阴极之间，两种膜之间用特制的隔板隔开，隔板内有水流的通道。在阴离子交换膜和阳离子交换膜之间通入含盐水，在直流电场的作用下，水中的阴阳离子就会发生移动，其中阳离子向阴极方向移动，阴离子向阳极方向移动，由于阳离子交换膜只允许阳离子通过，阴离子交换膜只允许阴离子通过，这样就会使一部分隔室内的离子浓度减少，这样的隔室也称为淡室，淡室中出水为淡水；而另一部分隔室的离子浓度则会增加，称为浓室，出水为浓水。

2. 反渗透法制备纯化水的工艺流程为：原料水—预处理—一级高压泵—第一级反渗透装置—二级高压泵—第二级反渗透装置—纯化水。

3. 反渗透系统是一种压力驱动工艺，利用半渗透膜去除水中溶解盐类，同时去除一些有机大分子、前阶段未去除的小颗粒等。半渗透膜可以渗透水，而如大多数的盐、酸、沉淀、细菌、内毒素等不可以渗透通过。在制水工艺中，预处理系统的产水进入反渗透膜组，在压力作用下，大部分水分子和微量其他离子通过反渗透膜，经收集后成为产品水，通过产水管道进入后续设备。水中的大部分盐分、胶体和有机物等不能通过反渗透膜，残留在少量浓水中，由浓水管道排出。在反渗透装置停止运行后，需对系统进行自动冲洗，以去除沉积在膜表面的污垢，对装置和反渗透膜进行有效的保养。反渗透膜在长期运行后，会沉积某些难以冲洗的有机物、无机盐结垢等，会直接造成反渗透膜性能下降，这类污垢必须使用化学药品进行清洗才能去除。二氧化碳可直接通过反渗透膜，反渗透产水中过量的二氧化碳可能会引起产水电导率达不到要求，可通过在进入反渗透前加氢氧化钠去除。反渗透膜的退化主要原因是某个膜单元的氧化和加热退化，应注意进行保养。